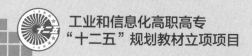

工业和信息化高职高专
"十二五"规划教材立项项目

李艳双/主编

曹凤香/副主编

关磊/主审

建筑工程测量

高等职业教育『十二五』土建类技能型人才培养规划教材

U0310812

人民邮电出版社

北京

图书在版编目（CIP）数据

建筑工程测量 / 李艳双主编. -- 北京 ：人民邮电
出版社，2015.9
高等职业教育"十二五"土建类技能型人才培养规划
教材
ISBN 978-7-115-39541-2

Ⅰ．①建… Ⅱ．①李… Ⅲ．①建筑测量－高等职业教
育－教材 Ⅳ．①TU198

中国版本图书馆CIP数据核字(2015)第123808号

内 容 提 要

本书系统地讲解了建筑工程测量的相关知识。全书共有 5 章，充分论述了建筑工程测量的基本概念、测量仪器的使用、确定点位的方法、建筑工程施工测量和变形观测等内容。每章后面都附有思考与练习和单元实训，对培养学生的专业能力和岗位能力具有重要作用。

本书既可以作为高职高专院校建筑工程技术、工程监理和工程造价等土建类专业的教材，也可以作为相关专业培训和技术人员自学的参考资料。

◆ 主　　编　李艳双
　　副 主 编　曹凤香
　　主　　审　关 磊
　　责任编辑　刘盛平
　　执行编辑　刘 佳
　　责任印制　杨林杰
◆ 人民邮电出版社出版发行　　北京市丰台区成寿寺路 11 号
　　邮编　100164　电子邮件　315@ptpress.com.cn
　　网址　http://www.ptpress.com.cn
　　北京鑫正大印刷有限公司印刷
◆ 开本：787×1092　1/16
　　印张：15.5　　　　　　　2015 年 9 月第 1 版
　　字数：378 千字　　　　　2015 年 9 月北京第 1 次印刷

定价 36.00 元
读者服务热线：(010)81055256　印装质量热线：(010)81055316
反盗版热线：(010)81055315
广告经营许可证：京崇工商广字第 0021 号

前　言

　　建筑工程测量是工程施工、工程监理等技术人员的典型工作任务，是工程建设高技能人才必须具备的基本技能，也是高职土建类专业的一门重要的专业基础课程。本书以训练读者的工程施工测量技能和素质为目标，依据行业规范规程，根据工程测量相关职业的岗位技能要求，详细介绍工程施工测量的的基本概念、测量仪器的使用、确定点位的方法、建筑工程施工测量和变形观测等内容。

　　本书以建筑工程测量工作过程为导向，以岗位职业能力培训为基础，构建教材知识体系。相比传统的教材，本书对内容进行了整合，以必备、够用为原则，优化结构，强化施工测量内容和方法，调整后的知识结构有利于职业核心能力的形成，更适合高职高专教学的要求。本书紧密结合工程实际，符合现行行业规范要求，具有较强的实用性和针对性。每章后面还附加单元实训，便于实施实践教学。

　　通过本书的学习和训练，读者不仅能够掌握工程测量的基础知识和测量仪器的使用，而且还能够掌握点的高低位置和平面位置的测定及测设方法，从而能够完成施工测量任务，达到工程施工技术人员、工程监理技术人员工程施工测量的技能要求。

　　本书的参考学时为 48～64 学时，建议采用理论实践一体化教学模式，各教学部分的参考学时见下面的学时分配表。

学时分配表

教学单元	课 程 内 容	学　　时
第 1 章	绪论	4～6
第 2 章	点的高低位置的确定	10～14
第 3 章	点的平面位置的确定	20～24
第 4 章	大比例尺地形图的识读与应用	2～4
第 5 章	施工测量	10～14
	课程考评	2
课时总计		48～64

　　本书由天津城市建设管理职业技术学院李艳双任主编，中国能源建设集团江苏省电力建设第三工程公司曹凤香任副主编，天津市大地海陆岩土工程技术开发有限公司关磊任主

审。本书在编写过程中参考了参考文献所列（或未列出）的部分文献资料，在此对其作者表示诚挚的感谢。

由于编者水平和经验有限，书中难免有欠妥和错误之处，恳请读者批评指正。

编　者

2015 年 2 月

目 录

第3章
点的平面位置的确定 ··· 64

第4章
大比例尺地形图的识读与应用 ·· 143

第5章
施工测量 ·· 168

1.1　测量学与工程测量

测量学是研究地球的形状和大小以及确定地面点位的学科，是对地球整体及其表面和外层空间中的各种自然和人造物体上与地理空间分布有关的信息进行采集处理、管理、更新和利用的科学和技术。

测量学是从人类生产实践中发展起来的一门历史悠久的学科，是人类与大自然做斗争的一种手段。它的主要任务有三个方面：一是研究确定地球的形状和大小，为地球科学提供必要的数据和资料；二是将地球表面的地物地貌测绘成图；三是将图纸上的设计成果测设至现场。

测量学的内容分为测定和测设两部分。测定又称地形测绘，是指使用测量仪器和工具，用一定的测绘程序和方法对地表或其上的局部地区的地形进行量测，计算出地物和地貌的位置（通常用三维坐标表示），按一定比例尺及规定的符号将其缩小绘制成地形图，供科学研究和工程建设规划设计使用。而测设（也称施工测量）则刚好相反，它是使用测量仪器和工具，按照设计要求，采用一定的方法，将在地形图上设计出的建筑物和构筑物的位置在实地标定出来，作为施工的依据。

测量学按照研究对象、性质，及采用技术的不同，分为以下多个学科。

1. 大地测量学

大地测量学是研究和确定地球形状、大小、重力场、整体与局部运动和表面点的几何位置以及它们的变化的理论和技术的学科。其基本任务是建立国家大地控制网，测定地球的形状、大小和重力场，为地形测图和各种工程测量提供基础起算数据；为空间科学、军事科学及地壳变形、地震预报等研究提供重要资料。按照测量手段的不同，大地测量学又分为常规大地测量学、卫星大地测量学和物理大地测量学等。

2. 普通测量学

普通测量学是研究地球表面局部区域内测绘工作的基本理论、技术、方法和应用的学科，是测绘学的一个基础部分。局部区域指在该区域内进行测量、计算和制图时，可以不顾及地球的曲率，把该区域的地面简单地当作平面处理，而不致影响测图的精度。

3. 地图制图学

地图制图学是研究地图的空间认知、信息传输、投影、制图综合和地图的设计、编制、复制以及地图数据库建设算的理论和技术的学科。它的基本任务是利用各种测量成果编制各类地图，其内容一般包括地图投影、地图编制、地图整饰和地图制印等分支。

4．摄影测量与遥感

摄影测量与遥感是研究利用成像传感器在一定距离之外获取目标物的电磁波信号，处理、提取目标物的几何、物理及其人文信息，并用图形、图像和数字形式表达的理论和技术的学科。其基本任务是通过对摄影照片或遥感图像进行处理、量测、解译，以测定物体的形状、大小和位置进而制作成图。根据获得影像的方式及遥感距离的不同，本学科又分为地面摄影测量学、航空摄影测量学和航天遥感测量等。

5．工程测量学

工程测量学是研究工程建设和自然资源开发中各个阶段进行的控制测量、地形绘制、施工放样、变形监测及建立相应信息系统的理论和技术的学科。各项工程包括：工业建设、铁路、公路、桥梁、隧道、水利工程、地下工程、管线（输电线、输油管）工程、矿山和城市建设等。在测绘界，人们把工程建设中的所有测绘工作统称为工程测量。实际上它包括在工程建设勘测、设计、施工和管理阶段所进行的各种测量工作。它是直接为各项建设项目的勘测、设计、施工、安装、竣工、监测以及营运管理等一系列工程工序服务的。可以这样说，没有测量工作为工程建设提供数据和图纸，并及时与之配合和进行指挥，任何工程建设都无法进展和完成。工程测量各阶段的主要任务如下。

（1）勘测设计阶段：为规划设计提供必要的图纸和资料。

（2）施工阶段：把图纸上设计好的各种工程的平面位置和高程正确地测设到地面上。

（3）竣工测量：获得工程建成后的各建筑物和构筑物以及地下管网的平面位置和高程算资料。

（4）运营阶段：为改建、扩建而进行的各种测量。

（5）变形观测：为安全运营、防止灾害进行变形测量。

1.2 地面点位的确定

工程测量工作是在地球表面上进行的，点是地球表面形成地物地貌最基本的单元，合理地选择一些地面点（可称之为特征点），对其进行测量，就能把地物地貌准确地表现出来。因此，测量的实质是地面点位置的确定。

地面点位即地面上点的空间位置。确定地面点的空间位置，需要相应的基准面和基准线作为依据。由空间几何学可知，地面点位需要三个量来描述，因此需结合地球的形状和大小来具体研究。

1.2.1 地球形状和大小

测量学的主要研究对象是地球的自然表面，但地球表面极不规则，有高山、丘陵、平原、盆地、湖泊、河流和海洋。地球表面第一高峰珠穆朗玛峰高达 8 844.43 m，最低的太平洋西部马里亚纳海沟深达 11 022 m，两者相比，起伏变化很大，高低相差约 2 km，但与平均半径约为 6 371 km 的地球体相比，这样的高低起伏仍然可以忽略不计。此外，地球表面上海洋面积约占 71%，而陆地面积约占 29%，所以，地球总的形状可以认为是被海水包围的球体。可以设想有一个静止的海洋面向陆地无限延伸，从而形成一个封闭的曲面，这个封闭的曲面（静止的海洋面）称为水准面。与水准面相切的平面称为水平面。海水有潮汐涨落、时高时低，水准面就位于不同的高度，所以水准面有无数个。另外，由于受到潮汐波浪的影响，完全处于静止平衡状态的海水面是难以求得的。因此，人们在海岸边设立验潮站，用验潮站所测得的平均海洋面来代替静止的海洋面。这个唯一的平均海洋面称为大地水准面。它所包围的形体称为大地体，大地体代表了地球的形状和大小。当液体表面处于静止状态时，液面必然与铅垂线（重力的作用线）垂直，否则液体会流动。因此，水准面的特点是曲面上各点均与铅垂线垂直。大地水准面具有同样的特点。大地水准面和铅垂线是测量外业工作所依据的基准面和基准线。

由于地球的内部质量分布不均匀，引起各处铅垂线方向不规则的变化，所以大地水准面仍然是一个有微小起伏的不规则曲面。在这个不规则的曲面上无法进行测量计算。为了能在地球表面上进行各种测量计算，必须要寻找一个与大地水准面较吻合，而且能用数学公式表达的规则曲面来代替大地水准面。这个曲面可作为测量计算的基准面。经过长期研究发现，这个面是数学中的一个椭球面，如图 1-1 所示，椭球面绕它的短半轴旋转所形成的椭球，认为是地球的形状。它的大小可由长半轴、短半轴或扁率来决定。为了测量工作的需要，在一个国家或地区，需要选择一个接近于本地区大地水准面的椭球定位，这个球体称为参考椭球体。参考椭球面是测量计算的基准面。由地表任一点向参考椭球面所作的垂线称为法线。法线是测量计算的基准线。

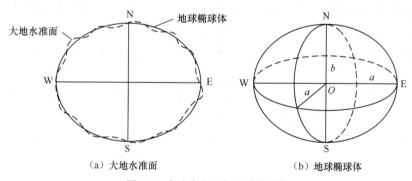

（a）大地水准面　　　　　　　　　　　（b）地球椭球体

图 1-1　大地水准面与地球椭球体

我国 1980 年宣布，在陕西省泾阳县永乐镇新设立大地坐标原点，并采用 1975 年国际大地测量协会推荐的大地参考椭球体。通过椭球定位，建立了中国自己的大地坐标系，称为 1980 国家大地坐标系。该坐标系中椭球的常用几何参数为

① 长半径=6 378 140 m；

② 短半径=6 356 755 m；

③ 扁率=1：298.257。

由于地球椭球体的扁率很小，当测量的区域不大时，可将地球看作半径为 6 371 km 的圆球。

1.2.2　确定地面点位的方法

一个地面点的空间位置需要三个坐标量来表示，所以，确定地面点的空间位置的实质就是确定地面点在空间坐标系中的三维坐标。

在常规测量工作中，地面点位的确定一般是通过求出地面点投影到参考椭球面（或水平

面）上的投影点的平面位置（即平面坐标两个参数）和地面点沿铅垂方向到高度基准面的垂直距离即高程的方法来实现。

1. 地面点在大地水准面上投影位置的确定

地面点在大地水准面上的投影位置，可用地理坐标和平面直角坐标表示。

（1）地理坐标

地理坐标是用经度 L 和纬度 B 表示地面点在大地水准面上的投影位置，如图 1-2 所示。由于地理坐标是球面坐标，不便于直接进行各种计算，这种表示点位的方法常用在大地测量学中，在工程测量中一般不使用此坐标系。

（2）高斯平面直角坐标

如果直接将地面点投影到水平面上进行计算，受地球曲体结构的影响，会产生较大的投影变形，由此导致地面点位确定不准。如果将地面上的点首先投影到椭圆体面上，再按一定的条件投影到平面上来，形成统一的平面直角坐标系，这样可以得到可靠的测量成果。高斯投影的方法就是采用这一思想解决了上述问题。

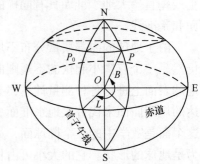

图 1-2　地面点的地理坐标

高斯投影理论是由德国测量学家高斯首先提出。其基本思想如图 1-3（a）所示，设想有一个椭圆柱面横套在地球椭球体外面，使它与椭球上某一子午线（该子午线称为中央子午线）相切，椭圆柱的中心轴通过椭球体中心，然后用一定的投影方法，将中央子午线两侧一定经差范围内的地区投影到椭圆柱面上，再将此柱面沿其母线剪开并展成平面，此平面即为高斯投影平面。

在高斯投影面上，中央子午线和赤道的投影都是直线。以中央子午线和赤道的交点 O 作为坐标原点，以中央子午线的投影为纵坐标轴 x，规定 x 轴向北为正；以赤道的投影为横坐标轴 y，规定 y 轴向东为正，由此，便建立形成了高斯平面直角坐标，如图 1-3（b）所示。

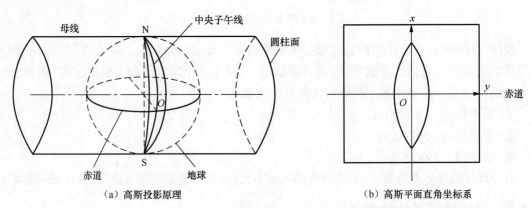

（a）高斯投影原理　　　　　　　　　　　（b）高斯平面直角坐标系

图 1-3　高斯投影及高斯平面直角坐标系

高斯投影中，除中央子午线外，各点均存在长度变形，且距中央子午线越远，长度变形越大。为了控制长度变形，将地球椭球面按一定的经度差分成若干范围不大的带，称为投影带。带宽一般分为经差 6° 带和 6° 带。

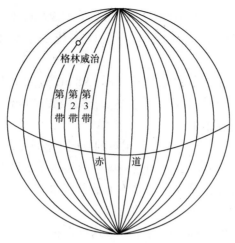

图 1-4 高斯 6° 带投影

① 6° 带。高斯投影 6° 带是从 0° 子午线起，每隔经差 6° 自西向东分带，依次编号 1，2，3，…，60，将整个地球划分成 60 个 6° 带，如图 1-4 所示。每带中间的子午线称为轴子午线或中央子午线，各带相邻子午线称为分界子午线。我国领土横跨 11 个 6° 投影带，即第 13 ~ 23 带。带号 N 与相应的中央子午线经度 L_0 的关系为

$$L_0 = 6N - 3 \tag{1-1}$$

② 3° 带。自东经 1.5° 子午线起，每隔经差 3° 自西向东分带，依次编号 1，2，3，…，120，将整个地球划分成 120 个 3° 带，每个 3° 带的中央子午线为 6° 带的中央子午线和分界子午线。我国领土横跨 22 个 3° 投影带，即第 24 ~ 45 带。带号 n 与相应的中央子午线经度 l_0 的关系为

$$l_0 = 3n \tag{1-2}$$

我国领土位于北半球，在高斯平面直角坐标系内，各带的纵坐标 x 均为正值，而横坐标 y 有正有负。为了使各带的横坐标 y 不出现负值，规定将 x 坐标轴向西平移 500 km，即所有点的 y 坐标值均加上 500 km（见图 1-5）。此外，为便于区别某点位于哪一个投影带内，还应在横坐标前冠以投影带号。以此建立了我国的国家统一坐标系——高斯平面直角坐标系。

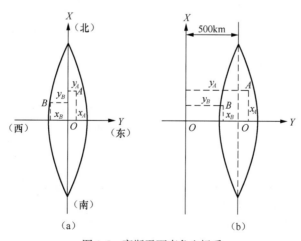

图 1-5 高斯平面直角坐标系

例如：地面 A 点的坐标为 $x_A = 3\,276\,611.198$ m；$y_A = -376\,543.211$ m，为了避免 y 坐标出现

负值，纵轴西移 500 km 后：y_A=500 000−376 543.211=123 456.789 m，假若该点位于第 19 带内，横坐标前冠以投影带号，则地面 A 点的国家统一坐标值为 x_A=3 276 611.198 m，y_A=19 123 456.789 m。

再如，地面 B 点的国家统一坐标为 x_B=321 821.98 m，y_B=20 587 307.25 m，从中可以看出 B 点在第 20 带，属6°带，其投影带内的坐标为 x_B=321 821.98 m，y_B=87 307.25 m。

（3）独立（假定）平面直角坐标系

在普通测量工作中，当测量区域较小且相对独立时（较小的建筑区和厂矿区），通常把较小区域的椭球曲面当成水平面看待，即用过测区中部的水平面代替曲面作为确定地面点位置的基准，如图 1-6 所示。在此水平面内建立一个平面直角坐标，以地面投影点的坐标来表示地面点的平面位置，即地面点在水平面上的投影位置，可以用该平面的直角坐标系中的坐标 x、y 来表示。这样选择建立的坐标系对测量工作的计算和绘图都较为简便。

测量上通常以地面点的子午线方向为基准方向，由子午线的北端起按顺时针确定地面直线的方位，使平面直角坐标系的纵坐标轴 x 与子午线北方一致，象限排列如图 1-7（a）所示。这样选择直角坐标系可使数学中的解析公式不做任何变动即可应用到测量计算中。显然坐标纵轴 x（南北方向）向北为正，向南为负；坐标横轴 y（东西方向）向东为正，向西为负。平面直角坐标系的原点，可按实际情况选定。通常把原点选在测区西南角，其目的是使整个测区内各点的坐标均为正值。在此，应注意测量坐标系与数学坐标系的不同，数学坐标系的象限关系及坐标轴名称见图 1-7（b）。

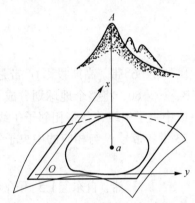

图 1-6　独立平面直角坐标系原理图

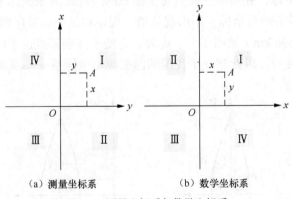

（a）测量坐标系　　　　　（b）数学坐标系

图 1-7　测量坐标系与数学坐标系

2. 地面点高程位置的确定

地面点到高度起算面的垂直距离称为高程。高度起算面又称高程基准面。选用不同的面作高程基准面，可得到不同的高程系统。

为了建立全国统一的高程系统，必须确定一个高程基准面。通常采用平均海水面代替大地水准面作为高程基准面，平均海水面的确定是通过验潮站长期验潮来求定。

我国是以在青岛观象山验潮站 1952—1979 年验潮资料确定的黄海平均海水面作为高程

起算的基准面，此黄海平均海水面即为我国的大地水准面，该基准面称为"1985 国家高程基准"。由 1985 年国家高程基准起算的青岛水准原点的高程为 72.260 m。

地面点的绝对高程是以大地水准面为高程基准面起算的。即地面点沿铅垂线方向到大地水准面的距离称为该点的绝对高程（又称海拔），用 H 表示，如图 1-8 所示。地面点 A、B 的绝对高程分别表示为 H_A、H_B。

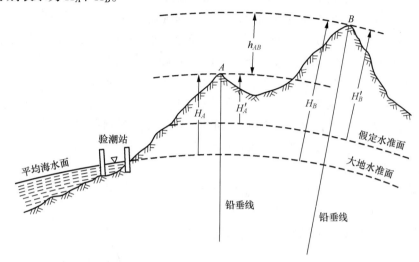

图 1-8 高程与高差的定义及其相互关系

地面上两点间的高程差称为高差，如图 1-8 所示，用 h_{AB} 表示 A、B 两点间的高差。高差有方向和正负之分，A 点至 B 点的高差为

$$h_{AB} = H_B - H_A \qquad (1\text{-}3)$$

当 h_{AB} 为正时，说明 B 点高于 A 点。而 B 点至 A 点的高差为

$$h_{BA} = H_A - H_B$$

当 h_{BA} 为负时，说明 A 点低于 B 点。可见，A 至 B 的高差与 B 至 A 的高差绝对值相等而符号相反，即

$$h_{AB} = -h_{BA}$$

在局部地区，如果引用绝对高程有困难，可采用假定高程系统，即可以任意假定一个水准面作为高程起算面，地面点到任意选定的水准面的铅垂距离称为该点的相对高程（或假定高程），如图 1-8 中的 H_A'、H_B'。在建筑工程中所使用的标高就是相对高程，它是以建筑物室内地坪（±0.000）为高程基准面起算的。由图 1-8 可以看出

$$h_{AB} = H_B - H_A = H_B' - H_A' \qquad (1\text{-}4)$$

可见对于相同的两点，不论采用绝对高程还是相对高程，其高差值不变，均能表达两点间高低相对关系，故两点间的高差与高程起算面的取定无关。

3. 地面点位确定的三要素及测量基本工作

测量工作的实质是确定地面点的位置。在小地区范围内，确定一个点的位置可用其平面坐标 x, y 和高程 H 三个坐标量来表示。在实际工作中，点的平面坐标和高程通常不是直接测量的，而是通过测量已知点与待定点之间的几何位置关系（即角度、距离和高差），最后计算出待定点的平面坐标和高程。

7

如图 1-9 所示，设 A、B、C 为地面上的三点，其在水平面上的投影分别为 a、b、c。如果 A 点的坐标和高程已知，要确定 B 点的位置，由数学几何原理可知，需要确定水平投影面内 A 点到 B 点的水平距离 D_{AB} 和 AB 直线（或 BA 直线）的方位，而 A、B 两点的水平距离 D_{AB} 可以用其在水平投影面内的投影长度 ab 表示，AB 直线的方位可以用通过 a 点的（或 b 点的）指北方向线（即坐标纵轴北方向）与 ab 投影线的夹角（即水平角）α 表示。这样，有了 D_{AB} 和 α，便可计算出投影点 b 的平面坐标，由此即确定出 B 点的平面位置。至于 B 点的高程坐标，可以通过测量 A、B 两点的高低关系来确定，即 B 点的高程 H_B 可以通过测量 A、B 两点间的高差 h_{AB} 再经计算确定。这样结合 B 点的平面位置和高程坐标，其空间位置就完全确定了。若需继续确定 C 点的空间位置，则需要测量 BC 在水平面上的水平距离 D_{BC} 及 b 点上相邻两边的水平夹角 β，还有 C 点相对 B 点的高差 h_{BC}。也就是说，为确定未知点的空间位置，只需测得水平距离、水平角度及地面点间的高差等外业观测数据后，再采用三角几何运算，便可依据已知点坐标推算出未知点的坐标，最终确定出待定点的空间位置。

由此可见，水平距离、水平角和高差是确定地面点位置的三个基本要素。所以，在测量工作中，水平距离测量、水平角测量和高差测量是测量的三项基本工作。

测量工作分为外业和内业。外业工作主要是指进行野外数据采集工作，包括测角、量边、测高差和碎部点等。内业工作是指对采集的外业数据进行计算、处理、编辑和图纸绘制等活动，主要内容是整理外业测量的数据，进行计算和绘图。当然，外业工作也包括一些简单的计算和绘图内容。

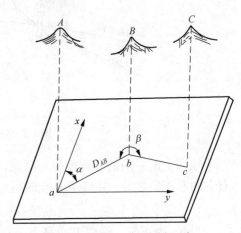

图 1-9　测量工作的基本要素

4. 用水平面代替水准面的限度

实际测量工作中，在一定的测量精度要求和测区范围不大的情况下，通常用水平面直接代替水准面作为数据解算的基准，因此应当了解地球曲率对水平距离、水平角和高差等观测数据解算的影响，从而决定在多大的面积范围内容许用水平面代替水准面。在分析过程中，假定大地水准面为圆球面，其平均曲率半径 $R = 6\,371\,\text{km}$。

（1）水准面曲率对水平面距离的影响

如图 1-10 所示，设地面上 A、B、C 三个点在大地水准面上的投影点是 a、b、c，用过 a 点的切平面代替大地水准面，则地面点在水平面上的投影点是 a'、b'、c'。设 ab 的弧长为 D，$a'b'$ 的长度为 D'，圆球面的曲率半径为 R，D 所对的圆心角为 θ，则用水平长度 D' 代替弧长 D 所产生的误差为

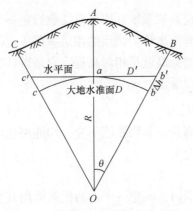

图 1-10　水准面曲率对水平距离的影响

$$\Delta D = D' - D \qquad (1\text{-}5)$$

将 $D = R\theta$，$D' = R\tan\theta$ 代入式（1-5），整理后得：

$$\Delta D = R(\tan\theta - \theta) \tag{1-6}$$

将 $\tan\theta$ 展开为级数式：

$$\tan\theta = \theta + \frac{1}{3}\theta^3 + \frac{5}{12}\theta^5 + \cdots$$

因 D 比 R 小得多，θ 角很小，只取级数式前两项代入式，得

$$\Delta D = R\left(\theta + \frac{1}{3}\theta^3 - \theta\right)$$

将 $\theta = D/R$ 代入上式，得

$$\frac{\Delta D}{D} = \frac{D^2}{3R^2} \tag{1-7}$$

取 $R = 6\,371$ km，用不同的 D 值代入式（1-7）得到表 1-1 的结果。当两点相距 10 km 时，用水平面代替大地水准面产生的长度误差为 0.8 cm，相对误差为 1/1 220 000，小于目前精密测绘的允许误差。所以在半径为 10 km 测区内进行距离测量时，可以用水平面代替大地水准面。

表 1-1　　　　　　　　　　　　地球曲率对水平距离的影响

D/km	ΔD/cm	$\Delta D/D$
5	0.1	1/4 870 000
10	0.8	1/1 220 000
20	6.6	1/304 000
50	102.7	1/48 700

（2）水准面曲率对水平角度的影响

从球面三角学可知，球面上三角形内角之和比平面上相应的三角形内角之和多出一个球面角超 ε，如图 1-11 所示。其值可根据多边形面积求得，即

$$\varepsilon = \frac{P}{R^2}\rho'' \tag{1-8}$$

式中：ε 为球面角超（"）；P 为球面多边形面积（km²）；ρ'' 为 1 rad 所对应的秒角值，$\rho'' = 206\,265''$；R 为地球半径（km）。

表 1-2 为水平面代替水准面对水平角的影响。以球面上不同的面积代入式（1-8）中，求出球面角超，填入表 1-2 中。

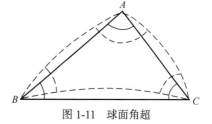

图 1-11　球面角超

表 1-2　　　　　　　　　　　　水准面曲率对水平角度的影响

球面面积/km²	10	50	100	500
ε/（"）	0.05	0.25	0.51	2.54

计算结果表明，当测区范围在 $100~\text{km}^2$ 时，水平面代替水准面对水平角的影响仅为 $0.51''$，在普通测量工作中可以忽略不计。

（3）水准面曲率对高程的影响

在图 1-10 中，以大地水准面为基准的 B 点绝对高程 $H_B = Bb$，用水平面代替大地水准面时，B 点的高程 $H'_B = Bb'$，两者之差 Δh 就是对高程的影响，也称为地球曲率的影响。在 $\triangle Oab'$ 中，

$$(R + \Delta h)^2 = R^2 + D'^2, \quad \Delta h = \frac{D'^2}{2R + \Delta h}$$

D 与 D' 相差很小，可用 D 代替 D'，Δh 与 $2R$ 相比可忽略不计，则

$$\Delta h = \frac{D^2}{2R} \tag{1-9}$$

对于不同的 D 值，对高程的影响如表 1-3 所示。

表 1-3　　　　　　　　　　　　　水准面曲率对高程的影响

D/km	0.05	0.1	0.2	1	10
$\Delta h/\text{mm}$	0.2	0.8	3.1	78.5	7 850

计算表明，水准面曲率对高程的影响较大，即使在很短的距离内进行高程测量时，也必须考虑水准面曲率对高程的影响。

1.3　工程测量的工作程序

进行测量工作时，需要测定（或测设）许多特征点（也称碎部点）的坐标和高程。如果从一个特征点开始到下一个特征点逐点进行施测，虽可得到各点的位置，但由于测量中不可避免地存在误差，会导致前一点的测量误差传递到下一点，这样累积起来可能会使点位误差达到不可容许的程度。另外，逐点传递的测量效率也很低。因此，测量工作必须按照一定的原则和程序进行。

某测区地物、地貌透视图如图 1-12 所示。欲将该地区的地貌、地物测绘到图上，可从第一栋房屋开始测定第二栋房屋，再由第二栋房屋测定第三栋房屋……直到依次测完最后一栋房屋。道路上各点，如果也是这样一点接一点测下去，显然最终可以测出各房屋和道路的特征点的位置并绘制成图。但由于测量中不可避免地产生误差，逐渐积累起来，将可能达到不容许的程度，更重要的是这种作业方式不便于分幅测绘整体拼接。为此，在测量中，常是先选择一些具有控制意义的点，如图 1-12 中的 A，B，…，F 点，用比较精密的仪器和方法把它们的位置测定出来，作为后期测量工作的控制点，再根据这些点测量房屋、道路等的轮廓点。这些用于测量房屋、道路等轮廓点位置的 A，B，…，F 等点，对测区起着控制的作用，构成了测区的骨干点，是测图的根据，这些点称为控制点。房屋、道路等的轮廓点称为地物特征点，表示地貌特征的点称为地形点，这些特征点统称为碎部点。对控制点的测量和计算工作，叫作控制测量；对碎部点的测量和绘图，叫作碎部测量，又称地形测图。

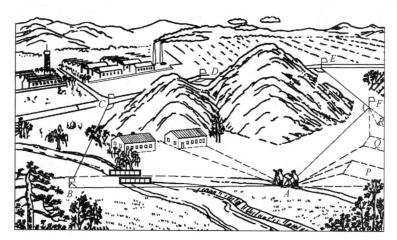

图 1-12 某测区地物、地貌透视图

如上所述，进行地形测绘测量时，工作程序是先测定控制点而后测量碎部点，通常将此测量程序称为"由控制到碎部"。当测区较大，需测绘多幅图时，一般是先在整个测区根据精度要求和密度要求，布置好控制点，并对控制点进行测量；然后再依据控制点在其所控制的局部地区范围内测量各地形特征点，即进行碎部测量，此测量过程称为"由整体到局部"。遵循这种程序，就可以使整个测区连成一体，从而获得大幅完整的地形图；使测量误差分布比较均匀，保证测图的精度；便于分幅测绘，平行作业，加快测图的速度。测量工作总是从高等级到低等级逐级进行的，称为"由高级到低级"。图 1-13 所示为某测区地形图。

上述三种测量程序的实质相同，只是各自的侧重点不同而已。"由高级到低级"是从精度上说的；"由整体到局部"指的是布局；而"由控制到碎部"则是先后顺序。这些是测量工作中必须遵循的原则。

此外，为了使测量成果中不带有错误，就要求随时进行检查，若没有对前一段工作成果进行检查，就不能进行后一段的工作，这是测量工作必须遵循的又一个原则。

综上所述，整个地形测绘工作大致分为：用较精密的仪器和方法，在全测区建立高级控制点，它的数量较少，精度要求较高；在高级控制点的基础上，建立图根控制点，它的数量较多，精度比高级控制点稍低，是控制点的进一步加密，且是地形测图的依据；地形测图，就是根据每一图幅内的控制点，在野外采集碎部点的信息数据，最终绘制成图。

上述测量工作的原则和程序，不仅适用于地形图的测绘工作，而且也适用于施工放样测量工作。某测区地形图如图 1-13 所示，欲将图 1-13 上设计好的建筑物 P、Q、R 测设于实地，作为施工的依据，须先在实地进行施工控制测量，并安置仪器于控制点 A 上，以 F 点为定向依据；然后按设计要求进行建筑物的放样测量工作，将拟建建筑物的轴线位置标定在施工场地上，以作为施工建设的依据。所以，在施工放样测量工作中也要遵循上述原则。

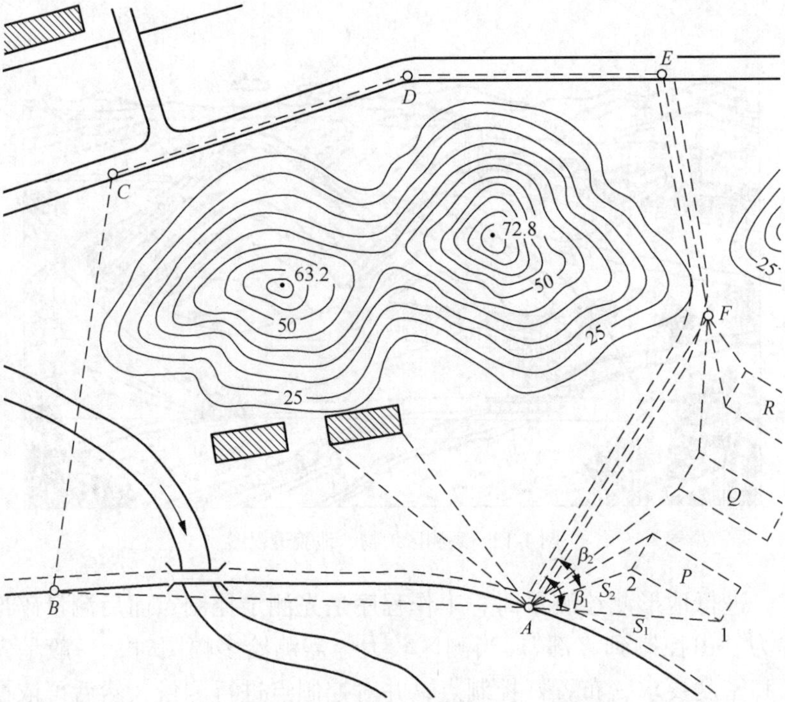

图 1-13 某测区地形图

1.4 测量误差

1.4.1 测量误差概述

1. 测量误差的概念

测量实践表明，在测量工作中，无论测量仪器设备多么精密，无论观测者多么仔细认真，也无论观测环境多么良好，在测量结果中总是有误差存在。

例如，对某一三角形的三个内角进行观测，其三个角值之和不等于180°；观测某一闭合水准路线，各测站的高差之和也不等于零。这些观测值之间，或观测值和真值之间存在着差异，说明测量结果中包含着误差。

但误差与粗差（错误）不同，粗差是由于粗心大意造成的，例如测错、读错、记错等，导致观测结果中出现错误。粗差可以避免，除了认真作业外，常采用一些检核措施，如重复观测和多余观测。测量误差不包括粗差。

2. 测量误差的来源

测量工作是观测者使用某种测量仪器、工具，在一定的外界环境中进行的。所以引起测量误差的因素，概括起来主要有以下三个方面。

（1）测量仪器、工具误差

由于测量仪器、工具设备构造上的缺陷和仪器设备本身精密度的限制，以及检验校正不够完善，使得观测必然受到其影响，测量结果中就不可避免地包含这种误差。

（2）观测者误差

由于观测者感觉器官的鉴别能力有限，所以无论怎样仔细地工作，在仪器的安置、照准、读数等方面都会产生误差。

（3）外界条件的影响

观测时所处的外界条件，如温度、湿度、风力、气压等不断发生变化，必然使观测结果产生误差。

测量仪器、观测者和外界条件这三方面的因素综合起来称为观测条件。观测成果的精确度称为精度。当观测条件相同时所进行的各次观测成为等精度观测。观测条件不同的各次观测，称为非等精度观测。观测条件与观测结果的精度有着密切的关系。在较好的观测条件下进行观测所得的观测结果的精度就要高一些，反之，观测结果的精度就要低一些。

在测量工作中，人们总是希望测量误差越小越好。但要真正做到这一点，需要使用高精密度的仪器，采用十分严密的观测方法，成本很高。而实际工作中，根据不同的测量任务，允许测量结果中存在一定程度的测量误差。因此，我们的目标是要设法将测量误差控制在与测量任务相适应的范围内。

3. 测量误差的分类

根据测量误差对观测结果的影响性质不同，可将测量误差分为系统误差和偶然误差两类。

（1）系统误差

在相同的观测条件下对某量进行一系列观测，如果误差出现的符号及大小均相同或按一定的规律变化，这种误差称为系统误差。

系统误差产生的原因主要是仪器制造或校正不完善、观测人员操作习惯和测量时外界条件等引起的。如量距中用名义长度为 30 m 而经检定后实际长度为 30.001 m 的钢尺，每量一尺段就有 0.001 m 的误差，丈量误差与距离成正比，可见系统误差具有累积性。又如某些观测者在照准目标时，总习惯于把望远镜十字丝对准于目标的某一侧，也会使观测结果带有系统误差。

系统误差具有积累性，对测量成果影响很大。但系统误差的符号和大小又很有规律性，因此在实际测量工作时，系统误差可以通过采取适当的观测程序、观测方法或计算改正来消除或减弱。例如，在水准测量中采用前后视距相等来消除视准轴与水准管轴不平行而产生的误差，在水平角观测中采用盘左、盘右观测来消除视准轴误差等。

（2）偶然误差

在相同的观测条件下对某量进行一系列观测，如果误差的符号和大小都具有不确定性，但就大量观测误差总体而言，又服从于一定的统计规律性，这种误差称为偶然误差。如读数的估读误差、望远镜的照准误差、经纬仪的对中误差等。偶然误差产生的原因是由观测者、仪器和外界条件等多方面引起的，并随各种偶然因素综合影响而不断变化。对于偶然误差，找不到一个能完全消除它的办法，因此可以说在一切测量结果中不可避免地存在偶然误差。

在观测过程中，系统误差与偶然误差是同时产生的，当系统误差采取了适当的方法加以消除或减小以后，决定观测精度的主要因素就是偶然误差了，偶然误差影响了观测结果的精确性，所以在测量误差理论中的研究对象主要是偶然误差。

4. 偶然误差的特性

偶然误差从表面上看似乎没有规律性，即从单个或少数几个误差的大小和符号的出现上呈偶然性，但从整体上对偶然误差加以归纳统计，则显示出一种统计规律，而且观测次数越多，这种规律性表现得越明显。

现以一个测量实例进行统计分析。例如，在相同的观测条件下，对 358 个三角形的内角进行了观测。由于观测值含有偶然误差，致使每个三角形的内角和不等于 180°。设三角形内角和的真值为 X，观测值为 L，其观测值与真值之差为真误差 Δ。用下式表示为

$$\Delta = L_i - X \ (i=1, 2, \cdots, 358) \tag{1-10}$$

由式（1-10）计算出 358 个三角形内角和的真误差，并取误差区间为 0.2″，以误差的大小和正负号分别统计出它们在各误差区间内的个数 V 和频率 V/n，结果列于表 1-4。

表 1-4　　　　　　　偶然误差的区间分布

误差区间$\Delta/($″$)$	正误差		负误差		合计	
	个数 V	频率 V/n	个数 V	频率 V/n	个数 V	频率 V/n
0.0 ~ 0.2	45	0.126	46	0.128	91	0.254
0.2 ~ 0.4	40	0.112	41	0.115	81	0.226
0.4 ~ 0.6	33	0.092	33	0.092	66	0.184
0.6 ~ 0.8	23	0.064	21	0.059	44	0.123
0.8 ~ 1.0	17	0.047	16	0.045	33	0.092
1.0 ~ 1.2	13	0.036	13	0.036	26	0.073
1.2 ~ 1.4	6	0.017	5	0.014	11	0.031
1.4 ~ 1.6	4	0.011	2	0.006	6	0.017
1.6 以上	0	0	0	0	0	0
	181	0.505	177	0.495	358	1.000

从表 1-4 中可看出，最大误差不超过 1.6″，小误差比大误差出现的频率高，绝对值相等的正、负误差出现的个数近于相等。大量的实验统计结果证明了偶然误差具有如下特性：

① 在一定的观测条件下，偶然误差的绝对值不会超过一定的限度。

② 绝对值小的误差比绝对值大的误差出现的可能性大。

③ 绝对值相等的正误差与负误差出现的机会相等。

④ 当观测次数无限增多时，偶然误差的算术平均值趋近于零，即

$$\lim_{n \to \infty} \frac{\Delta}{n} = 0 \tag{1-11}$$

上述第四个特性说明，偶然误差具有抵偿性，它是由第三个特性推导出的。

对于一系列的观测而言，不论其观测条件是好是差，也不论是对同一个量还是对不同的量进行观测，只要这些观测是在相同的条件下独立进行的，则所产生的一组偶然误差必然都具有上述的四个特性。而且，当观测个数 n 越大时，这种特性表现得越明显。测量中，通常采用多次观测取观测结果的算术平均值来减少其偶然误差，从而提高观测成果的质量。

1.4.2　衡量精度的指标

测量工作不仅要进行观测并求出结果，而且还必须对测量结果的精确程度做出评定。为了衡量观测值的精度高低，可以按 1.4.1 节的方法，把在一组相同条件下得到的误差，采用分组成误差分布表、绘制直方图或画出误差分布曲线的方法来比较。但实际工作中，常用一

些数字特征来说明误差分布的密集或离散的程度，称为衡量精度的指标。衡量精度的指标有很多种，下面介绍几种常用的精度指标。

1. 中误差

中误差是测量工作中最为常用的衡量精度的标准。

在等精度观测条件下对某未知量进行了 n 次观测，其观测值分别为 L_1，L_2，…，L_n，若该未知量的真值为 X，则观测值与真值的差值为真误差 $\varDelta_i = l_i - X$，相应的 n 个观测值的真误差分别为 $\varDelta_1$，$\varDelta_2$，…，$\varDelta_n$。各真误差平方的平均数的平方根，称为中误差，也称均方误差，即

$$m = \pm \sqrt{\frac{[\varDelta\varDelta]}{n}} \tag{1-12}$$

式中，$[\varDelta\varDelta] = \varDelta_1^2 + \varDelta_2^2 + \cdots + \varDelta_n^2$；

m——观测值的中误差，即每个观测值都具有这个值的精度。

【例 1-1】设有两组等精度观测列，其真误差分别如下。

第一组：$-3''$，$+3''$，$-1''$，$-3''$，$+4''$，$+2''$，$-1''$，$-4''$；

第二组：$+1''$，$-5''$，$-1''$，$+6''$，$-4''$，$0''$，$+3''$，$-1''$。

试求这两组观测值的中误差。

解：$m_1 = \pm\sqrt{\dfrac{9+9+1+9+16+4+1+16}{8}} = 2.9''$

$m_2 = \pm\sqrt{\dfrac{1+25+1+36+16+0+9+1}{8}} = 3.3''$

比较 m_1 和 m_2 可知，第一组观测值的精度要比第二组高。

必须指出，在相同的观测条件下所进行的一组观测，由于它们对应着一种误差分布，因此，对于这一组中的每一个观测值，虽然各真误差彼此并不相等，有的甚至相差很大，但它们的精度均相同，即都为同精度观测值。

中误差不等于真误差，它是一组真误差的代表值，中误差的大小反映了该组观测值精度的高低，并明显反映观测值中较大误差的影响。

2. 容许误差

由偶然误差的第一特性可知，在一定的观测条件下，偶然误差的绝对值不会超过一定的限值。这个限值就是容许误差或称极限误差。那么此极限值有多大呢？根据误差理论和大量的实践证明，在一系列的同精度观测误差中，真误差绝对值大于中误差的概率约为 32%；大于 2 倍中误差的概率约为 5%；大于 3 倍中误差的概率约为 0.3%。也就是说，在观测次数不多的情况下，大于 3 倍中误差的真误差实际上是不可能出现的。因此，通常以 3 倍中误差作为偶然误差的极限值。在测量工作中，一般取 2 倍中误差作为观测值的容许误差，即

$$\varDelta_容 = 2m \tag{1-13}$$

测量规范中的限差通常是以 $2m$ 作为容许误差的。当某观测值的误差超过了容许误差时，将认为该误差不符合要求，相应的观测值应进行重测、补测或舍去不用。

3. 相对误差

对于某些长度元素的观测结果，有时单靠中误差还不能完全表达观测结果的好坏。

例如，分别丈量了 1 000 m 及 500 m 的两段距离，它们的中误差均为 ±2 cm，虽然两者的中误差相同，但就单位长度而言，两者精度并不相同。实际上，距离测量的误差与距离大小有关，距离越大，误差的积累越大。为了客观反映实际精度，常采用相对误差。相对中误差是观测值中误差 m 的绝对值与相应观测值 S 的比值，用 K 表示。它是一个无名数，常用分子为 1 的分数表示，即

$$K = \frac{|m|}{S} = \frac{1}{\dfrac{S}{|m|}} \qquad (1\text{-}14)$$

如上述两段距离，前者的相对中误差为 1/50 000，而后者则为 1/25 000，表明后者精度高于前者。

在距离测量中，通常用往返测量结果的较差率来衡量，往返测较差与距离平均值之比就是所谓的相对误差，即

$$\frac{|D_{往} - D_{返}|}{D_{平均}} = \frac{1}{\dfrac{D_{平均}}{\Delta D}} \qquad (1\text{-}15)$$

容许误差有时也用相对误差来表示。例如，经纬仪导线测量时，规范中所规定的相对闭合差不能超过 1/2000，它就是相对极限误差。

相对精度是对长度元素而言。角度元素的精度不能用相对误差来衡量，因为测角误差与角度的大小无关。

【思考与练习】

1. 名词解释

①大地水准面；②大地体；③绝对高程；④相对高程；⑤高差；⑥系统误差；⑦偶然误差；⑧中误差；⑨限差；⑩相对误差。

2. 简答题

① 测量学研究的对象和任务是什么？工程测量的任务是什么？

② 大地水准面有何特点？大地水准面与高程基准面、大地体与参考椭球体有什么不同？

③ 测量中的平面直角坐标系与数学平面直角坐标系有何不同？

④ 确定地面点位的三项基本测量工作是什么？确定地面点位的三要素是什么？

⑤ 试简述地面点位确定的程序和原则。

⑥ 在什么情况下，可将水准面看作平面？为什么？

【测量实训须知】

一、测量实训规定

（1）在实训之前，必须复习教材中的有关内容，以明确实训目的，了解实训任务，熟悉实训步骤或实训过程，注意有关事项，并准备好所需文具用品。

（2）实训分小组进行，组长负责组织协调工作，办理所用仪器工具的借领和归还手续。

（3）实训应在规定的时间进行，不得无故缺席或迟到早退；应在指定的场地进行，不得擅自改变地点或离开现场。

（4）必须遵守下文列出的"测量仪器工具的借领与使用规则"和"测量记录与计算规则"。

（5）服从教师的指导，严格按照本书的要求认真、按时、独立地完成任务。每项实训都应取得合格的成果，提交书写工整、规范的实训报告或实训记录，经指导教师审阅同意后，才可交还仪器工具，结束工作。

（6）在实训过程中，还应遵守纪律，爱护现场的花草、树木和农作物，爱护周围的各种公共设施，任意砍折、踩踏或损坏者应予赔偿。

二、测量仪器工具的借领与使用规则

对测量仪器工具的正确使用、精心爱护和科学保养，是测量人员必须具备的素质和应该掌握的技能，也是保证测量成果质量、提高测量工作效率和延长仪器工具使用寿命的必要条件。在仪器工具的借领与使用中，必须严格遵守下列规定。

1. 仪器工具的借领

（1）实训时凭学生证到仪器室办理借领手续，以小组为单位领取仪器工具。

（2）借领时应该当场清点检查：实物与清单是否相符；仪器工具及其附件是否齐全；背带及提手是否牢固；脚架是否完好等。如有缺损，可以补领或更换。

（3）离开借领地点之前，必须锁好仪器并捆扎好各种工具。搬运仪器工具时，必须轻取轻放，避免剧烈震动。

（4）借出仪器工具之后，不得与其他小组擅自调换或转借。

（5）实训结束，应及时收装仪器工具，送还借领处检查验收，办理归还手续。如有遗失或损坏，应写出书面报告说明情况，并按有关规定给予赔偿。

2. 仪器的安置

（1）在三角架安置稳妥之后，方可打开仪器箱。开箱前应将仪器箱放在平稳处，严禁托在手上或抱在怀里。

（2）打开仪器箱之后，要看清并记住仪器在箱中的安放位置，避免以后装箱困难。

（3）提取仪器之前，应先松开制动螺旋，再用双手握住支架或基座，轻轻取出仪器放在三角架上，保持一手握住仪器，一手拧连接螺旋，最后旋紧连接螺旋，使仪器与脚架连接牢固。

（4）装好仪器之后，注意随即关闭仪器箱盖，防止灰尘和湿气进入箱内。严禁坐在仪器箱上。

3. 仪器的使用

（1）仪器安置之后，不论是否操作，必须有人看护，防止无关人员搬弄或行人、车辆碰撞。

（2）在打开物镜时或在观测过程中，如发现灰尘，可用镜头纸或软毛刷轻轻拂去，严禁用手指或手帕等物擦拭镜头，以免损坏镜头上的镀膜。观测结束后应及时套好镜盖。

（3）转动仪器时，应先松开制动螺旋，再平稳转动。使用微动螺旋时，应先旋紧制动螺旋。

（4）制动螺旋应松紧适度，微动螺旋和脚螺旋不要旋到顶端，使用各种螺旋都应均匀用力，以免损伤螺纹。

（5）在野外使用仪器时，应该撑伞，严防日晒雨淋。

（6）在仪器发生故障时，应及时向指导教师报告，不得擅自处理。

4. 仪器的搬迁

（1）在行走不便的地区迁站或远距离迁站时，必须将仪器装箱之后再搬迁。

（2）短距离迁站时，可将仪器连同脚架一起搬迁。其方法是：先取下垂球，检查并旋紧仪器连接螺旋，松开各制动螺旋使仪器保持初始位置（经纬仪望远镜物镜对向度盘中心，水准仪的水准器向上）；再收拢三脚架，左手握住仪器基座或支架放在胸前，右手抱住脚架放在肋下，稳步行走。严禁斜扛仪器，以防碰摔。

（3）搬迁时，小组其他人员应协助观测员带走仪器箱和有关工具。

5. 仪器的装箱

（1）每次使用仪器之后，应及时清除仪器上的灰尘及脚架上的泥土。

（2）仪器拆卸时，应先将仪器脚螺旋调至大致同高的位置，再一手扶住仪器，一手松开连接螺旋，双手取下仪器。

（3）仪器装箱时，应先松开各制动螺旋，使仪器就位正确，试关箱盖确认放妥后，再拧紧制动螺旋，然后关箱上锁。若合不上箱口，切不可强压箱盖，以防压坏仪器。

（4）清点所有附件和工具，防止遗失。

6. 测量工具的使用

（1）钢尺的使用：应防止扭曲、打结和折断，防止行人踩踏或车辆碾压，尽量避免尺身着水。携尺前进时，应将尺身提起，不得沿地面拖行，以防损坏刻划。用完钢尺应擦净、涂油，以防生锈。

（2）皮尺的使用：应均匀用力拉伸，避免着水、车压。如果皮尺受潮，应及时晾干。

（3）各种标尺、花杆的使用：应注意防水、防潮，防止受横向压力，不能磨损尺面刻划的漆皮，不用时安放稳妥。塔尺的使用，还应注意接口处的正确连接，用后及时收尺。

（4）小件工具如垂球、测钎、尺垫等的使用：应用完即收，防止遗失。

（5）一切测量工具都应保持清洁，专人保管搬运，不能随意放置，更不能作为捆扎、抬、担的它用工具。

三、测量记录与计算规则

测量记录是外业观测成果的记载和内业数据处理的依据。在测量记录或计算时必须严肃认真，一丝不苟，严格遵守下列规则。

（1）在测量记录之前，准备好硬芯（2H 或 3H）铅笔，同时熟悉记录表上各项内容及填写、计算方法。

（2）记录观测数据之前，应将记录表头的仪器型号、日期、天气、测站、观测者及记录者姓名等无一遗漏地填写齐全。

（3）记录者要认真负责，当听到观测者所报读数后，要回报给观测者以资检核，经默许后，方可记入记录表中。不得另纸记录事后转抄。如果发现有超限现象，立即告诉观测者进行重测。

（4）记录时要求字体端正清晰，数位对齐，数字对齐。字体的大小一般占格宽的 1/3 ~ 1/2，字脚靠近底线；表示精度或占位的"0"（例如水准尺读数 1.500 或 0.234，度盘读数

93°04′00″）均不可省略。

（5）观测数据的尾数不得更改，读错或记错后必须重测重记。例如：角度测量时，秒级数字出错，应重测该测回；水准测量时，毫米级数字出错，应重测该测站；钢尺量距时，毫米级数字出错，应重测该尺段。

（6）观测数据的前几位若出错时，应用细横线划去错误的数字，并在原数字上方写出正确的数字。注意不得涂擦已记录的数据，禁止连环更改数字。例如：水准测量中的黑、红面读数，角度测量中的盘左、盘右，距离丈量中的往量、返量等，均不能同时更改，否则重测。

（7）记录数据修改后或观测成果废去后，都应在备注栏内写明原因（如测错、记错或超限等）。

（8）每站观测结束后，必须在现场完成规定的计算和检核，确认无误后方可迁站。

（9）数据运算应根据所取位数，按"4 舍 6 入，5 前奇进偶舍"的规则进行凑整。例如对 1.4244 m、1.4236 m、1.4235 m、1.4245 m 这几个数据，若取至毫米位，则均应记为 1.424 m。

（10）应该保持测量记录的整洁，严禁在记录表上书写无关内容，更不得丢失记录表。

第2章

点的高低位置的确定

在地形图的测绘和工程勘察设计及施工放样中，都需要确定地面点的高低位置，即点的高程。测量地面点高程的工作，称为高程测量。高程测量按使用仪器和方法的不同，分为水准测量、三角高程测量等。水准测量是精确测量地面点高程的主要方法。

 **知识目标**

- 掌握高程测量的方法；
- 了解水准仪各部件的名称和作用；
- 掌握水准测量的施测方法、测量成果评价分析及计算的方法。

技能目标

- 能依据现场条件布设水准路线；
- 能按精度要求测得点的高程；
- 能将施工图中点的标高位置测设到现场。

2.1 水准测量

水准测量是一种利用水准仪建立的水平视线来测量地面两点间的高差，进而获得地面点高程的测量方法。

2.1.1 水准测量原理

1. 水准测量工作原理

水准测量是高程测量工作中精度高、用途极广的常规测量方法，其工作原理是通过调节水准仪来建立一条水平视线以测取地面点间高差，然后依据其中一个（或多个）已知点的高程，计算出待定点高程。如图 2-1 所示，若已知 A 点的高程求 B 点的高程，首先需测出 A、B 两点间的高差 h_{AB}。工作时，在 A、B 两点上竖立带有分划的标尺（通常用水准尺），在 A、B 两点之间的适当位置安置可建立水平视线的仪器——水准仪。采取正确的操作方法调节仪器，在视线水平时，分别在 A、B 两点的标尺上读得读数 a 和 b，则 A、B 两点的高差等于两个标尺读数之差。即

$$h_{AB} = a - b \qquad (2\text{-}1)$$

由此根据已知高程点 A，可计算出待求高程点 B 的高程为

$$H_B = H_A + h_{AB} = H_A + (a - b) \qquad (2\text{-}2)$$

设水准测量的方向是从 A 点往 B 点进行，则规定：称已知点 A 为后视点，A 点所立尺为后视尺，简称为后尺，A 尺上的中丝读数 a 为后视读数；称待求点 B 为前视点，B 点所立尺为前视尺，简称为前尺，B 尺上的中丝读数 b 为前视读数；安置仪器之处称为测站；竖立水准尺的点称为测点。两点的高差必须用后视读数减去前视读数进行计算。显然，高差 h_{AB} 的值可能为正，也可能为负。其值若为正，表示待求点 B 高于已知点 A；其值若为负，表示待求点 B 低于已知点 A。此外，高差的正负号又与测量工作的前进方向有关，例如，图 2-1 所示的测量由 A 向 B 行进，高差用 h_{AB} 表示，其值为正；反之由 B 向 A 行进，则高差用 h_{BA} 表示，其值为负。所以高差值必须标明高差的正、负号，同时要规定出测量的前进方向。

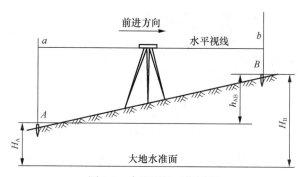

图 2-1　水准测量工作原理

在工程测量中，还有一种应用较为广泛的计算方法，即由视线高程计算 B 点的高程，由图 2-1 可知，A 点的高程加上后视读数 a 等于水准仪的视线高程，简称视线高，一般用 H_i 表示视线高。即

$$H_i = H_A + a \qquad (2\text{-}3)$$

则 B 点的高程等于仪器的视线高 H_i 减去前视读数 b，即

$$H_B = H_i - b = (H_A + a) - b \qquad (2\text{-}4)$$

式（2-2）是直接用高差计算 B 点的高程，称为高差法；式（2-4）是利用水准仪的视线高程计算 B 点的高程，称为仪器高法。

2. 水准测段工作方法

当已知点与待求点间相距不远、高差不大，且无视线遮挡时，只需安置一次水准仪就可测得两点间的高差。但在实际工作中，已知点到待求点之间的距离往往较远或高差较大，仅安置一次仪器不可能测得两点间的高差，此时，可以进行分段测量，在两点间分段连续安置水准仪和竖立水准尺，依次连续测定各段高差，最后取各段高差的代数和，即得到已知点和待求点之间的高差。从图 2-2 中可得：

$$h_1 = a_1 - b_1$$

$$h_2 = a_2 - b_2$$

$$\cdots\cdots$$

$$h_n = a_n - b_n$$

则测段 AB 两点间的高差为：$h_{AB} = \sum h = \sum a_n - \sum b_n$ （2-5）

测段两点的高差等于连续各站高差的代数和，也等于后视读数之和减去前视读数之和。通常要同时用 $\sum h$ 和（$\sum a - \sum b$）进行计算，用来校核计算是否有误。

在图 2-2 中，每安置一次仪器称为设一个测站。在整个测段的各中间立标尺点 TP_1，TP_2，…，TP_n 称为转点，它们在前一测站是前视点，而在下一测站则是后视点；转点是一种起传递高程作用的过渡点，转点上产生的任何差错，都会影响到高差的计算。

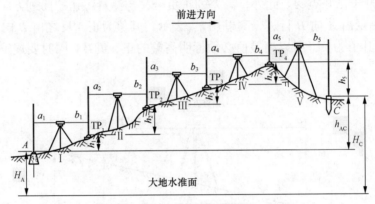

图 2-2　水准测段高差测量

水准测量的实质就是将高程从已知点经过转点传递到待求高程点，通过计算得到待求点高程。

2.1.2　水准测量的仪器及工具

水准仪是进行水准测量的主要仪器。目前常用的水准仪从构造上可分为两大类：一类是利用水准管来获得水平视线的水准管水准仪，称为"微倾式水准仪"；另一类是利用补偿器来获得水平视线的"自动安平水准仪"。此外，还有一种新型水准仪——电子水准仪，它配合条纹编码尺，利用数字化图像处理的方法，可自动显示高程和距离，使水准测量实现自动化。

我国的水准仪系列标准分为 DS_{05}、DS_1、DS_3 等几个等级。D 是大地测量仪器的代号，S 是水准仪的代号，下标数字表示仪器的精度，如 DS_3 水准仪每千米往返测得高差中数的中误差为 3 mm。其中 DS_{05} 和 DS_1 用于精密水准测量，DS_3 用于一般普通水准测量。

在水准测量中，使用的仪器和工具主要有水准仪、水准尺和尺垫。

1. 普通水准仪

图 2-3 为 DS_3 型微倾式水准仪的构造图，它主要由望远镜、水准器和基座 3 个部分组成。

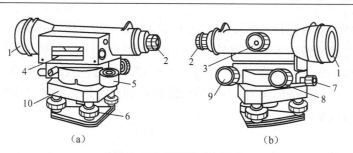

图 2-3　DS₃ 型微倾式水准仪

1—物镜；2—目镜；3—调焦螺旋；4—管水准器；5—圆水准器；6—脚螺旋；

7—制动螺旋；8—微动螺旋；9—微倾螺旋；10—基座

　　望远镜和管水准器与仪器竖轴连接成一体，竖轴插入基座的轴套内，望远镜和管水准器整体可绕竖轴旋转。制动螺旋和微动螺旋用来控制望远镜在水平方向的转动。制动螺旋松开时，望远镜能自由旋转；旋紧时望远镜则固定不动。在制动螺旋旋紧时，旋转微动螺旋可使望远镜在水平方向做微小的转动。旋转微倾螺旋可使望远镜和管水准器相对于支架做俯仰微量的倾斜，使水准管气泡居中，从而使望远镜视线精确水平。基座上有 3 个脚螺旋，调节脚螺旋可使圆水准器的气泡移至中心位置，使仪器粗略整平。

　　水准仪主要部件的构成和功能介绍如下。

　　（1）望远镜

　　望远镜由物镜、调焦透镜、目镜和十字丝分划板 4 个部件组成，如图 2-4 所示。物镜的作用是使物体在物镜的另一侧构成一个倒立的实像，目镜的作用是使这一实像在同一侧形成一个放大的虚像。望远镜成像原理如图 2-5 所示。为了使物像清晰并消除单透镜的一些缺陷，物镜和目镜都是用两种不同材料的复合透镜组合而成。

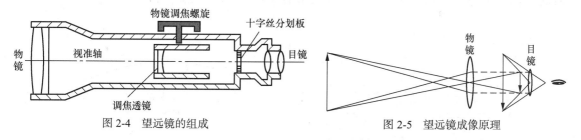

图 2-4　望远镜的组成　　　　　　　　图 2-5　望远镜成像原理

　　水准仪的望远镜安装了一块平板玻璃，其上刻有两条相互垂直的细线（称为十字丝），中间横的一条称为中丝（或横丝），与其垂直的丝称为纵丝（或竖丝），与中丝平行的上、下两条短丝称为视距丝，该块平板玻璃称为十字丝分划板，如图 2-6 所示，其安装在物镜与目镜之间。中丝所对应的水准尺读数是用来计算测站两测点高差的；上、下丝所对应的读数用来计算水准仪与水准尺之间的水平距离（即视距）。

　　十字丝交点与物镜光心的连线称为视准轴，它在水准测量中用来读取中丝读数的视线方向。视准轴是水准仪的主要轴线之一。

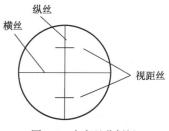

图 2-6　十字丝分划板

为了能准确地照准目标且读出读数，在望远镜内必须同时能看到清晰的物像和十字丝刻划，为此必须使物像成像在十字丝分划板平面上。测量时，为了保证不同距离的目标都能成像于十字丝分划板平面上，望远镜内安装了一个物镜调焦透镜及调焦螺旋。照准目标时，可旋转调焦螺旋改变调焦透镜的位置，从而能清晰地看到照准目标的像；而调节目镜调焦螺旋，可使十字丝分划板成像清晰。

（2）水准器

水准器是用以整平仪器建立水平视线的一种重要部件。水准器分为管水准器和圆水准器两种。

① 管水准器。又称水准管，它是一个封闭的玻璃管。制作时，首先把管的上内壁的纵向磨成圆弧形，然后在管内灌装酒精（或乙醚）混合液体，最后对其加热融封，形成带一气泡的圆弧管，如图 2-7 所示。管的上内壁圆弧中点称为水准管零点，对称于零点的两侧刻有若干间隔为 2 mm 弧长的细划线。过零点与管内壁圆弧相切的直线称水准管轴。当气泡与零点重合时，气泡居中，此时水准管轴处于水平状态；若气泡不居中，则视准轴处于倾斜位置。

水准管上相邻两细划线间的弧长（2 mm）所对应的圆心角称为水准管的分划值 τ（或称灵敏度）。

$$\tau = \frac{2}{R}\rho''\qquad(2\text{-}6)$$

式中，$\rho'' = 206\,265''$；R 为水准管圆弧半径。

由式（2-6）可以看出，水准管分划值是气泡移动一格，水准管轴所变动的角值，如图 2-8 所示。水准管分划值与水准管的半径成反比例关系，τ 值越小，水准管的灵敏度就越高，视线置平的精度也就愈高，DS$_3$ 型水准仪的水准管分划值约为 20″/2 mm。

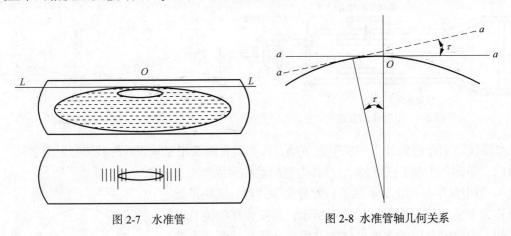

图 2-7 水准管　　　　　　　　　　图 2-8 水准管轴几何关系

为了提高水准管气泡居中的精度，微倾式水准仪在水准管的上方安装一组符合棱镜系统，通过棱镜的反射作用，把气泡两端的影像折射到望远镜旁的观察窗内，如图 2-9 所示。当气泡两端的像合成一个光滑圆弧时，表示气泡居中，若两端影像错开，则表示气泡不居中，可转动微倾螺旋使气泡影像吻合。这种水准器称为符合水准器。图 2-9（a）表明气泡不居中，需要转动微倾螺旋使符合气泡居中；图 2-9（b）表明气泡已经居中，不需要转动微倾螺旋。

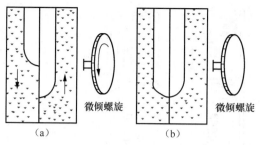

图 2-9　符合水准器

② 圆水准器。它是一个封闭的圆形玻璃容器，顶盖的内表面为一球面，容器内盛装乙醚类液体，且形成一个小圆气泡，如图 2-10 所示。容器顶盖中央刻有一小圈，小圈的中心是圆水准器的零点。过零点的球面法线称为圆水准器轴，当圆水准器气泡居中时，圆水准器轴处于铅垂位置。圆水准器的分划值是顶盖球面上 2 mm 弧长所对应的圆心角值，水准仪上圆水准器的圆心角值约为 $8'/2 mm$。圆水准器灵敏度较低，用于粗略整平仪器，可使水准仪的纵轴大致处于铅垂状态，便于使水准管的气泡精确居中。

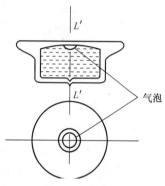

图 2-10　圆水准器

（3）基座

基座起支撑仪器上部的作用，通过连接螺旋与三脚架相连接。基座由轴座、脚螺旋、底板和三角压板构成，如图 2-3 所示。转动脚螺旋，可使圆水准器气泡居中，使仪器竖轴竖直。

25

2. 水准尺及尺垫

（1）水准尺

水准尺是水准测量中使用的标尺，用优质木材或玻璃纤维合成材料制成，常用的水准尺有塔尺和直尺两种。这两种尺子外形如图 2-11 所示。

塔尺形状呈塔形，如图 2-11（a）所示，由几节套接而成，其全长可达 5 m。尺的底部为零刻划，尺面以黑白相间的分划刻划，最小刻划为 1 cm 或 0.5 cm，米和分米处注有数字，大于 1 m 的数字注记加注红点或黑点，点的个数表示米数。塔尺携带方便，但旧尺的套接处容易损坏，影响尺长的精度，故塔尺只用于精度要求较低的五等以下的水准测量工作中。

直尺也叫双面尺，如图 2-11（b）所示，尺长 3 m，双面水准尺在两面标注刻划，尺的分划线宽为 1 cm。其中，一面为黑白相间，称为黑面尺（也称基本分划），尺底端起点为零；另一面为红白相间，称为红面尺（也称辅助分划），尺底端起点是一个常数 k，一般为 4.687 m 或 4.787 m。不同尺常数的两根尺子组成一对使用，利用黑、红面尺零点相差的常数可对水准测量读数进行检核。为使水准尺能更精确地处于竖直状态，水准尺侧面常装有圆水准器。双面尺主要用于三等、四等、五等水准测量工作中。

（2）尺垫

尺垫用铁制成，呈三角形，如图 2-12 所示。尺垫上面有一个凸起的半圆球，半球的顶点作为转点标志，水准尺立于尺垫的半圆球顶点上。使用时应将尺垫下面的三个脚踏入土中使其稳固。

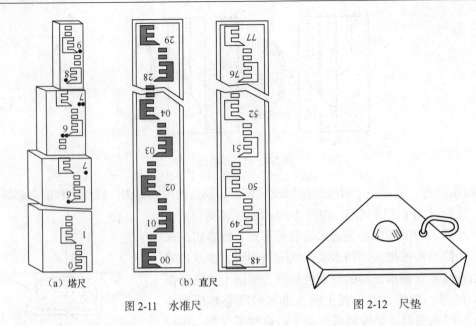

（a）塔尺	（b）直尺	
图 2-11　水准尺		图 2-12　尺垫

3．自动安平水准仪

（1）仪器简介

自动安平水准仪是一种新型测量仪器。用 DS_3 微倾水准仪进行水准测量时，必须使用微倾螺旋使符合气泡居中才能获得水平视线，而自动安平水准仪没有水准管和微倾螺旋，是在望远镜的镜筒内安装了一个"自动补偿器"，用自动补偿器代替水准管。观测时，只需将仪器圆气泡居中，便可进行中丝读数。由于省略了"精平"过程，从而简化了操作，提高了观测速度。图 2-13 所示为天津欧波公司生产的 DS30 自动安平水准仪，各部件名称见图中注记。

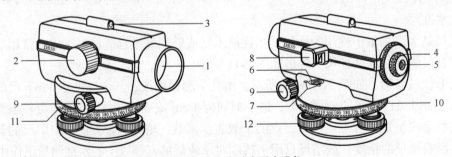

图 2-13　DS30 自动安平水准仪

1—物镜；2—物镜调焦螺旋；3—粗瞄器；4—目镜调焦螺旋；5—目镜；6—圆水准器；

7—圆水准器校正螺丝；8—圆水准器反光镜；9—无限位微动螺旋；

10—补偿器检测按钮；11—水平度盘；12—脚螺旋

（2）自动安平水准仪的基本原理

目前，自动安平水准仪的类型很多，但自动安平的原理是相同的，在水准仪的光学系统中，设置了一个自动安平补偿器，用以改变光路，使视准轴略有倾斜时，视线仍能保持水平，以达到水准测量的要求。图 2-14 为补偿器的原理图，当水准轴水平时，水准尺的读数为 a_0，即 A 点的水平视线通过物镜光路到达十字丝的中心；当视准轴倾斜了一个小角度 α 时，视准轴的读数为 a，为了使十字丝横丝的读数仍为视准轴水平时的读数 a_0，在望远镜的光路中加了一个补偿器,使经过物镜光心的水平视线经过补偿器的光学元件后偏转了一个 β 角,水平光线将落在十字丝的交点处,从而得到正确的读数,补偿器要达到补偿的目的应满足式(2-7)。

$$f\alpha = d\beta \tag{2-7}$$

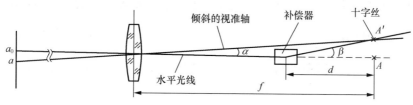

图 2-14　自动安平原理

(3)自动安平水准仪的使用

① 粗略整平仪器(方法同 DS_3 微倾水准仪的使用,操作见后)。

② 检查补偿器是否处于正常的工作状态,按动检查按钮,视线水平尺影像随之上下摆动,并迅速静止(约 1 s),或望远镜警示窗呈现绿色,说明仪器正常,可以施测。若仪器没有按钮装置,可先瞄准一根水准尺,整平仪器后读数,然后微微转动脚螺旋,若此时读数不变,说明补偿器工作正常。否则,说明补偿器有故障,不能使用,需要维修。

③ 瞄准水准尺进行读数。

4. 电子水准仪

1987 年瑞士徕卡(Leica)公司推出了世界上第一台电子水准仪 NA2000。在 NA2000 上首次采用数字图像技术处理标尺影响,并以 CCD 阵列传感器取代测量员的肉眼对标尺读数获得成功。这种传感器可以识别水准尺上的条码分划,并以相关技术处理信号模型,自动显示与记录标尺读数和视距,从而实现水准观测自动化。

经过近 30 年的发展,电子水准仪已经发展到了第二代、第三代产品,仪器精度也达到了一等、二等水准测量的要求。图 2-15 为蔡司 DIN10/20 电子水准仪。

电子水准仪是在自动安平水准仪的基础上发展起来的。各个厂家的电子水准仪采用了大致相同的结构,其基本构造

图 2-15　蔡司 DINI12 电子水准仪

都是由光学机械部分、自动安平补偿装置和电子设备组成,标尺采用条形码标尺供电子测量使用。不同厂家的标尺编码方式和电子读数求值过程由于专利权原因而完全不同,因此不能相互使用。目前采用电子水准仪测量时,其照准标尺和望远镜调焦仍需要人工目视进行。由人工完成照准和调焦之后,标尺条码一方面被成像在望远镜的分划板上,供目视观测;另一方面通过望远镜的分光镜,标尺条码又被成像在光电传感器即线阵 CCD 器件上,供电子读数。因此,如果使用传统水准尺,通过目视观测,电子水准仪可以像自动安平水准仪一样使用,但是电子水准仪没有光学测微装置,当成普通自动安平水准仪使用时,测量精度低于电子测量时的精度。

电子水准仪采用电子光学系统自动记录数据来代替人工读数,使工作效率和测量精度大幅提高。电子水准仪的操作简单,在粗略整平仪器并瞄准目标后,按下测量键后 3 ~ 4 s 即可得到中丝读数和视距。即使标尺倾斜、调焦不很清晰也能观测,仅观测速度略受影响。观测

中尺子被局部遮挡，仍可进行观测。

电子水准仪在自动量测高程的同时，还可以进行视距测量。因此，电子水准仪可用于水准测量、地形测量和施工测量中。

电子水准仪还可自动连续测量和自动记录数据，所测数据也可直接输入计算机进行处理。

2.1.3 水准仪的使用

DS$_3$ 型水准仪的使用程序可归纳为：安置仪器、粗略整平、瞄准和调焦、精确整平和读数。

1. 安置仪器

进行水准测量时，松开三脚架架腿的固定螺旋，伸缩 3 个架腿使高度适中，再拧紧架腿的固定螺旋，将三脚架安置在测站点上。若在比较平坦的地面上，应将 3 个架腿大致摆成等边三角形，调好三脚架的安放高度，且使脚架顶面大致水平，以稳定牢固地安置于地面上；若在斜坡上，应将两个架腿平置于坡下，另一个架腿安置在斜坡方向上，踩实架腿安置脚架。三脚架安置好后，从仪器箱中取出仪器，用中心连接螺旋将仪器固定在三脚架上。

2. 仪器粗略整平

粗略整平简称粗平，是调节仪器脚螺旋使圆水准器气泡居中，以达到水准仪的竖轴铅直、视线大致水平的目的。

粗平的操作方法如下。

① 松开水平制动螺旋，转动如仪器上部，使水准管面与任意两脚螺旋连线平行，如图中的 1、2 两个脚螺旋连线方向平行，如图 2-16（a）所示。

② 用两手分别以相对方向转动 1、2 两个脚螺旋，使气泡移动到圆水准器零点和 1、2 两个脚螺旋连线方向相垂直的交点上，如图 2-16（b）所示，气泡自 a 移到 b，此时仪器在这两个脚螺旋连线的方向处于水平位置。注意气泡的运动规律：气泡移动的方向和左手大拇指旋转螺旋的移动方向一致。

③ 转动脚螺旋 3，使气泡居中，如图 2-16（c）所示，气泡自 b 移到中心位置，则两个脚螺旋连线的垂线方向亦处于水平位置，从而完成仪器粗平操作。

按上述方法反复调整脚螺旋，能使圆水准器气泡完全居中。气泡的移动方向始终与左手大拇指转动的方向一致。

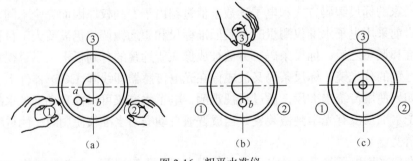

图 2-16　粗平水准仪

3. 瞄准与调焦

瞄准目标简称瞄准。瞄准分为粗瞄和精瞄。粗瞄就是通过望远镜镜筒外的缺口和准星瞄准水准尺后，进行调焦，使镜筒内能清晰地看到水准尺和十字丝。瞄准的具体操作方法是如下。

① 旋松望远镜制动螺旋，将望远镜对准明亮的背景，转动目镜调焦螺旋使十字丝成像清晰。

② 转动仪器,用望远镜镜筒外的缺口和准星粗略地瞄准水准尺，固定望远镜制动螺旋。

③ 旋动物镜对光螺旋，使尺子的成像清晰，并转动水平微动螺旋，使十字丝纵丝对准水准尺的中间，如图2-17 所示。

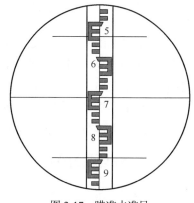

图 2-17　瞄准水准尺

④ 消除视差。如果调焦不到位，就会使尺子成像面与十字丝分划平面不重合，此时，观测者的眼睛靠近目镜端上下微微移动，就会发现十字丝和目标影像也随之变动，这种现象称为视差。图 2-18（a）和图 2-18（b）所示为像与十字丝平面不重合的情况，当人眼位于中间的位置 2 时，十字丝的交点 O 与目标的像 a 重合；当人眼睛略微向上位于位置 1 时，O 与 b 重合；当人眼睛略微向下位于位置 3 时，O 与 c 重合。如果连续使眼睛的位置上下移动，就好像看到物体的像在十字丝附近上下移动一样。图 2-18（c）所示为不存在视差的情况，此时无论眼睛处于 1、2、3 哪个位置，目标的像均与十字丝平面重合。视差的存在将影响读数的准确性，应予消除。消除视差的方法是仔细反复进行目镜和物镜调焦，直到尺像和十字丝均处于清晰状态，无论眼睛在哪个位置观察，十字丝横丝所照准的读数始终不变。

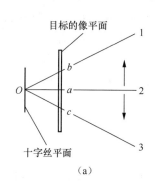
（a）

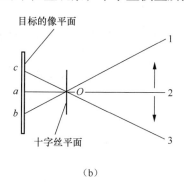
（b）

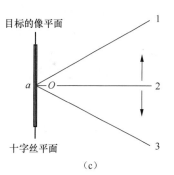
（c）

图 2-18　视差现象

4. 精确整平

精确整平简称精平，就是调节微倾螺旋，使符合水准器气泡居中，即让目镜左边观察窗内的符合水准器的气泡两个半边影像完全吻合，这时望远镜的视准轴完全处于水平位置。每次在水准尺上读数之前都应进行精平。由于气泡移动有惯性，所以转动微倾螺旋的速度不能太快，只有符合气泡两端影像完全吻合而又稳定不动后，气泡才居中。符合水准器左半部分气泡上下移动的方向与右手旋转微倾螺旋方向一致。自动安平水准仪省去这一步骤。

5. 读数与记录

符合水准器气泡居中后，即可读取十字丝中丝在水准尺上的读数。依次读出米、厘米、分米、毫米四位数，其中毫米位是估读的。如图 2-19 所示中丝读数为 1.306 m，如果以毫米为单位则读数为 1 306 mm。观测员读数后，应由记录员回读并立即在手簿上记录相应数据。

由于水准尺有正像和倒像两种，读数时要注意遵循从小到大读取读数。正像的尺子上丝读数大，下丝读数小；倒像的尺子上丝读数小，下丝读数大。图 2-19 为倒像读数。

需要注意的是：当望远镜瞄准另一方向时，符合气泡两侧如果分离，则必须重新转动微倾螺旋使水准管气泡符合后才能对水准尺进行读数。

实际工作中，应用十字丝板上的三横丝读取水准尺的上、中、下读数，称为三丝读数法。

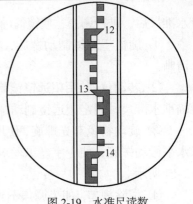

图 2-19　水准尺读数

2.1.4　水准测量的方法

1. 水准点

通过水准测量的方法测定其高程的控制点称为水准点，常用 BM 表示水准点。例 BM_{IV2} 表明该点是四等水准路线上的第 2 号水准点。水准点分为永久性和临时性两种。

国家等级的水准点应按要求埋设永久性的标志，如图 2-20 所示。永久性水准点一般用石料或钢筋混凝土制成，深埋在地面冻土线以下，顶面设有由不锈钢或其他不易腐蚀材料制成的半球形标志。有些水准点也可设置在稳定的墙脚上，称为墙上水准点，如图 2-21 所示。

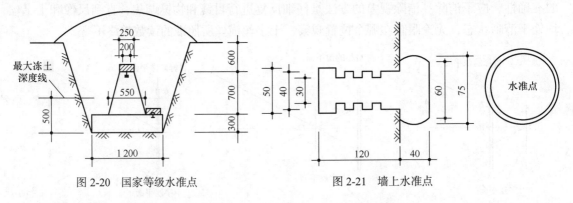

图 2-20　国家等级水准点　　　　　图 2-21　墙上水准点

临时性水准点可用地面上突出的坚硬岩石做记号，松软的地面也可打入木桩，在桩顶钉一个小铁钉来表示水准点，在坚硬的地面上也可以用油漆画出标记作为水准点，如图 2-22 所示。

水准点的布设与埋石，还应符合下列规定：

① 应将点位选在质地坚硬、密实、稳固的地方或稳定的建筑物上，且便于寻找、保存和引测；当采用数字水准仪作业时，水准路线还应避开电磁场的干扰。

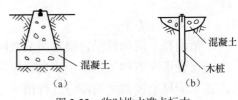

图 2-22　临时性水准点标志

② 宜采用水准标石，也可采用墙水准点。标志及标石的埋设规格，应按《工程测量规范》（ GB 50026—2007 ）附录 D 执行。

③ 高程控制点间的距离，一般地区应为 1 ~ 3 km，工业厂区、城镇建筑区宜小于 1 km。但一个测区及周围至少应有 3 个高程控制点。

④ 埋设完成后，二等、三等点应绘制点之记，其他控制点可视需要而定。必要时还应设置指示桩。

点之记的内容包括点名、等级、所在地、点位略图、实埋标石断面图及委托保管等信息，便于日后寻找水准点位置。

2. 水准路线

从一个水准点到另一个水准点所经过的水准测量线路称为水准路线。水准路线的布设形式一般有闭合水准路线、附合水准路线、支水准路线等。

（1）闭合水准路线。闭合水准路线如图 2-23（a）所示，BM_1 为已知高程的水准点，1、2、3、4 是待测高程的水准点。这种由一个已知高程的水准点出发，经过各待测高程水准点又回到原已知水准点上的水准测量路线，称为闭合水准路线。

（2）附合水准路线。附合水准路线如图 2-23（b）所示，BM_2 和 BM_3 为已知高程的水准点，1、2、3 为待测高程的水准点。这种由一个已知高程的水准点出发，经过各待测高程水准点后附合到另一个已知高程水准点上的水准测量路线，称为附合水准路线。

（3）支水准路线。支水准路线如图 2-23（c）所示，BM_4 为已知高程的水准点，1、2、3 为待测高程的水准点。这种既不联测到另一已知水准点，也未形成闭合的水准测量路线称为支水准路线。

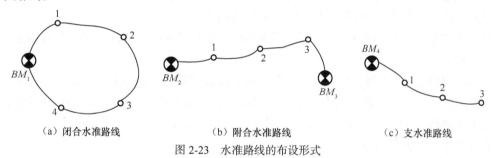

（a）闭合水准路线　　　　（b）附合水准路线　　　　（c）支水准路线

图 2-23　水准路线的布设形式

3. 五等水准测量

（1）五等水准测量的观测程序

某水准路线中第一水准测段观测示意图如图 2-24 所示，图中 A 点为已知高程的点，B 点为待求高程的点，TP_1、TP_2 等点为设立的转点，水准路线的其他水准测段未表示。

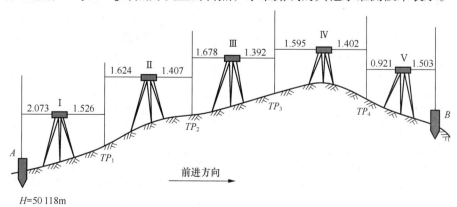

图 2-24　某水准路线第一水准测段观测示意图

① 将水准尺立于已知的高等级水准点上作为后视，如图 2-24 中的 A 点（该点是整个水

31

准路线的起点，也是水准路线第一测段的起点，且还是本测段第一站的后视水准点），其高程是整个水准路线高程解算的起算数据。

② 在施测路线前进方向的适当位置（如 TP_1 点放置尺垫，并将尺垫踩实放好，在尺垫上竖立水准尺作为前视，然后将水准仪安置于水准路线上适当的位置，建立水准路线测段观测的第一站，A 点为第一站的后视点，TP_1 为第一站的前视点。选择转点和测站点时应注意：通视条件良好，土质坚硬，防止水准尺和仪器下沉；前后视距应大致相等。

③ 在进行第一站观测工作时，首先调动仪器基座上的 3 个脚螺旋，完成仪器的粗平操作；然后瞄准后视尺，并消除仪器视差；最后旋转微倾螺旋使管水准气泡符合以精平仪器，立即读取中丝读数及上、下丝读数，记入观测手簿。

④ 旋转水准仪，瞄准前尺（即立于 TP_1 点上的水准尺），消除仪器视差，然后再次精平仪器，读取中丝读数及上、下丝读数，记入观测手簿。记录员根据记录的读数计算高差及前后视距，并比较计算前后视距差，其前后视距应大致相等，视距差最好不大于 5 m（否则应重新观测本测站）。

⑤ 将仪器按照路线前进方向搬迁至距离 TP_1、TP_2 两转点等距离的适当位置，建立水准路线测量的第二站（如图 2-24 中 TP_1 点之后的位置 Ⅱ）。第一站立在 TP_1 上的前视尺不动，此时，只把尺面转向前进方向，变成第二站的后尺，而将第一站后视尺迁移到路线前进方向上适当的位置（如图 2-24 中 TP_2 点）作为第二站的前尺。

然后按与第一站相同的观测程序进行路线第二站水准测量工作，并在外业数据手簿中记录观测数据。

⑥ 按照相同的方法和操作程序，依次沿水准路线前进方向建立各水准测站，并完成各测站的水准观测工作，直至观测到水准测段的终点 B 点（该点是整个水准路线第一测段的终点，且是该水准测段最后一站的前视水准点，是整个路线所设立的第一个未知高程点）。至此，整个水准路线第一测段的外业数据采集工作完毕。

然后，按照与水准路线第一测段相同的观测程序和方法依次观测完路线其余的各个测段，直至整个路线的终点，完成整个五等水准路线的外业数据采集工作。

各等级水准观测的主要技术要求应符合表 2-1 所示的规定。

表 2-1   各等级水准观测的主要技术要求

等级	水准仪型号	视线长度/m	前后视较差/m	前后视累积差/m	视线离地面最低高度/m	基、辅分划或黑、红面读数较差/mm	基、辅分划或黑、红面所测高差较差/mm
二等	DS_1	50	1	3	0.5	0.5	0.7
三等	DS_1	100	3	6	0.3	1.0	1.5
	DS_3	75				2.0	3.0
四等	DS_3	100	5	10	0.2	3.0	5.0
五等	DS_3	100	近似相等	—	—	—	—

注：1. 二等水准视线长度小于 20 m 时，其视线高度不应低于 0.3 m；

2. 三等、四等水准采用变动仪器高度观测单面水准尺时，所测两次高差较差，应与黑面、红面所测高差较差的要求相同；

3. 数字水准仪观测，不受基、辅分划或黑、红面读数较差指标的限制，但测站两次观测的高差较差，应满足表中相应等级基、辅分划或黑，红面所测高差较差的限值。

（2）水准外业观测数据记录与计算

按照以上观测程序测完整条水准路线后，得到表 2-2 所示的水准测量各测段的外业数据观测手簿。在填写外业数据时，应注意把各个读数正确地填写在相应的栏内。例如仪器在测站 I 时，起点 A 上所得水准尺读数 2.073 应记入该点的后视读数栏内，照准转点 TP_1 所得读数 1.526 应记入 TP_1 点的前视读数栏内。后视读数减前视读数得 A、TP_1 两点的高差+0.547 记入高差栏内，而将依据各测站相应水准尺所测得的上、下丝读数计算出的前后视距记入视距栏内。以后各测站观测所得读数均按同样方法记录和计算。各测站所得的高差代数和 $\sum h$，就是从起点 A 到终点 B 的高差。终点 B 的高程等于起点 A 的高程加 A、B 间的高差。因为测量的目的是求 B 点的高程，所以各转点的高程不需计算。将其他各水准测段外业数据填写到相应位置并计算。

表 2-2　　　　　　　　　　　　　水准测量手簿

测站	测点	后视读数 a（m）	前视读数 b/m	高差/m		高程/m	备注
				+	−		
I	A	2.073		0.547		50.118	
II	TP_1	1.624	1.526	0.217		50.665	
III	TP_2	1.678	1.407	0.286		50.882	
IV	TP_3	1.595	1.392	0.193		51.168	
V	TP_4	0.921	1.402		0.582	51.361	
	B		1.503			50.779	
Σ		7.891	7.230	1.243	0.582		

$\sum a - \sum b = （7.891-7.230）\text{m} = +0.661\ \text{m}$

$\sum h = （1.243-0.582）\text{m} = +0.661\ \text{m}$

$H_B - H_A = （50.779-50.118）\text{m} = +0.661\ \text{m}$（计算正确）

（3）水准测量的检核方法

① 计算检核。计算检核可以检查出每站高差计算中的错误，及时发现并纠正错误，保证计算结果正确。在每一测段结束后或手簿上每页末，必须进行计算校核。检查后视读数之和减去前视读数之和（$\sum a - \sum b$）是否等于各站高差之和（$\sum h$），以及是否等于终点高程减起点高程，如不相等，则计算中必有错误，应进行检查。但应注意，这种校核只能检查计算工作有无错误，而不能检查出测量过程中所产生的错误，如读错、记错等。为了保证观测数据的正确性，通常采用测站检核。

② 测站检核。测站检核一般采用两次仪器高法和双面尺法。

• 两次仪器高法：在一个测站上测得高差后，改变仪器高度，即将水准仪升高或降低（变动 10 cm 以上）后重新安置仪器，再测一次高差。两次测得高差之差不超过限差时，取其平均值作为该站高差，若超过限差则须重新观测。

• 双面尺法：在一个测站上，不改变仪器高度，先用双面水准尺的黑面观测测得一个高差，再用红面观测测得一个高差，两个高差之差不超过限差，同时，每一根尺子红黑两面读数的差与常数（4.687 m 或 4.787 m）之差不超过限差时，可取其平均值作为观测结果。如不符合要求，则需重测。

③ 成果检核。上述检核只能检查单个测站的观测精度和计算是否正确，还必须进一步对水准测量成果进行检核，即将测量结果与理论值比较，来判断观测精度是否符合要求。实际测量得到的该段高差与该段高差的理论值之差即为测量误差，称为高差闭合差，一般用 f_h 表示。

$$f_h = \sum h_{测} - \sum h_{理}$$

如果高差闭合差在限差允许之内，则观测精度符合要求，否则应当重测。水准测量的高差闭合差的允许值根据水准测量的等级不同而异。表 2-3 所示为各等级水准测量的技术要求。

表 2-3　　　　　　　　　　　　　　水准测量的主要技术要求

等级	每千米高差全中误差/mm	路线长度/km	水准仪型号	水准尺	观测次数		往返较差、附合或环线闭合差	
					与已知点联测	附合或环线	平地/mm	山地/mm
二等	2	—	DS_1	铟瓦	往返各一次	往返各一次	$4\sqrt{L}$	—
三等	6	≤50	DS_1	铟瓦	往返各一次	往一次	$12\sqrt{L}$	$4\sqrt{n}$
			DS_3	双面		往返各一次		
四等	10	≤16	DS_3	双面	往返各一次	往一次	$20\sqrt{L}$	$6\sqrt{n}$
五等	15	—	DS_3	单面	往返各一次	往一次	$30\sqrt{L}$	—

注：1. 结点之间或结点与高级点之间，其路线的长度不应大于表中规定的 0.7 倍；

　　2. L 为往返测段附合或环线的水准路线长度（km），n 为测站数；

　　3. 数字水准仪测量的技术要求与同等级的光学水准仪相同。

• 附合水准路线。对于附合水准路线，理论上在两已知高程水准点间，各测站所测得高差之和应等于起讫两水准点间的高程之差，即

$$\sum h = H_{终} - H_{始}$$

所以，附合水准路线的高差闭合差为

$$f_h = \sum h - (H_{终} - H_{始})$$

高差闭合差的大小在一定程度上反映了测量成果的质量。

• 闭合水准路线。对于闭合水准路线，因为它起讫于同一个点，所以理论上全线各测站所测得高差之和应等于零，即

$$\sum h = 0$$

如果高差之和不等于零，则其差值即 $\sum h$ 就是闭合水准路线的高差闭合差，即

$$f_\text{h} = \sum h$$

● 支水准线路。支水准线路必须在起点、终点间用往返测进行校核。理论上往返测所得高差的绝对值应相等，但符号相反，或者是往返测高差的代数和应等于零，即

$$\sum h_\text{往} = -\sum h_\text{返} \text{ 或 } \sum h_\text{往} + \sum h_\text{返} = 0$$

如果往返测高差的代数和不等于零，其值即为支水准线路的高差闭合差，即

$$f_\text{h} = \sum h_\text{往} + \sum h_\text{返}$$

有时也可以用两组并测来代替一组的往返测以加快工作进度。两组所得高差应相等，若不等，其差值即为支水准线路的高差闭合差。故

$$f_\text{h} = \sum h_1 - \sum h_2$$

（4）水准测量注意事项

由于测量误差的产生与测量工作中的观测者、仪器和外界条件这 3 个方面有关，所以整个测量过程应注意这 3 个方面对测量成果的影响，并最大限度地减少水准测量误差，提高测量的精度。为此，在整个测量过程中应注意以下内容。

① 在测量工作之前，应对水准仪、水准尺进行检验，符合要求方可使用。

② 每次读数之前和之后均应检查水准管气泡是否居中。

③ 读数之前检查是否存在视差，读数要估读至 mm。

④ 视线距离以不超过 75 m 为宜。

⑤ 为防止水准尺竖立不直和大气折光对测量结果产生的影响，要求在水准尺上读取的中丝读数的最小读数应大于 0.3 m，最大读数应小于 2.5 m。

⑥ 为防止仪器和尺垫下沉对测量的影响，应选择坚固稳定的地方作为转点，使用尺垫时要用力踏实，在观测过程中保护好转点位置，精度要求高时也可用往返观测取平均值的方法以减少误差的影响。

⑦ 观测员读数后，记录员记录前要先回读，以便核对；记录要整齐、清楚；记录有误不应擦除及涂改，应划掉重写。

2.1.5　水准测量的成果计算

1. 高差闭合差的计算

当外业观测手簿检查无误后，便可进行内业计算，最后求得各待定点的高程。水准路线的高差闭合差，根据其布设形式的不同而采用上述不同的计算公式进行，具体计算过程和步骤详见后面的示例。

2. 高差闭合差的调整

当实际的高差闭合差在允许值以内时，可把闭合差分配到各测段的高差上。显然，高差测量的误差是在观测过程中产生的，随水准路线长度（或测站数）的增加而增加，所以分配的原则是把闭合差以相反的符号根据各测段路线的长度（或测站数）按正比例分配到各测段的高差上。故各测段高差的改正数为

$$v_i = -\frac{l_i}{L} \times f_h \text{ 或 } v_i = -\frac{n_i}{n} \times f_h$$

式中，l_i 和 n_i 分别为各测段路线的长度和测站数；L 和 n 分别为水准路线总长和测站总数。作为计算检核，应计算改正数的总和，其与闭合差反号应相等。

求得各水准测段的高差改正数后，即可计算出各测段改正后的高差，它等于每测段实测高差与其高差的改正数之和。作为计算检核，应计算改正后高差的总和，闭合水准路线改正后高差的总和应为零，附合水准路线改正后高差的总和与起终点高程差值应相等。

3. 计算各待测点的高程

根据已知高程点的高程和各测段改正后的高差，便可依次推算出各待测点的高程。各点的高程为其前一点的高程加上该测段改正后的高差。

4. 示例

（1）附合水准路线的内业计算

表 2-4 为某一附合水准路线的闭合差校核和分配，以及高程计算的实例。

附合水准路线上共设置了 5 个水准点，各水准点间的距离和实测高差均列于表中。起点和终点的高程为已知，实际高程闭合差为+0.075 m，小于容许高程闭合差 ±0.105 m。表中高差的改正数是由水准线路长度计算的，改正数总和必须等于实际闭合差，但符号相反。实测高差加上高差改正数得到各测段改正后的高差。由起点 IV_{21} 的高程累计加上各测段改正后的高差就得出相应各点的高程。最后计算出终点 IV_{22} 的高程应与该点的已知高程完全符合。

表 2-4   附合水准测量高程的计算

测点	距离/km	高差/m	改正数/mm	改正后高差/m	高程/m
IV_{21}					63.475
	1.9	+1.241	−12	+1.229	
BM_1					64.704
	2.2	+2.781	−14	+2.767	
BM_2					67.471
	2.1	+3.244	−13	+3.231	
BM_3					70.702
	2.3	+1.078	−14	+1.064	
BM_4					71.766
	1.7	−0.062	−10	−0.072	
BM_5					71.694
	2.0	−0.155	−12	−0.167	
IV_{22}					71.527
$\sum$	12.2	+8.127	−75	+8.052	

$$f_h = \sum h - (H_{终} - H_{始}) = [+8.127 - (71.527 - 63.475)] \text{ m} = +0.075 \text{ m}$$

$$f_{h容} = \pm 30\sqrt{L} \text{ mm} = \pm 30\sqrt{12.2} \text{ mm} = \pm 105 \text{ mm} , \quad f_h < f_{h容}(\text{合格})$$

（2）闭合水准路线的内业计算

表 2-5 为某一闭合水准路线的闭合差校核和分配，以及高程计算的实例。

闭合水准路线上共设置了 4 个待求水准点，各水准点间的距离和实测高差均列于表中。BM_1 水准点的高程为已知，实际高程闭合差为+0.026 m，小于容许高程闭合差 ±0.048 m。表中高差的改正数是根据测站数计算的，改正数总和必须等于实际闭合差，但符号相反。实测高差加上高差改正数得到各测段改正后的高差。由起点 BM_1 的高程累计加上各测段改正后的高差，就得出各点相应的高程。

表 2-5　　　　　　　　　　　　　闭合水准测量高程的计算

测点	测站数	实测高差/m	改正数/mm	改正后高差/m	高程/m
BM_1					56.262
	3	+0.255	−5	+0.250	
1					56.512
	3	−1.632	−5	−1.637	
2					54.875
	4	+1.823	−6	+1.817	
3					56.692
	1	+0.302	−2	+0.300	
4					56.992
	5	−0.722	−8	−0.730	
BM_1					56.262
	—	—	—	—	
$\sum$	16	+0.026	−26	0	

$$f_h = \sum h = +0.026 \text{ m}$$

$$f_{h容} = \pm 12\sqrt{n} \text{ mm} = \pm 12\sqrt{16} \text{ mm} = \pm 48 \text{ mm} , \quad f_h < f_{h容}(合格)$$

（3）支水准路线内业计算

对于支水准路线，应将高差闭合差按相反的符号平均分配在往测和返测所得的高差值上，具体计算举例如下。

在 A、B 两点间进行往返水准测量，已知 $H_A = 8.475$ m，$\sum h_{往} = 0.028$ mm，$\sum h_{返} = -0.018$ mm，A、B 间路线长度 L 为 3 km，求改正后的 B 点高程。

实际高差闭合差：$f_h = \sum h_{往} + \sum h_{返} = [0.028 + (-0.018)] \text{ mm} = 0.010 \text{ mm}$

允许高差闭合差：$f_{h容} = \pm 30\sqrt{L} = \pm 30\sqrt{3} \text{ mm} = \pm 52 \text{ mm}$，因 $f_h \leq f_{h容}$ 故精度符合要求

改正后往测高差：$\sum h'_{往} = \sum h_{往} + \dfrac{1}{2} \times (-f_h) = (0.028 - 0.005) \text{ m} = 0.023 \text{ m}$

改正后返测高差：$\sum h'_{返} = \sum h_{返} + \dfrac{1}{2} \times (-f_h) = (-0.018 - 0.005) \text{ m} = -0.023 \text{ m}$

故 B 点高程为：$H_B = H_A + \sum h'_{往} = (8.475 + 0.023) \text{ m} = 8.498 \text{ m}$

2.1.6　水准仪的检验与校正

1. 水准仪应满足的几何条件

如图 2-25 所示，水准仪的主要几何轴线有望远镜的视准轴（CC）、水准管轴（LL）、仪器竖轴（VV）和圆水准轴（L_0L_0）。根据水准测量的原理，水准仪必须提供一条水平视线。因

此，各轴线间应满足的几何条件如下。

（1）水准仪应满足的主要条件

① 水准管轴应与望远镜的视准轴平行（$LL /\!/ CC$）。如果该项条件不满足，那么当水准管气泡居中后，水准管轴处于水平位置，而视准轴却未水平，这与水准测量的基本原理相违背。

② 望远镜的视准轴不因调焦而变动位置。该条件是为了满足第一个条件而提出的，如果望远镜在调焦时视准轴位置发生变动，就不能设想在不同位置的许多条视线都能够与一条固定不变的水准管轴平行。望远镜的调焦在水准测量中是不可避免的，因此必须提出此项要求。

（2）水准仪应满足的次要条件

① 圆水准器轴应平行于仪器竖轴（$L_0 L_0 /\!/ VV$）。满足该条件的目的在于能迅速地整平仪器，提高作业速度。当圆水准器的气泡居中时，仪器的竖轴基本处于竖直状态，使仪器旋转至任何位置都易于使水准管气泡居中。

② 十字丝横丝应垂直于仪器竖轴（横丝$\perp VV$）。满足该项条件的目的是仪器竖轴竖直，那么在水准尺上读数时就不必严格用十字丝的交点面，而可以用交点附近的横丝读数。

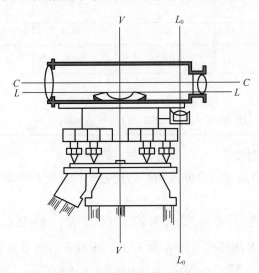

图 2-25　水准仪几何轴线关系

这些条件仪器在出厂时经检验都已满足，但由于长期的使用和运输中的震动，使仪器各部分的螺丝松动，各轴线之间的关系发生了变化。所以水准测量作业前，应对水准仪进行检验，如有问题，应该及时校正。

2. 水准仪检验与校正方法

（1）圆水准器轴平行于仪器竖轴的检验与校正

① 检验原理。仪器的旋转轴与圆水准器轴为两条空间直线，它们一般并不相交。为了使问题讨论简单一些，现取它们在过两个脚螺旋连线的竖直面上的投影状况加以分析。

假设仪器竖轴与圆水准器轴不平行，它们之间有一交角 δ，那么当圆水准器气泡居中时，圆水准器轴竖直，仪器竖轴则与竖直位置偏离 δ 角，如图 2-26（a）所示。将仪器旋转180°，如图 2-26（b）所示，由于仪器是以竖轴为旋转轴旋转的，此时仪器的竖轴位置不变动，而圆水准器轴则从竖轴的右侧转到了竖轴左侧，与铅垂线的夹角为 2δ。圆水准器气泡偏离中心位置，气泡偏离的弧长所对的圆心角即等于 2δ。

② 检验方法。安置仪器后，调节脚螺旋使圆水准器气泡居中，然后将望远镜绕竖轴旋转 180°，此时若气泡仍然居中，说明此条件满足；若气泡偏离中心位置，说明此条件不满足，应进行校正。

③ 校正方法。校正时，用校正针拨动圆水准器下面的 3 个校正螺丝，如图 2-27 所示，使气泡向居中位置移动偏离长度的一半，这时圆水准器轴与竖轴平行，如图 2-26（c）所示，然后再旋转脚螺旋使气泡居中，此时竖轴处于竖直位置，如图 2-26（d）所示。拨动 3 个校正螺丝前，应一松一紧，校正完毕后注意把螺丝紧固。校正必须反复数次，直到仪器转动到任何方向气泡都居中为止。

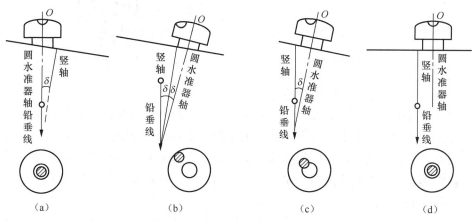

图 2-26　圆水准器检验、校正原理

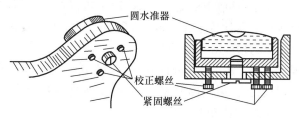

图 2-27　圆水准器校正螺丝

（2）十字丝横丝垂直于仪器竖轴的检验与校正

① 检验原理。如果十字丝横丝不垂直于仪器的竖轴，当竖轴处于竖直位置时，十字丝横丝不是水平的，横丝的不同部位在水准尺上的读数不相同。

② 检验方法。水准仪整平后，用十字丝横丝的一端瞄准与仪器等高的一固定点，如图 2-28（a）中的 M 点。固定制动螺旋，然后用水平微动螺旋缓缓地转动望远镜。如图 2-28（b）和图 2-28（c）所示，若该点始终在十字丝横丝上移动，说明此条件满足；若该点偏离横丝，如图 2-28（d）所示，表示条件不满足，需要校正。

③ 校正方法。旋下靠目镜处的十字丝环外罩，用螺丝刀松开十字丝环的 4 个固定螺丝，如图 2-29 所示，按横丝倾斜的反方向转动十字丝环，使横丝与目标点重合。再进行检验，直到目标点始终在横丝上相对移动为止，最后旋紧十字丝环固定螺丝，盖好护罩。

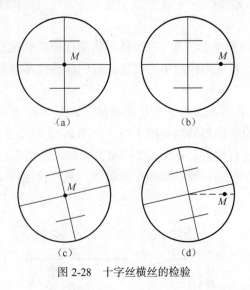

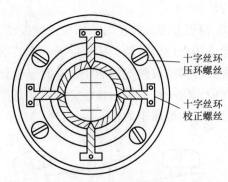

图 2-28 　十字丝横丝的检验 　　　　　　图 2-29 　十字丝校正装置

（3）水准管轴平行于视准轴的检验与校正

望远镜的视准轴和水准管轴都是空间直线，如果它们平行，则无论是在包含视准轴的竖直面上的投影还是在水平面上的投影，都应该是相互平行的。如果两者不平行，它们在竖直面上投影的夹角称为 i 角，该项检验称为 i 角检验，它是水准仪检验的重要内容；两者在水平面上的投影不平行的误差称为交叉误差，夹角为 ϕ 角，它对水准测量的影响较小。因此，主要讨论 i 角误差的检验与校正方法。

① i 角误差的检验原理。i 角的检校方法很多，但基本原理是一致的。即将仪器安置在不同的点上，通过测定两固定点间的两次高差来确定 i 角，若两次测得的高差相等，则 i 角为零；若两次高差不相等，则需计算 i 角，如 i 角超限，则应进行校正。

下面介绍一种比较简单的检验和校正方法。

在地面上选定两固定点 A、B，将水准仪安置在 A、B 两点中间，测出正确高差 h_{AB}，然后将仪器移至 A 点或 B 点附近，再测高差 h'_{AB}；若两次所测高差相等，则表明水准管轴平行视准轴，即 i 角为零，若不等，则两轴不平行。

② 检验方法。在较平坦的地面上选定相距 $80 \sim 100\ \text{m}$ 的 A、B 两点，分别在 A、B 两点打入木桩，在木桩上竖立水准尺。将水准仪安置在 A、B 两点中间，使前后视距相等，如图 2-30（a）所示。精确整平仪器后，依次照准 A、B 两尺进行读数，设读数分别为 a_1、b_1，此时因前后视距相等，所以 i 角对前、后尺读数的影响均为 x，A、B 两点间的高差为

$$h_{AB} = a_1 - b_1 = (a+x) - (b+x) = a - b$$

因抵消了 i 角误差的影响，所以由 a_1、b_1 算出的高差即为正确高差。

用变化仪器高法测出 A、B 两点的两次高差，两次测得的高差小于 $5\ \text{mm}$ 时，取平均值 h_{AB} 作为最后结果。

由于仪器距两尺的距离相等，从图中可见，无论水准管轴是否平行视准轴，在中点处测出的高差 h_{AB} 都是正确高差，这说明在水准测量中将仪器放在两尺中点处可以消除 i 角误差的

影响。

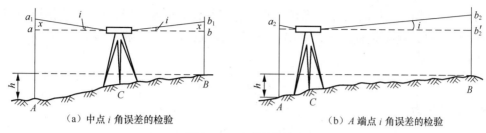

（a）中点 i 角误差的检验　　　　　　（b）A 端点 i 角误差的检验

图 2-30　i 角误差的检验

将水准仪搬至距离 A 点（或 B 点）2~3 m 处，如图 2-30（b）所示，仪器精平后读取中丝读数 a_2 和 b_2。因为仪器距离 A 点很近，i 角对 A 尺读数的影响很小，可以认为 a_2 即为正确读数。因此根据 a_2 和正确高差 h_{AB} 可以计算出 B 尺视线水平时的正确读数 b_2'。

$$b_2' = a_2 - h_{AB}$$

如果 $b_2' = b_2$ 说明两轴平行，否则，有 i 角存在。i 角值可根据下式计算：

$$i = \frac{b_2 - b_2'}{D_{AB}} \rho$$

当 i > 0 时，说明视准轴向上倾斜；当 i < 0 时，说明视准轴向下倾斜。

规范中规定 DS_3 型水准仪的 i 角大于 25″ 时需要进行校正。

③ 校正方法。水准仪不动，转动微倾螺旋使十字丝的横丝切于 B 尺的正确读数 b_2' 处，此时视准轴处于水平位置，而水准管气泡偏离中心。用校正针先拨松水准管左右端校正螺丝，再拨动上下两个校正螺丝，如图 2-31 所示，一松一紧，升降水准管的一端，使偏离的气泡重新居中。此校正需反复进行，直至达到要求后再将松开的校正螺丝旋紧。

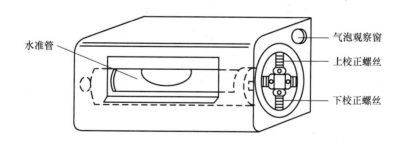

图 2-31　水准管的校正

2.2　三角高程测量

在地面高低起伏较大的地区测定地面点的高程时，若用水准测量的方法进行测量，则速度慢、困难大，因而实际工作中常采用三角高程测量的方法来测取地面点的高程。三角高程测量的基本思想是：根据三角原理，利用由测站向照准点所观测的竖角和距离，计算测站点与照准点之间的高差。

1. 三角高程测量的基本原理

三角高程测量是根据两点的水平距离和竖直角计算两点的高差。如图 2-32 所示，已知 A 点高程 H_A，要测定 B 点高程 H_B，可在 A 点安置经纬仪，在 B 点竖立标杆，用望远镜中丝瞄准标杆的顶点 M，测得竖直角 α，量出标杆高 v 及仪器高 i，再根据 AB 的平距 D，则可计算出 AB 的高差为

$$h = D \cdot \tan\alpha + i - v \qquad (2\text{-}8)$$

B 点的高程为

$$H_B = H_A + h = H_A + D \cdot \tan\alpha + i - v \qquad (2\text{-}9)$$

当两点的距离大于 300 m 时，式（2-9）应考虑地球曲率和大气折光率对高差的影响，其值 f 称为两差改正。

$$f = 0.43 \frac{D^2}{R}$$

式中：D 为两点间水平距离；R 为地球平均曲率半径。

三角高程测量一般应进行往返观测，即由 A（已知高程点）向 B（未知点）观测称为直觇；反之，由 B 向 A 观测称为反觇。这样的观测方法，称为对向观测，或称双向观测。该种观测方法可以消除地球曲率和大气折光的影响。三角高程测量对向观测所求得的高差较差不应大于 $0.1D$（D 为平距，以 km 为单位），若符合要求，取两次高差的平均值作为两点的测量高差。

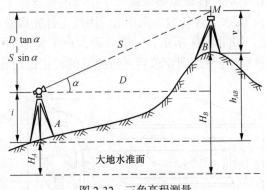

图 2-32　三角高程测量

2. 三角高程测量的观测和计算

三角高程测量观测和计算的步骤如下。

（1）在测站上安置经纬仪或全站仪，量仪器高 i；在目标点上安置觇牌或反光棱镜，量取觇牌高 v。量测时，要求读至 0.5 cm，并量两次，若两次测量较差不超过 1 cm 时，取其平均值作为最终值高度值（取至厘米位），记入表 2-6 中。

（2）用中横丝瞄准目标，将竖盘水准管气泡居中，读取竖盘读数，盘左、盘右观测为一个测回，计算竖直角并记入表中。其竖直角观测的测回数及限差如表 2-7 所示。

（3）高差及高程的计算，见表 2-6。

表 2-6　　　　　　　　　三角高程测量观测数据与计算

起算点	A		B	
待求点	B		C	
往返测	往	返	往	返
斜距 S	593.391	593.400	491.360	491.301
竖直角 α	+11°32′49″	−11°33′06″	+6°41′48″	−6°42′04″
$S\sin\alpha$	118.780	−118.829	59.299	−57.330
仪器高 i	1.440	1.491	1.491	1.502
觇牌高 v	1.502	1.400	1.522	1.441
两差改正 f	0.022	0.022	0.016	0.016
单向高差 h	+118.740	−118.716	+57.284	−57.253
往返平均高差 $\overline{h}$	+118.728		+57.268	

当用三角高程测量方法测定点的高程时，应组成闭合或符合的三角高程路线。每边均需进行对向观测。依据对向观测所求得的高差平均值，计算出闭合环线或符合路线的高程闭合差的限值 $f_{h容}$ 为

$$f_{h容} = \pm 0.05\sqrt{D^2}\ （m）\qquad（2\text{-}10）$$

式中，D 为各边的水平距离，以 km 为单位。

当 f_h 不超过 $f_{h容}$ 时，按边长成正比例的原则，将 f_h 反符号分配于各高差之中，然后用改正后的高差，由起始点的高程计算出各待求点的高程。

表 2-7　　　　　　　　　竖直角观测测回数及限差

等级	一、二级小三角		一、二、三级导线		图根控制
仪器	DJ$_2$	DJ$_6$	DJ$_2$	DJ$_6$	DJ$_6$
测回数	2	4	1	2	1
各测回竖角指标差互差	15″	25″	15″	25″	25″

3. 三角高程测量新方法——中点单觇法

随着全站仪的广泛使用，使用棱镜配合全站仪测量高程的方法日益普及，在实践中，人们又总结出一种新的三角高程测量方法，即中点单觇法。这种方法融合了水准测量和三角高程测量的优点，施测过程依水准测量方法任意置站，且不必量取仪器高、棱镜高，减少了误差来源，提高了测量精度和速度。

中点单觇法测量示意图如图 2-33 所示，已知 A 点高程 H_A，求 B 点高程 H_B。分别在 A、B 两点上架设 1 m 以上固定高度的棱镜，且在观测前记录下棱镜高数值 t_1、t_2。D_1、D_2 为全站仪至 B、A 两点间的水平距离，α_1、α_2 为全站仪观测 B、A 两点时的竖直角，H_i 为全站仪水平视线高。后视 A 点，$H_i=H_A+t_2-D_2\tan\alpha_2$；前视 B 点，$H_i=H_B+t_1-D_1\tan\alpha_1$，

由上两式可得：

$H_B=H_A+D_1\tan\alpha_1-D_2\tan\alpha_2+（t_2-t_1）$

如使 $t_2=t_1$，则

$H_B=H_A+D_1\tan\alpha_1-D_2\tan\alpha_2$

如以由 A 向 B 为前进方向，则上式可改为

$H_{前}=H_{后}+D_{前}\tan\alpha_{前}-D_{后}\tan\alpha_{后}$

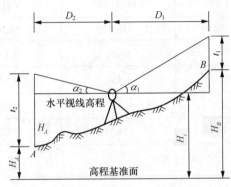

图 2-33 中点单觇法测量

当仪器到两点之间距离较远时（一般控制在 100 m 以内），必须考虑地球曲率和大气折光的影响，同时仪器的垂直角不能太大（一般不超过 ±30°），否则也会影响三角高程测量的精度。

综上所述：将全站仪任意置点，不必量取仪器高、棱镜高，可以测出待测点高程。测出的结果从理论上分析比传统的三角高程测量精度更高，因为它减少了操作、仪器、环境等误差来源。这种新方法完全满足四等水准测量的精度，可以代替传统的用水准仪进行四等及以下的水准测量，提高了水准测量的速度、精度、灵活性和可操作性。

2.3 高程控制测量

控制测量是研究精确测定和描绘地面控制点空间位置及其变化的学科。从本质上说，它是工程建设测量中的基础学科和应用学科，在工程建设中具有重要的地位。其任务是作为较低等级测量工作的依据，在精度上起控制作用。

由于进行任何测量工作都会产生误差，所以必须采取一定的程序和方法，即遵循一定的测量实施原则，以防止误差的累积。在实际测量中必须遵循"从整体到局部，先控制后碎部"的测量工作原则，即先在测区内建立控制网，以控制网为基础，分别从各个控制点开始施测各控制点所控制范围内的碎部点。

进行测量工作时，首先在测区内选择一些具有控制意义的点，组成一定的几何图形，形成测区的骨架，用相对精确的测量手段和计算方法，在同一坐标系中计算出这些点的平面坐标和高程，然后以其为基础测定其他地面点的点位，或进行其他测量工作。将这些具有控制意义的点称为控制点；由控制点组成的几何图形称为控制网；对控制网进行布设、观测和计算，最终确定出控制点点位的工作称为控制测量。控制网是由控制点构成的。控制点的精度

比受控点的精度高，并作为推算后者的起算点。

高程控制测量精度等级的划分，依次为二、三、四、五等。各等级高程控制宜采用水准测量，四等及以下等级可采用电磁波测距三角高程测量，五等也可采用 GPS 拟合高程测量。

首级高程控制网的等级应根据工程规模、控制网的用途和精度要求合理选择。首级网应布设成环形网，加密网宜布设成附合路线或结点网。测区的高程系统，宜采用 1985 国家高程基准。在已有高程控制网的地区测量时，可沿用原有的高程系统；当小测区联测有困难时，也可采用假定高程系统。

高程控制点间的距离，一般地区应为 1~3 km，工业厂区、城镇建筑区宜小于 1 km。但一个测区及周围至少应有 3 个高程控制点。

2.3.1　等级水准测量的观测

按照规定，一、二等水准测量在观测时，应使用精密水准仪和铟瓦水准尺，采用光学测微法读数并进行往返观测，属于精密水准测量。而对三、四等水准测量，观测时可使用普通 S_3 型水准仪和双面水准尺，采用中丝读数法并进行往返观测，属于普通水准测量。三、四等水准测量一般用于国家高程控制网的加密，在城市建设中用于建立小地区首级高程控制网，以及工程建设场区内的工程测量及变形观测的基本高程控制，地形测量时再用图根水准测量或三角高程测量进行加密。三、四等水准点的高程应从附近的一、二等水准点引测，布设成附合或闭合水准路线，其水准点位应选在土质坚硬、便于长期保存和使用的地方，并应埋设水准标石。亦可用埋石的平面控制点作为水准高程控制点。为了便于寻找，水准点应绘制点之记。本节只介绍三、四等水准测量的方法，其水准路线的布设形式主要有单一的附合水准路线、闭合水准路线、支线水准路线和水准网。三、四等水准测量所用仪器及主要技术要求见表 2-1，此处不再赘述。

1. 三、四等水准测量的观测方法

三、四等水准测量的观测工作应在通视良好、成像清晰稳定的情况下进行。下面介绍双面尺法的观测程序，观测数据及计算过程见表 2-8。

（1）一站的观测顺序

① 在测站上安置水准仪，使圆水准气泡居中，后视水准尺黑面，用上、下视距丝读数，并记入表 2-8 中的（1）、（2）位置，转动微倾螺旋，使符合水准气泡居中，用中丝读数，记入表 2-8 中的（3）位置。

② 前视水准尺黑面，用上、下视距丝读数，并记入表 2-8 中的（4）、（5）位置，转动微倾螺旋，使符合水准气泡居中，用中丝读数，记入表 2-8 中的（6）位置。

③ 前视水准尺红面，旋转微倾螺旋，使管水准气泡居中，用中丝读数，记入表 2-8 中的（7）位置。

④ 后视水准尺红面，转动微倾螺旋，使符合水准气泡居中，用中丝读数，记入表 2-8 中的（8）位置。以上（1）、（2）、…、（8）表示观测与记录的顺序，如表 2-8 所示。

这样的观测顺序称为"后—前—前—后"。其优点是可以大大减弱仪器下沉等误差的影响。对四等水准测量每站观测顺序也可为"后—后—前—前"。

（2）一站的计算与检核

① 视距计算与检核

根据前、后视的上、下丝读数计算前、后视的视距（10）和（9）。后视距离：（9）=（1）–（2），前视距离：（10）=（4）–（5）。

计算前、后视距差（11）：（11）=（9）–（10）。对于三等水准测量，（11）不得超过 3 m，对于四等水准测量，（11）不得超过 5 m。

计算前、后视距累积差（12）：（12）=上站的（12）+本站（11）。对于三等水准测量，（12）不得超过 6 m，对于四等水准测量，（12）不得超过 10 m。

② 同一水准尺红、黑面中丝读数的检核

k 为双面水准尺的红面分划与黑面分划的零点差，配套使用的两把尺的零点差 k 分别为 4687 或 4787，同一把水准尺其红、黑面中丝读数差按下式计算。

$$（13）=（6）+k–（7）$$
$$（14）=（3）+k–（8）$$

（13）、（14）的大小，对于三等水准测量，不得超过 2 mm，对于四等水准测量，不得超过 3 mm。

③ 高差计算与检核

按前、后视水准尺红、黑面中丝读数分别计算一站高差。

- 黑面高差（15）：（15）=（3）–（6）；
- 红面高差（16）：（16）=（8）–（7）；
- 红黑面高差之差（17）：（17）=（15）–（16）±0.100=（14）–（13）（检核用）。

对于三等水准测量，（17）不得超过 3 mm，对于四等水准测量，（17）不得超过 5 mm。

式中 0.100 为单、双号两根水准尺红面零点注记之差，以 m 为单位。

④ 计算平均高差

红、黑面高差之差在容许范围以内时，取其平均值作为该站的观测高差（18）。

$$(18)=\frac{(15)+(16)\pm0.100}{2}$$

（3）每页计算的校核

① 高差部分

红、黑面后视中丝总和减红、黑面前视中丝总和应等于红、黑面高差总和，还应等于平均高差总和的两倍。即：

当测站数为偶数时，$\sum[(3)+(8)]-\sum[(6)+(7)]=\sum[(15)+(16)]=2\sum(18)$

当测站数为奇数时，$\sum[(3)+(8)]-\sum[(6)+(7)]=\sum[(15)+(16)]=2\sum(18)\pm0.100$

② 视距部分

后视距离总和减前视距离总和应等于末站视距累积差，即

$$\sum(9)-\sum(10)=末站(12)$$

校核无误后，算出总视距，即

$$总视距=\sum(9)+\sum(10)$$

表 2-8　　　　　　　　　　　　　　三、四等水准测量记录

测站编号	点号	后尺 上丝 / 下丝 / 后视距 / 视距差	前尺 上丝 / 下丝 / 前视距 / 累积差 $\sum d$	方向及尺号	水准尺读数 黑面	水准尺读数 红面	k+黑−红/mm	平均高差/m
		（1） （2） （9） （11）	（4） （5） （10） （12）	后尺 前尺 后－前	（3） （6） （15）	（8） （7） （16）	（14） （13） （17）	（18）
1	$BM_2 \sim TP_1$	1426 0995 43.1 +0.1	0801 0371 43.0 +0.1	后 107 前 106 后－前	1211 0586 +0.625	5998 5276 +0.725	0 0 0	+0.6250
2	$TP_1 \sim TP_2$	1812 1296 51.6 −0.2	0570 0052 51.8 −0.1	后 106 前 107 后－前	1554 0311 +1.243	6241 5097 +1.144	0 +1 −1	+1.2435
3	$TP_2 \sim TP_3$	0889 0507 38.2 +0.2	1713 1333 38.0 +0.1	后 107 前 106 后－前	0698 1523 −0.825	5486 6210 −0.724	−1 0 −1	−0.8245
4	$TP_3 \sim TP_4$	1891 1525 36.6 −0.2	0758 0390 36.8 −0.1	后 106 前 107 后－前	1708 0574 +1.134	6395 5361 +1.034	0 0 0	+1.1340
检核计算		$\sum(9)=169.5$ $\sum(10)=169.6$ $\sum(9)-\sum(10)=-0.1$ $\sum(9)+\sum(10)=339.1$	$\sum(3)=5.171$ $\sum(6)=2.994$ $\sum(15)=+2.177$ $\sum(15)+\sum(16)=+4.356$		$\sum(8)=24.120$ $\sum(7)=21.941$ $\sum(16)=+2.179$ $2\sum(18)=+4.356$			

2．内业成果计算

水准测量成果处理是根据已知点高程和水准路线的观测高差，求出待求点的高程值。

测量规范中规定，各等级高程控制网（指一、二、三、四等水准网）应采用条件平差或间接平差进行成果计算，条件平差或间接平差是符合最小二乘原理的严密平差方法，所以，三、四等水准测量成果处理的方法已经超出了本书的范围，在此略过。

2.3.2　控制测量技术设计

2.3.2.1　控制测量的作业流程

控制测量的一般作业流程为：收集资料→实地踏勘→图上设计→实地选点→埋石建标→观测→计算。

2.3.2.2　控制测量的准备工作

1.　收集资料

（1）广泛收集测区及其附近已有的控制测量成果和地形图资料。

① 控制测量资料包括成果表、点之记、展点图、路线图、计算说明和技术总结等。收集资料时要查明施测年代、作业单位、依据规范、平高系统、施测等级和成果的精度评定。成果精度是指三角网的高程、测角、点位、最弱边、相对点位中误差；以及水准路线中每公里偶然中误差和水准点的高程中误差等。

② 收集的地形图资料包括测区范围内及周边地区各种比例尺地形图和专业用图，主要查明地图的比例尺、施测年代、作业单位、依据规范、坐标系统、高程系统和成图质量等。

③ 如果收集到的控制资料的坐标系统、高程系统不一致，则应收集、整理这些不同系统间的换算关系。

（2）收集合同文件、工程设计文件、业主（监理）文件中有关测量专业的技术要求和规定。

（3）准备相应的规范：《国家三角测量规范》《国家一、二等水准测量规范》《国家三、四等水准测量规范》《GPS 测量规范》。

（4）了解测区的行政划分、社会治安、交通运输、物资供应、风俗习惯、气象、地质情况。例如，了解冻土深度，以考虑埋石深度；了解最大风力，以考虑觇标的结构；了解雾季、雨季和风季的起止时间、封冻和解冻时间，以确定适宜的作业月份。

2.　现场踏勘

携带收集到的测区地形图、控制展点图、点之记等资料到现场踏勘。踏勘主要了解以下内容：

① 原有的三角点、导线点、水准点、GPS 点的位置，了解觇标、标石和标志的现状，其造标埋石的质量，以便决定有无利用价值。

② 原有地形图是否与现有地物、地貌相一致，着重踏勘增加了哪些建筑物，为控制网图上设计做准备。

③ 调查测区内交通现状，以便确定合理的高程测量方案，测量时选择适当的交通工具。

④ 现场踏勘应做好记录，并编写踏勘报告。

2.3.2.3　技术设计的基本要求

1.　一般规定

技术设计是根据工程建设项目的规模和对施工测量精度的要求，及合同、业主和监理的要求，结合测区自然地理条件的特征，选择最佳布网方案和观测方案，保证在规定期限内合理、经济地完成生产任务的重要技术文件。

控制测量是为工程施工测量服务的，为确保测量任务顺利完成，控制测量技术设计必须切实可行。技术设计书必须经企业技术主管部门批准，作为工程项目组织设计的一部分，经监理审批后方可组织实施。

2.　技术设计的依据

技术设计的依据为：

① 工程项目施工合同；

② 工程相关施工图纸；

③ 有关的法规和技术标准。

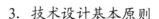

3．技术设计基本原则

技术设计的基本原则为：

① 广泛收集、认真分析和综合利用业主提供的与测绘相关的资料；

② 现场踏勘实地情况，做好控制测量方案设计准备；

③ 技术设计方案应遵循整体控制原则，先考虑整体而后局部，并顾及细部加密；

④ 结合场区实际情况及本企业作业人员技术素质和装备情况，选择最佳方案。

4．技术设计主要内容

技术设计主要包括如下内容。

① 任务概述：说明工程建设项目的名称、工程规模、来源、用途、测区范围、地理位置、行政隶属、任务的内容和特点、工作量以及采用的技术依据。

② 测区概况：说明测区的地理特征、居民地、交通、气候等情况，并划分测区困难类别。

③ 已有资料的分析、评价和利用：说明已有资料的作业单位、施测年代、采用的技术依据和选用的基准；分析已有资料的质量情况，并做出评价和指出利用的可能性。

④ 平面控制：说明控制网采用的平面基准、等级划分以及各网点或导线点的点号、位置、图形、点的密度、已知点的利用与联测方案；初步确定的觇标高度与类型、标石的类型与埋设要求；观测方法及使用的仪器。

⑤ 高程控制：说明采用的高程基准及高程控制网等级，附合水准路线长度及其构网图形，高程点或标志的类型与埋设要求；拟定观测与联测方案、观测方法及技术要求等。

⑥ 内业计算：外业成果资料的分析和评价，选定的起算数据及其评价，选用的计算数学模型，计算与检校的方法及其精度要求，成果资料的要求等。

2.3.2.4 控制测量技术的设计过程

控制测量技术的设计过程如下。

1．掌握测量精度

已有控制网成果的精度分析，必要时实测部分角度和边长，掌握起算数据的精度情况。

2．确定控制网的等级、类型、测量方式

根据控制网的用途、工程规模、类型及建筑布置、精度要求确定控制网的等级；根据测区地形、起算点情况及使用的仪器设备确定控制网的类型。平面控制可采用三角测量、边角组合测量、导线测量和 GPS 测量。高程控制可采用水准测量和三角高程测量，布设成闭合环线、附合线路或结点网。

3．控制网图上设计

根据工程设计意图及其对控制网的精度要求，拟定合理的布网方案，利用测区地形地物特点在图上设计出一个图形结构强的网。

（1）三角网（或边角网）对点位的要求

① 图形结构好，边长适中，传距角大于 20°。

② 是制高点，通常位于山尖上或高建筑物上，视野开阔，便于加密。

③ 视线高出或旁离障碍物 1.5 m。

④ 能埋建牢固的测量标志，且能长期保存。

⑤ 充分利用测区内原有的旧点，以节省开支。

⑥ 为了安全，点位要离开公路、铁路、高压线等危险源。

（2）图上设计步骤

① 利用工程整体平面布置图展绘已有控制测量网点。

② 按照保证精度、方便施工和测量的原则布设施工控制测量网点。

③ 判断和检查点间通视情况。

④ 估算控制网的精度。

⑤ 拟定三角高程起算点及水准联测路线。

4. 控制网优化设计

先提出多种布网方案，优选出点位中误差最小，相对点位中误差在重要方向上的分量最小，但观测工作量最小的方案。

2.3.2.5 附表资料

根据对测区情况的调查和图上设计的结果，写出文字说明，整理各种数据、图表，并拟订作业计划。附表资料包括：

① 技术设计图；

② 工作量表；

③ 作业计划安排表；

④ 主要物资器材表；

⑤ 预计上交资料表。

2.4 高程测设

高程测设的任务是将设计高程测设到指定的桩位上，即利用施工现场已有的水准点，用水准测量的方法，在给定的点位上标出设计高程的位置。高程测设主要用在场地平整、开挖基坑（槽）、测设楼层面、定道路（管道）中线坡度等场合。

高程测设的方法主要有水准测设法和全站仪高程测设法。

2.4.1 水准测设法

水准测设法一般是采用视线高程法进行测设。

视线高程法测设高程如图 2-34 所示。已知水准点 A 的高程 H_A=12.798 m，欲在 B 点测设出某建筑物的室内地坪高程（建筑物的±0.000）为 H_B=13.665 m。

将水准仪安置在 A、B 两点的中间位置，在 A 点竖立水准尺，精平仪器，读取 A 尺的中丝读数 a=1.432 m。则视线高为 H_i=H_A+a=12.798+1.432=14.230 m，在 B 点木桩侧面立水准尺，如果在 B 点的设计标高上立尺，水准尺上应该取得的前视读数为 b，b 应满足等式：b=H_i−H_B=14.320−13.665=0.565 m，然后指挥立尺者，上下移动水准尺，当其上的尺读数刚好为 0.565 m 时，沿尺底在木桩侧面画横线，该横线的高程就是 B 点的设计高程。

在建筑设计和施工中，为了计算方便，通常把建筑物的室内设计地坪高程用±0.000 标高表示，建筑物的基础、门窗等高程都是以±0.000 为依据进行测设的。因此，首先要在施工现场利用测设已知高程的方法测设出室内地坪高程的位置，并在施工场地上建立相应的高程控制桩来表示±0.000 的位置。

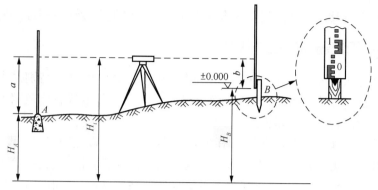

图 2-34　视线高程法测设高程

当欲测设的高程与已知高程控制点之间的高差很大时，可以用悬挂钢尺来代替水准尺进行测设。

深基坑内的高程测设如图 2-35 所示。水准点 A 的高程已知，欲在深基坑内测设出坑底的设计高程 H_B，可按如下方法进行测设。

在深基坑一侧悬挂钢尺（尺的零点朝下，并挂一个重量约等于钢尺检定时的拉力的重锤，同时可将重锤浸在油类液体中以固定钢尺），以代替水准尺作为高程测设时的标尺。

先在图 2-35 所示的地面位置安置水准仪，精平后，读取 A 点上水准尺的读数 a_1 及钢尺上的读数 b_1；然后在深基坑内安置水准仪，读出钢尺上的读数为 a_2，假设在 B 点设计标高上立尺，水准尺上的读数应为 b_2，且 b_2 应满足 $b_2 = (H_A + a_1) - (b_1 - a_2) - H_B$。此时即可采用在木桩侧面画线的方法，沿尺底画横线，使 B 点桩位侧面的水准尺读数等于 b_2。则该横线的高程就是 B 点的设计高程 H_B。

51

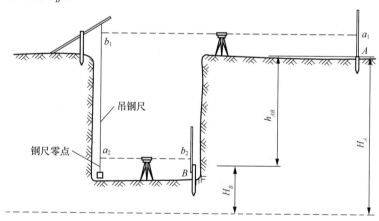

图 2-35　深基坑内的高程测设

另外，在地下坑道施工中，高程点位通常设置在坑道顶部。通常规定当高程点位于坑道顶部时，在进行水准测量时水准尺均应倒立在高程点上。如图 2-36 所示，A 点为已知高程 H_A 的水准点，B 点为待测设高程为 H_B 的位置，由于 $H_B = H_A + a + b$，则在 B 点应有的标尺读数 $b_{应} = H_B - H_A - a$。因此，将水准尺倒立

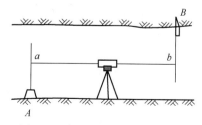

图 2-36　高程点在顶部的测设方法

并紧靠 B 点木桩上下移动，直到尺上读数为 b 时，在尺底画出设计高程 H_B 的位置。

2.4.2　全站仪无仪器高作业法放样

当进行高低起伏较大的高程放样时，水准仪使用起来不甚方便，特别是进行大型体育馆的网架、桥梁构件、工业厂房及机场屋架等施工时，用水准仪放样就比较困难，此时可用全站仪无仪器高作业法直接放样高程。

全站仪无仪器高作业法放样高程如图 2-37 所示。已知高程控制点 A（设目标高为 l，当目标采用反射片时 l 为 0），要求放样 B、C、D 等目标点的高程，使其都等于设计高程值。首先在 O 点处安置全站仪，对中、整平（不需量仪器高），后视已知点 A，测得 OA 的距离 S_1（为两点间斜距）和竖直角 α_1，计算出全站仪中心 O 点的高程为

$$H_O = H_A + l - \Delta h_1$$

然后对待放样点 B 进行测量，测得 OB 的距离 S_2 和竖直角 α_2，并代入上式，计算出 B 点的高程为

$$H_B = H_O + \Delta h_2 - l = H_A - \Delta h_1 + \Delta h_2$$

将测得的高程 H_B 与设计值相比较，并计算出差值，然后指挥持镜杆者放样出高程 B 点。由于该方法不需量取仪器高，克服了在利用三角原理测高程时量取仪器高而产生较大误差的缺点，因而用无仪器高作业法进行高程放样具有很高的精度。

在使用该方法时，首先应对温度、气压如实测量，并设置好仪器中的相应改正；其次，当测站与目标点之间的距离超过 150 m 时，在上面的高差计算式中必须考虑大气折光率和地球曲率的影响。事实上，目前所生产的全站仪中已考虑了此项改正。

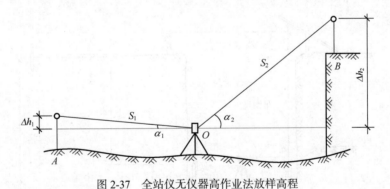

图 2-37　全站仪无仪器高作业法放样高程

2.4.3　坡度线测设方法

在修筑道路、敷设上下管道和开挖排水沟等工程的施工中，需要在地面上测设出设计的坡度线，以指导施工人员进行工程施工。坡度线的测设所用的仪器一般有水准仪和经纬仪。

1．水平视线法

水平视线法测坡度线如图 2-38 所示。在施工场地上有一高程控制点 BM_1，其高程为 30.500 m，要求测设出一条坡度线 AB。从工程图纸可知：A、B 为设计坡度线的两端点，已

知起始点 A 的设计高程 $H_A = 30.000$ m，A、B 两点水平距离 $D_{AB} = 72.000$ m，设计坡度为 -1%，为便于施工，要在直线方向上每隔距离 $d=20$ m 钉木桩，要求在木桩上标定出坡度为 i 的坡度线。测设直线 AB 的坡度步骤如下。

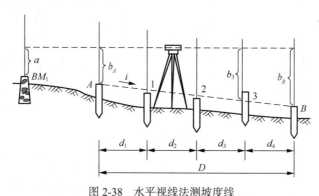

图 2-38　水平视线法测坡度线

（1）考虑施工方便，在 AB 连线上从 A 点起每隔 20 m 打一木桩，依次为 1、2、3，则 3、B 两点的距离为 12 m。

（2）计算各桩点的设计标高，计算式为

$$H_{设} = H_A + D_j \times i \tag{2-11}$$

式中：D_j 为起始点位置到 j 点的距离；i 为设计坡度。

则地面各点的设计高程为

$$H_1 = H_A + D_1 \times i = [30.000 + 20 \times (-0.01)] \text{ m} = 29.800 \text{ m}$$

$$H_2 = H_A + D_2 \times i = [30.000 + 40 \times (-0.01)] \text{ m} = 29.600 \text{ m}$$

$$H_3 = H_A + D_3 \times i = [30.000 + 60 \times (-0.01)] \text{ m} = 29.400 \text{ m}$$

$$H_B = H_A + D_B \times i = [30.000 + 72 \times (-0.01)] \text{ m} = 29.280 \text{ m}$$

（3）安置水准仪于已知水准点 BM_1 附近，后视其上的水准尺，得中丝读数 $a = 1.456$ m，计算仪器的视线高 $H_i = H_1 + a = (30.500 + 1.456)$ m $= 31.956$ m，再根据各点的设计高程计算出测设各点时的测设数据，即 $b_{应} = H_i - H_{设}$。具体为

$$b_A = H_i - H_A = (31.956 - 30.000) \text{ m} = 1.956 \text{ m}$$

$$b_1 = H_i - H_1 = (31.956 - 29.800) \text{ m} = 2.156 \text{ m}$$

$$b_2 = H_i - H_2 = (31.956 - 29.600) \text{ m} = 2.356 \text{ m}$$

$$b_3 = H_i - H_3 = (31.956 - 29.400) \text{ m} = 2.556 \text{ m}$$

$$b_B = H_i - H_B = (31.956 - 29.280) \text{ m} = 2.676 \text{ m}$$

（4）将水准尺分别贴靠在各木桩的侧面，上、下移动尺子，直至尺读数为 $b_{应}$ 时，在尺底部紧靠木桩侧壁处划一横线，即得各点的测设位置，该坡度线 AB 便标定在地面上了。

2. 倾斜视线法

坡度线的测设如图 2-39 所示。设地面上 A 点的高程为 H_A，现欲从 A 点沿 AB 方向测设出一条坡度为 i 的直线，AB 间的水平距离为 D。

53

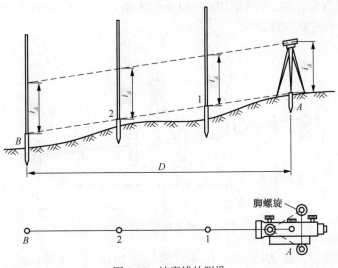

图 2-39　坡度线的测设

使用水准仪的测设方法如下：

（1）首先计算出 B 点的设计高程为 $H_B = H_A - i \times D$，然后应用水平距离和高程测设方法测设出 B 点；

（2）在 A 点安置水准仪，使水准仪的一个脚螺旋在 AB 方向线上，另两脚螺旋的连线垂直于 AB 方向线，并量取水准仪的高度 i_A。

（3）用望远镜瞄准 B 点上的水准尺，旋转 AB 方向上的脚螺旋，使视线倾斜至水准尺读数为仪器高 i_A 为止，此时，仪器视线坡度即为 i。

（4）在中间点 1、2 处打木桩，然后在桩顶上立水准尺使其读数均等于仪器高 i_A，这样各桩顶的连线就是测设在地面上的设计坡度线。

当设计坡度 i 较大，超出了水准仪脚螺旋的最大调节范围时，应使用经纬仪进行坡度线测设，方法同上。

【思考与练习】

1. 名词解释

①视线高程；②望远镜视准轴；③水准管轴；④水准管分划值；⑤水准路线；⑥水准点；⑦视差；⑧高差闭合差。

2. 简答题

① 水准仪有哪几条几何轴线？各轴线间应满足什么条件？其主要条件是什么？

② 在同一测站上，前、后视读数之间为什么不允许仪器发生任何位移？

③ 水准器的 τ 值反映其灵敏度，τ 越小灵敏度越高，水准仪是否应选择 τ 值小的水准器？为什么？水准仪上圆水准器与管水准器的作用有何不同？

④ 何为视差？产生的原因是什么？简述消除视差的方法。

⑤ 什么是转点？其有何作用？尺垫应在何处用？在已知点和待测点是否可以加尺垫？

⑥ 什么叫后视点、后视读数？什么叫前视点、前视读数？高差的正负号是怎样确定的？

⑦ 水准测量时，通常要求前后视距相等，为什么？

⑧ 简述水准测量的检核方法。测站检核为什么不能代替成果精度检核？

⑨ 简述三、四等水准测量的测站观测程序和检核方法。

⑩ 简述圆水准器的检校原理和方法。

⑪ 微倾水准仪的构造有哪几个主要部分？每个部分由哪些部件组成？其作用如何？

⑫ 什么叫水准管轴？什么叫视准轴？水准管轴与视准轴有什么关系？当气泡居中时，水准管轴在什么位置上？

3．计算题

（1）设地面上 A、B 两点，用中间法测得其高差 $h_{AB}=0.288$ m，将仪器安置于近 A 点，读得 A 点水准尺上读数为 1.526 m，B 点水准尺上读数为 1.249 m。试问：

① 该水准仪水准管轴是否平行于视准轴？为什么？

② 若水准管轴不平行于视准轴，那么视线偏于水平线的上方还是下方？是否需要校正？

③ 若需要校正，简述其校正方法和步骤。

（2）如图 2-40 所示，已知水准点 BM_A 的高程为 33.012 m，1、2、3 点为待测高程点，水准测量观测的各段高差及路线长度标注在图中，试计算各点高程。要求列表计算。

（3）某建筑物的室内地坪设计高程为 45.000 m，附近有一水准点 BM_3，其高程为 $H_3=44.680$ m。现在要求把该建筑物的室内地坪高程测设到木桩 A 上，作为施工时控制高程的依据。在水准点 BM_3 和木桩 A 之间安置水准仪，在 BM_3 立水准尺，用水准仪的水平视线测得后视读数为 1.556 m。绘图并说明测设方法。

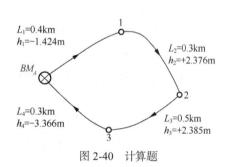

图 2-40　计算题

55

【单元实训】

实训 2-1　DS$_3$ 水准仪认识及使用

一、实训目的

1．了解 DS$_3$ 水准仪的基本结构及各螺旋的作用；

2．学会正确操作仪器；

3．懂得读数的方法。

二、实训设备

每实习小组借用一套 DS$_3$ 水准仪、一块记录板，自备铅笔和记录表格。

三、实训步骤

1．安置仪器

先将仪器的三脚架张开，使其高度适中，架头大致水平，并将脚架踩实；再开箱取出仪器，将其固连在三脚架上。

2．认识仪器

对照仪器，指出准星、缺口、目镜及其调焦螺旋、物镜、对光螺旋、管水准仪、圆水准仪、制动和微动螺旋、微倾螺旋、脚螺旋等，了解其作用并熟悉其使用方法。对照水准尺，熟悉其分划注记并练习读数。

3．观测练习

（1）粗平：双手食指和拇指各拧一只脚螺旋，同时以相反的方向转动，使圆水准器气泡向中间移动；再拧另一只脚螺旋，使圆气泡居中。若一次不能居中，可反复进行（观察左手拇指转动脚螺旋的方向与气泡移动方向之间的关系）。

（2）瞄准：在离仪器不远处选一点 A，并在其上立一根水准尺；转动目镜调焦螺旋使十字丝清晰；松开制动螺旋；转动仪器，用缺口和准星大致瞄准 A 点水准尺，拧紧制动螺旋；转动对光螺旋看清水准尺；转动微动螺旋使水准尺位于视线中央；再转动对光螺旋，使目标清晰并消除视差（观察视差现象，练习消除方法）。

（3）精平：转动微倾螺旋，使符合水准管气泡两端的半影像吻合（成圆弧状），即水准管气泡居中（观察微倾螺旋转动方向与气泡移动方向之间的关系）。

（4）读数时从望远镜中观察十字丝横丝在水准尺上的分划位置，读取 4 位数字，即直接读出米（m）、分米（dm）、厘米（cm）的数值，估读毫米（mm）的数值，记为后视读数 a。注意读数完毕时水准管气泡仍需居中，若不居中，应再进行精平，重新读数。

（5）分别在 B、C、D 等点立尺按步骤（2）~步骤（4）读取前视读数 b，并记录。

（6）计算高差，即 h=a-b。

（7）改变仪器高度或搬站，再次观测 A 与 B、C、D 等的高差，进行比较。

四、注意事项

1．水准尺应专人扶持，保持竖直，尺面正对。

2．中心连接螺旋不宜拧得太紧，以防破损。水准仪上各部位螺旋操作时用力不得过猛。

3．读数时要注意消除视差。要以十字丝的横丝读数，不要误用上、下丝。读数时应看清尺上的上下两个分米（dm）注记，从小到大进行。

4．读数前水准管气泡要严格居中，读数完毕检查、确认气泡仍居中后，方可记录读数。

五、实训报告

实训 2-2　普通水准测量

一、实训目的

1．熟悉水准测量的作业组织和一般作业规程。

2．掌握普通水准测量的观测、记录和计算。

二、实训设备

每组借用水准仪一套、水准尺一对、尺垫一副、测伞一把、记录板一块，自备铅笔、小刀和记录手簿。

三、实训步骤

1．作业步骤

水准观测组由 6~7 人组成，具体分工为：观测一人，记录一人，打伞一人，扶尺两人。

2．观测程序

在一个测站上的观测步骤为：

① 首先，将仪器整平。

② 望远镜对准后视水准标尺，转动倾斜螺旋使符合水准气泡两端影像分离不得大于 3 mm，读数，共 4 个数字要连贯读出。

③ 旋转望远镜照准前视水准尺，使气泡精密居中、读数。

四、注意事项

1. 水准测量工作要求全组人员紧密配合。

2. 中丝读数一律取四位数，记录员也应记满 4 个数字，"0"不可省略。

3. 在观测中，不允许凑数，以免成果失去真实性。

4. 记录员除了记录和计算外，还必须检查观测条件是否合乎规定，限差是否满足要求，否则应及时通知观测员重测。记录员必须牢记观测程序，注意不要记录错误。字迹要整齐清晰，不得涂改，更不允许描字和就字改字。在一个测站上应等计算和检查完毕，确信无误后才可搬站。

5. 扶尺员在观测之前必须将标尺立直扶稳。严禁双手脱开标尺，以防摔坏标尺的事故发生。

6. 量距要保证通视，前、后视距相等和一定的视线高度，并尽量使仪器和前后标尺在一条直线上。

7. 为校核每站高差的正确性，应按变换仪器高的方法进行施测，以求得平均高差值作为本站的高差。

8. 限差要求：同一测站两次仪器高所测高差之差应小于 5 mm；水准路线高差闭合差的允许值为 $f_{h容} = \pm 40\sqrt{L}$（或 $\pm 12\sqrt{n}$）mm。

五、上交资料

实训结束，应上交观测手簿和环线闭合差计算成果（附水准路线略图）。

水准测量记录手簿

测站	测点	后视读数	前视读数	高　　差		高　程	备注
				+	−		

$\sum a - \sum b =$

$\sum h =$

$H_B - H_A =$

闭合水准测量高程的计算

点号	测站数	实测高差/m	改正数/mm	改正后高差/m	高程/m
Σ					

58

实训 2-3 水准仪检验与校正

一、实训目的

1. 解微倾式水准仪各轴线间应满足的几何条件。

2. 掌握微倾式水准仪检验与校正的方法。

二、实训设备

DS_3 级水准仪，水准尺，皮尺，木桩，斧子，拨针，螺丝刀。

三、实训步骤

1. 一般性检验

安置仪器后，首先检验三脚架是否牢固，制动和微动螺旋、微倾螺旋、对光螺旋、脚螺旋等是否有效，望远镜成像是否清晰。

2. 圆水准器轴应平行于仪器竖轴的检验与校正

检验：转动脚螺旋，使圆水准器居中，将仪器绕竖轴旋转 180°以后，如果气泡仍居中，说明此条件满足；如果气泡偏到分划圈之外，则需校正。

校正：先稍微旋松圆水准器底部中央的固紧螺旋，然后用拨针拨动圆水准器校正螺丝，使气泡向居中方向退回偏离量的一半，再转动脚螺旋使气泡居中，如此反复检校，直到圆水准器转到任何位置时，气泡都在分划圈内为止。最后旋紧固紧螺旋（不要求）。

3. 十字丝横丝应垂直于仪器竖轴的检验与校正

检验：用十字丝交点瞄准一个明显的点状目标 P 后转动微动螺旋，若目标点始终不离开横丝，说明此条件满足，否则需校正。

校正：旋下十字丝分划板护罩，用螺丝刀旋松分划板 3 个固定螺丝，转动分划板座，使目标点与横丝重合。反复检验与校正，直到条件满足为止。最后将固定螺丝旋紧，并旋上护罩（不要求）。

4. 视准轴应平行于水准管轴的检验与校正

检验：在 S_1 处安置水准仪，用皮尺向两侧各量距约 40 m，定出等距离的 A、B 两点，打桩或放置尺垫。用变动仪器高或双面尺法测出 A、B 两点的高差。当两次测得的高差之差不大于 3 mm 时，取其平均值作为最后正确的高差，用 h_{AB} 表示。

再安置仪器于 B 点附近的 S_2 处，距 B 点 3 m 左右，瞄准 B 点水准尺，读数为 b_2，再根据 A、B 两点的正确高差算得 A 点尺上应有的读数 $a_2=h_{AB}+b_2$，再与 a'_2 比较，得误差为 $\Delta h=a'_2-a_2$，由此计算角 i 的值。

$$i'' = \Delta h/D_{AB}\, \rho''$$

式中，$\rho''=206\ 265''$；D_{AB} 为 A、B 两点间的距离。

校正：转动微倾螺旋，使十字丝的中横丝对准 A 点尺上应有的读数 a_2，这时水准管气泡必然不居中，用拨针拨动水准管一端上、下两个校正螺丝，使气泡居中，松紧上、下两个校正螺丝前，先稍微旋松左、右两个校正螺丝，校正完毕，再旋紧，反复检校，直到 $i \le 20''$ 为止（不要求）。

四、注意事项

1. 水准仪的检验和校正过程要认真细心，不能马虎。原始数据不得涂改。

2. 校正用的工具要配套，拨针的粗细与校正螺丝的孔径要相适应。

3. 校正螺丝都比较精细，在拨动螺丝时要"慢、稳、均"。

4. 各项检验和校正的顺序不能颠倒，在检校过程中同时填写实习报告。

5. 各项检校都需要重复进行，直到符合要求为止。

6. 对 100 m 长的视距，一般要求是检验远尺的读数与计算值之差为 3～5 mm。

7. 每项检校完毕都要拧紧各个校正螺丝，上好护盖，以防脱落。

8. 校正后，应再做一次检验，看其是否符合要求。

9. 本次实习要求学生只进行检验，如若校正，应在指导教师直接指导下进行。

五、上交资料

按照实验步骤填写检验报告书。

记录格式

班级　　　　组号　　　　组长（签名）　　　　仪器　　　　编号

成像　　　测量时间：自：　　测至　　：　　日期：　　年　　月　　日

1. 仪器视检	三脚架是否平稳			脚螺旋		
	制动与微动螺旋			望远镜成像		
	微倾螺旋			其他		
2. 圆水准器轴 平行于竖轴	检验次数	1	2	3	4	5
	气泡偏离格数					

	检验次数	误差是否显著
3. 十字丝横丝垂直于竖轴	1	
	2	

	仪器位置	项目	第一次	第二次	第三次
4. 视准轴平行于管水准器轴的检验与校正	在中点测高差	A 点尺读数 a_1			
		B 点尺读数 b_1			
		$h_{AB} = a_1 - b_1$			
	在 B 点附近测高差	A 点尺读数 a_1			
		B 点尺读数 b_1			
		$h_{AB} = a_2 - b_2$			
	在 A 点附近校正	$\Delta h = h'_{AB} - h_{AB}$			
		$i'' = 2578\Delta h$			
		$a'_2 = a_2 - \Delta h$			

实训 2-4 四等水准测量

一、实训目的

1. 学会用双面水准尺进行四等水准测量的观测、记录、计算方法。

2. 熟悉四等水准测量的主要技术指标，掌握测站及水准路线的检核方法。

二、实训设备

1. 由仪器室借领：DS₃ 水准仪 1 台、双面水准尺一对，记录板 1 块、尺垫 2 个、记录纸。

2. 自备：计算器、铅笔、小刀、计算用纸。

三、实训步骤

1. 选定一条闭合或附合水准路线，其长度以安置 4 ~ 6 个测站为宜。沿线标定待定点的地面标志。

2. 在起点与第一个立尺点之间设站，安置好水准仪后，按以下顺序观测：

① 后视黑面尺，读取下、上丝读数；精平，读取中丝读数；分别记入记录表（1）、（2）、（3）顺序栏中。

② 前视黑面尺，读取下、上丝读数；精平，读取中丝读数；分别记入记录表（4）、（5）、（6）顺序栏中。

③ 前视红面尺，精平，读取中丝读数；记入记录表（7）顺序栏中。

④ 后视红面尺，精平，读取中丝读数；记入记录表（8）顺序栏中。

这种观测顺序简称"后—前—前—后"，也可采用"后—后—前—前"的观测顺序。

3. 各种观测记录完毕应随即计算：

① 黑、红面分画读数差（即同一水准尺的黑面读数+常数 K-红面读数）填入记录表（9）、

（10）顺序栏中；

② 黑、红面分画所测高差之差填入记录表（11）、（12）、（13）顺序栏中；

③ 高差中数填入记录表（14）顺序栏中；

④ 前、后视距（即上、下丝读数差乘以 100，单位为 m）填入记录表（15）、（16）顺序栏中；

⑤ 前、后视距差填入记录表（17）顺序栏中；

⑥ 前、后视距累积差填入记录表（18）顺序栏中；

⑦ 检查各项计算值是否满足限差要求。

4. 依次设站，用相同方法施测其他各站。

5. 全路线施测完毕后计算：

① 路线总长（即各站前、后视距之和）；

② 各站前、后视距差之和（应与最后一站累积视距差相等）；

③ 各站后视读数和、各站前视读数和、各站高差中数之和（应为上两项之差的 1/2）；

④ 路线闭合差（应符合限差要求）；

⑤ 各站高差改正数及各待定点的高程。

四、注意事项

1. 每站观测结束后应当即计算检核，若有超限则重测该测站。全路线施测计算完毕，各项检核均已符合，路线闭合差也在限差之内，即可收测。

2. 四等水准测量作业的集体观念很强，全组人员一定要互相合作，密切配合，相互体谅。

3. 记录者要认真负责，当听到观测者所报读数后，要回报给观测者，经默许后，方可记入记录表中。如果发现有超限现象，立即告诉观测者进行重测。

4. 严禁为了快出成果，转抄、照抄、涂改原始数据。记录的字迹要工整、整齐、清洁。

5. 四等水准测量记录表内"（　）"中的数，表示观测读数与计算的顺序。（1）~（8）为记录顺序，（9）~（18）为计算顺序。

6. 仪器前后尺视距一般不超过 80 m。

7. 双面水准尺每两根为一组，其中一根尺常数 $K_1 = 4.687$ m，另一根尺常数 $K_2 = 4.787$ m，两尺的红面读数相差 0.100 m（即 4.687 与 4.787 之差）。当第一测站前尺位置决定以后，两根尺要交替前进，即后变前，前变后，不能搞乱。在记录表中的方向及尺号栏内要写明尺号，在备注栏内写明相应尺号的 K 值。起点高程可采用假定高程，即设 $H_0 = 100.00$ m。

8. 四等水准测量记录计算比较复杂，要多想多练，步步校核，熟中取巧。

9. 四等水准测量在一个测站的观测顺序应为：后视黑面三丝读数，前视黑面三丝读数，前视红面中丝读数，后视红面中丝读数，称为"后—前—前—后"顺序。当沿土质坚实的路线进行测量时，也可以用"后—后—前—前"的观测顺序。

五、上交资料

记录计算表。

三、四等水准测量记录表

仪器及编号：　　　　　　观测者：　　　　　　记录者：　　　　　第　　页

测站编号	点号	后尺	下丝	前尺	下丝	方向及尺号	标尺读数/m		黑+K−红/mm）	平均高差/m	备注
			上丝		上丝		黑面	红面			
		后视距/m		前视距/m							
		视距差 d/m		视距累计差 $\sum d$ /m							
						后					
						前					
						后—前					
						后					
						前					
						后—前					
						后					
						前					
						后—前					
						后					
						前					
						后—前					
						后					
						前					
						后—前					
						后					
						前					
						后—前					
						后					
						前					
						后—前					
						后					
						前					
						后—前					

复核：

实训 2-5　建筑物高程放样

一、实训目的

掌握建筑施工中高程放样的基本方法。

二、实训设备

水准仪 1 台，水准仪脚架 1 个，水准尺 1 把，木桩若干，榔头 1 把。

三、实训步骤

1.　控制点的布设及放样要求

场地已知控制点 A 点的高程为 10.000 m。要求在地面两木桩 P_1、P_2 上分别标出设计地坪标高 H=10.150 m，并检核。

2.　建筑物地坪标高的放样

（1）将水准仪安置在 A 点与放样出的 P_1、P_2 四点之间距离大致相等处，整平水准仪；

（2）A 点木桩上立水准尺，并读数得 a，可求得水准仪视线高为 H_A+a，根据放样高程 H_P 可计算出放样数据 $b=H_A+a-H_P$；

（3）在 P_1 上靠木桩立水准尺，并上下移动水准尺，使水准尺读数刚好为 b，沿水准尺下端用铅笔在木桩上画水平线，此线即为需放样的设计地坪标高。按同样的方法依次在 P_2 的木桩上放样出设计地坪标高。

（4）用水准仪测量 P_1、P_2 两画线点间的高差。

四、注意事项

1.　必须保证足够的精度，并采用适当的方法消除系统误差。

2.　所有定位放样测量必须有可靠的校核方法。

五、上交资料

实验结束后将测量实验报告（含计算的放样元素）以小组为单位上交。

63

第 **3** 章

点的平面位置的确定

在地形图的测绘和工程勘察设计及施工放样中，都需要确定地面点的平面位置，即点的坐标。角度测量和距离测量是确定地面点平面位置的基本工作。确定点的平面位置的方法包括经纬仪和钢尺定点、全站仪定点、GPS 定点等。

知识目标

- 掌握点的角度和距离测量的原理及测量方法；
- 掌握经纬仪的构造和使用操作方法；
- 掌握导线测量的施测方法、测量成果评价分析及计算的方法。

技能目标

- 能依据现场条件布设导线控制点；
- 能按精度要求测得点的坐标；
- 能将施工图中点的平面位置测设到现场。

3.1 角度测量

角度测量是确定地面点位的基本测量工作之一，包括水平角测量和竖直角测量，进行角度测量的主要仪器是经纬仪和全站仪。测量得到的水平角用于求算点的平面位置，而竖直角用于计算高差或将倾斜距离换算为水平距离。

3.1.1 角度测量原理

1. 水平角测量原理

水平角是指相交的两地面直线在水平面上的投影之间的夹角，也就是过两条地面直线的铅垂面所夹的两面角，角值为 0°～360°。如图 3-1 所示，A、B、C 为地面三点，过 AB、BC 直线的竖直面，在水平面 P 上的交线 A_1B_1、B_1C_1 所夹的角 β，就是直线 AB 和 BC 之间的水平角。此两面角在两铅垂面交线 OB_1 上任意一点可进行量测。设想在竖线 OB_1 上的 O 点放置一个按顺时针注记的全圆量角器（称为度盘），使其中心正好在竖线 OB_1 上，并成水平状态。OA 竖直面与度盘的交线得一读数 a，OC 竖直面与度盘的交线得另一读数 b，则 b 减 a 就是圆心角 β，即 $\beta = b - a$，这个 β 就是这两条地面直线间的水平角。

依据水平角的测角原理，欲测出地面直线间的水平角，观测用的设备必须具备两个条件：

（1）须有一个与水平面平行的水平度盘，并要求该度盘的中心能通过操作与所测角度顶点处在一条铅垂线上；

（2）设备上要有个能瞄准目标点的望远镜，且要求该望远镜能上下、左右转动，在转动时还能在度盘上形成投影，并通过某种方式来获取对应的投影读数，以计算水平角。

经纬仪和全站仪便是按照此要求来设计和制造的，因而它们可以用来进行角度测量。使用仪器来测量角度时，首先通过对中操作将仪器安置于欲测角的顶点 B，再整平仪器，使水平度盘成水平，再利用望远镜依次照准观测目标 A、C，利用读数装置读取各自对应的水平读数，即可测得 A、B、C 三点在 B 点处形成的水平角 β。

2. 竖直角测量原理

竖直角是指同一竖直面内目标方向与一特定方向之间的夹角。其中，目标方向与水平线方向间的夹角称为高度角，也称竖角，一般用 α 表示。视线在水平线上方所构成的竖角为仰角，符号为正；视线在水平线下方所构成的竖角为俯角，符号为负，角值都是 0°～90°，如图 3-2 所示。另外一种是目标方向与天顶方向（即铅垂线的反方向）所构成的角，称为天顶距，一般用 z 表示，其大小从 0°～180°，没有负值。一般情况下，竖直角多指高度角。

依据竖直角的定义，测定竖直角也与测量水平角一样，其角值大小应是度盘上两个方向读数之差。所不同的是，在测量竖直角时，两个方向中有一个是确定的方向即水平线方向。由于其方向是确定的，因而在制作竖直度盘时，不管竖盘的注记方式如何，当视线水平时，都可以将水平线方向的竖盘读数注记为定值，一般为 90° 的整数倍。因此，在具体测量某一目标方向的竖直角时，只需对视线所指向的目标点照准并读取竖盘读数，即可计算出目标直线的竖直角。

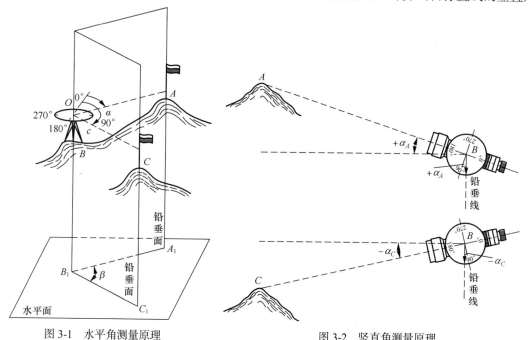

图 3-1　水平角测量原理　　　　　　　　　图 3-2　竖直角测量原理

3.1.2　经纬仪

1. DJ₆ 光学经纬仪的基本构造

经纬仪的基本结构如图 3-3 所示。

望远镜与竖盘相固连，安装在仪器的支架上，此部分通常称为仪器的照准部，属于仪器的上部结构。望远镜连同竖盘可绕横轴在竖直面内转动，望远镜的视准轴应与横轴垂直，且横轴应通过竖盘的刻划中心。照准部的竖轴（即仪器的旋转轴）插入仪器基座的轴套内，因而照准部可绕竖轴做水平旋转。照准部上有一个管水准器，其水准管轴与竖轴垂直，而与横轴平行。当水准气泡居中时，仪器的竖轴应在铅垂线方向，此时仪器处于整平状态。

水平度盘安置在水平度盘轴套外围，且不与仪器的中心旋转轴接触，此为仪器的中间部分。理论上，水平度盘平面应与竖轴垂直，竖轴应通过水平度盘的刻划中心。

仪器的照准部上安装有度盘读数设备，当望远镜经过旋转照准目标时，视准轴由一目标转到另一目标，这时读数指标所指的水平度盘数值的变化即为两目标直线间的水平角值。

仪器的下部为基座部分，主要起承托仪器的上部及与三脚架相连接的作用，以便于架设和使用仪器。

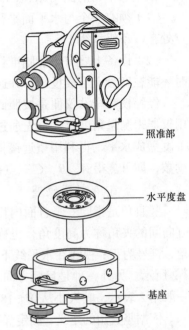

照准部

水平度盘

基座

图 3-3　经纬仪的基本结构

经纬仪的类型很多，国产经纬仪按测角精度分为 DJ₁、DJ₂、DJ₆ 几个等级。其中，字母 D、J 分别为"大地测量"和"经纬仪"汉语拼音的第一个字母，下标数字表示该仪器一测回方向观测中误差，即所能达到的精度指标，以角秒为单位，其数字越小，精度越高。

光学经纬仪是采用光学度盘，借助于光学放大和光学测微器读数的一种经纬仪。图 3-4 所示为北京博飞光学仪器厂生产的 DJ₆ 光学经纬仪。

光学经纬仪由基座、水平度盘和照准部三部分组成。

（1）基座

基座用于支撑整个仪器，利用中心螺旋将仪器紧固在三脚架上。基座上有 3 个脚螺旋、一个圆水准气泡，用来调平仪器。水平度盘旋转轴套套在竖轴套外围，拧紧轴套固定螺旋，可将仪器固定在基座上；旋松该螺旋，可将经纬仪水平度盘连同照准部从基座中拔出。经纬仪中心连接螺旋必须内空能透视，且有吊挂垂球装置，以便利用光学对中器或垂球进行仪器的对中。

（2）水平度盘构件

水平度盘部分主要由水平度盘、度盘变换手轮等组成。水平度盘由光学玻璃刻制而成，度盘全圆周顺时针刻画 0°～360°，最小分划值有 60′、30′、20′ 三种。

在水平角测角过程中，水平度盘固定不动，不随照准部转动。为了便于角度计算，在观测开始之前，通常将起始方向（称为零方向）的水平度盘读数配置为 0°左右，这就需要有控制水平度盘转动的部件。另外，改变水平度盘的初始读数即改变其位置，这也是多测回测量水平角以提高角度测量精度的有效措施。故仪器上设有控制水平度盘转动的装置，一般多采用水平度盘位置变换螺旋，也称转盘手轮（见图 3-4 中的"18"）。

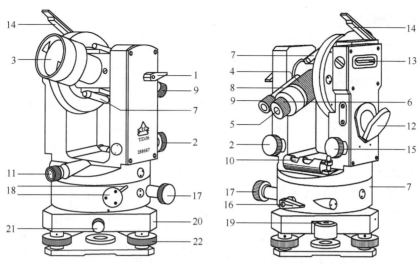

图 3-4 DJ₆光学经纬仪

1—望远镜制动螺旋；2—望远镜微动螺旋；3—物镜；4—物镜调焦螺旋；5—目镜；6—目镜调焦螺旋；

7—光学瞄准器；8—度盘读数显微镜；9—度盘读数显微镜调焦螺旋；10—照准部管水准器；

11—光学对中器；12—度盘照明反光镜；13—竖盘指标管水准器；14—竖盘指标管水准器观察反射镜；

15—竖盘指标管水准器微动螺旋；16—水平方向制动螺旋；17—水平方向微动螺旋；

18—水平度盘变换螺旋与保护卡；19—基座圆水准器；20—基座；21—轴套固定螺旋；22—脚螺旋

（3）照准部

照准部是指水平度盘之上，能绕其旋转轴旋转的全部部件的总称，它包括竖轴、U形支架、望远镜、横轴、竖直度盘、管水准器、竖盘指标管水准器和读数装置等。

照准部在水平方向的转动，由水平制动、水平微动螺旋控制；望远镜在纵向的转动，由望远镜制动、望远镜微动螺旋控制。

竖直度盘是由光学玻璃刻制而成，用来度量竖盘读数。竖盘指标管水准器的微倾运动由竖盘指标管水准器微动螺旋控制（新型的仪器已用竖盘指标自动补偿装置来代替此控制装置）。

照准部上的管水准器，用于精平仪器。

光学读数装置一般由读数显微镜、测微器以及光路中一系列光学棱镜和透镜组成，用来读取水平度盘和竖直度盘所测方向的读数。

光学对点器用来调节仪器，进行仪器的对中操作，使水平度盘中心与地面点处于同一铅垂线上。

2. DJ₆光学经纬仪的读数装置及读数方法

光学经纬仪的读数装置包括度盘、光路系统和测微器。

水平度盘和竖直度盘上的分划线，通过一系列棱镜和透镜成像显示在望远镜旁的读数显微镜内。DJ₆级光学经纬仪的读数装置可以分为测微尺读数和单平板玻璃读数两种。目前，国产 DJ₆级光学经纬仪一般用分微尺测微器读数装置，这是一种度盘分划值为 60′ 的测微器读数装置。所谓度盘分划值是指水平度盘上的相邻两最小分划线间的弧长所对应的圆心角，一般经纬仪上常用的基本度盘分划值有 60′、30′、20′ 三种，其中前两种用于 6″级仪器，而 20′ 的度盘则装配在 DJ₂型经纬仪上。

67

（1）测微尺读数装置

测微尺读数装置的光路图如图3-5所示。

注记有"水平"（有些仪器为"Hz"或"⊥"）字样窗口的像是水平度盘分划线及其测微尺的像，注记有"竖直"（有些仪器为"V"或"—"）字样窗口的像是竖直度盘分划线及其测微尺的影像。将水平玻璃度盘和竖直玻璃度盘均刻划平分为360格，每格的角度为1°，即度盘分划值为1°。测微尺有6个大格，每大格有10个小格，即测微尺共60个小格。度盘1°分划的间隔放大后投影在测微尺上的影像和测微尺等长，故测微尺每一小格代表1′。

（2）读数方法

读数前，先调节读数显微镜目镜，使度盘分划线和测微尺的影像清晰，并消除视差。读数时，以测微尺上的"0"分划线为读数指标，"度"数由落在测微器上的度盘分划线的注记读出，"分"数是测微尺的"0"分划线与落在测微尺上的度盘上分划线之间的小格数；"秒"数是估读该度盘分划线在测微尺上1小格的十分之几，十分之一即为0.1′或6″，所以以角秒值读数是6的整倍数。测微尺读数装置的读数误差为测微尺上一格的十分之一，即0.1′或6″。分、角秒数写足二位。

如图3-6所示的水平度盘读数为214°54′42″，竖直度盘读数为79°05′30″。

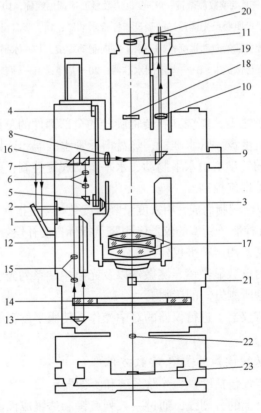

图3-5　DJ$_6$光学经纬仪光路图

1—度盘照明反光镜；2—度盘照明进光窗；3—度盘照明棱镜；4—竖盘；5—竖盘照准棱镜；6—竖盘显微镜；

7—竖盘反光镜；8—测微尺；9—竖盘读数反光棱镜；10—读数显微镜物镜；11—读数显微镜目镜；

12—水平度盘照明棱镜；13—水平度盘照准棱镜；14—水平度盘；15—水平度盘显微镜；

16—水平度盘反光棱镜；17—望远镜物镜；18—望远镜调焦透镜；19—十字丝分划板；

20—望远镜目镜；21—光学对点反光棱镜；22—光学对中器物镜；23—光学对中器保护玻璃

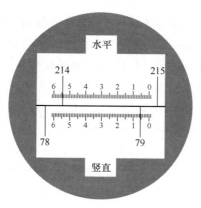

图 3-6　分微尺测微器读数窗口

3.1.3　DJ$_6$经纬仪的使用

经纬仪的使用包括：安置仪器、瞄准目标、调焦、水平度盘配置和读数等环节。

1. 经纬仪的安置

经纬仪的安置包括对中和整平。

对中的目的是使仪器水平度盘中心即仪器中心与测站点标志中心处于同一铅垂线上。对中的方式有垂球对中和光学对中两种。

整平的目的是使仪器的竖轴竖直，从而使水平度盘和横轴处于水平位置，竖直度盘位于铅垂平面内。整平分粗平和精平。粗平是通过伸缩脚架腿（或旋转脚螺旋）使圆水准气泡居中；精平是通过旋转脚螺旋使管水准在相互垂直的两个方向上气泡同时居中，气泡移动方向与左手大拇指旋转脚螺旋的方向一致。经纬仪的精平操作如图 3-7 所示。

69

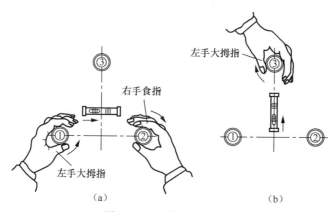

（a）　　　　　　　　　　（b）

图 3-7　经纬仪的精平操作

经纬仪安置的操作程序是：首先打开三脚架腿，调整好其长度使脚架高度适合于观测者的高度，并将三脚架张开适当的角度，安置在测站上，且使架头大致水平；然后，从仪器箱中取出经纬仪放置在三脚架头上，并使仪器基座中心基本对齐三脚架头的中心，旋紧连接螺旋后，即可进行对中、整平操作。

（1）使用垂球对中法安置经纬仪

将垂球挂在连接螺旋中心的挂钩上，调整垂球线长度使垂球尖略高于测站点，平移三脚架（应注意保持三脚架头面基本水平），使垂球尖大致对准测站点的中心，将三脚架的脚尖踩入土中，稍微旋松连接螺旋，双手扶住仪器基座，在架头上移动仪器，使垂球尖准确对准测站点后，再旋紧连接螺旋，使仪器稳固。如果在脚架头上移动仪器还无法准确对中，那就要调整三脚架的脚位。此时应注意先把仪器基座放回到移动范围的中心，旋紧中心连接螺旋，再调整脚架的脚位，当垂球尖与测站点中心相差不大时，可只移动一只架腿，同时要保持架头大致水平；若相差较大，则需移动两只架腿进行。垂球对中的误差应小于3 mm。

整平时，转动照准部，使水准管先平行于任意两个脚螺旋连线方向，然后两手同时向内或向外旋转这两个脚螺旋，使管水准气泡居中，再将照准部旋转90°，使水准管垂直于原先的位置，用第三个脚螺旋再使管水准气泡居中，即使仪器的管水准器在相互垂直的两个方向上均居中（见图 3-7）。注意，整平工作应反复进行，直到水准管气泡在任何方向都居中为止。

（2）使用光学对中法安置经纬仪

光学对中器是一种小型望远镜，它由保护玻璃、反光棱镜、物镜、物镜调焦镜、对中标志分划板和目镜组成，其光路图如图 3-8 所示。当照准部水平时，对中器的视线经棱镜折射后的一段成铅垂方向，且与竖轴中心重合。若地面标志中心与光学对中器分划板中心重合，说明竖轴中心已位于所测角度顶点的铅垂线上。使用光学对中器之前，应先旋转目镜调焦螺旋使对中标志分划板十分清晰，再旋转物镜调焦螺旋（有些仪器是拉伸光学对中器）看清地面的测点标志。用光学对中器可使对中误差小于 1 mm。

操作方法为：固定三脚架的一只架腿于适当位置作为支点，两手分别握住另外两只架腿，提起并做前后左右的微小移动；在移动的同时，从光学对中器中观察，使对中器的中心对准地面标志中心；然后，放下两架腿，固定于地面上。通过分别调节三脚架的三个架腿的伸缩（脚架支点位置不得移动），使仪器上的圆水准气泡居中（即使照准部大致水平），完成粗平操作。

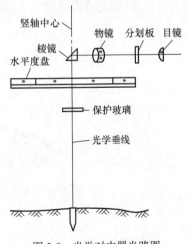

图 3-8　光学对中器光路图

照准部大致水平后，即可旋转脚螺旋，使管水准气泡在相互垂直的两个方向上同时居中。然后检查，若光学对中器十字丝已偏离标志中心，则松开连接螺旋，在架头上平移仪器基座（注意，不要有旋转运动），使对中标志准确对准测站点的中心后，拧紧连接螺旋。再检查整平是否已被破坏，若已被破坏则再用脚螺旋整平仪器。此两项操作应反复进行，直到水准管气泡在相互垂直的两个方向上同时居中且光学垂线仍对准测站标志中心为止。

2. 目标瞄准

瞄准是指望远镜十字丝交点精确照准目标。测角时的照准标志，一般是竖立于测点的标杆、测钎、用三根竹杆悬吊垂球的线或觇牌，如图 3-9 所示。测量水平角时，以望远镜的十字丝竖丝瞄准照准标志，如图 3-10 所示。

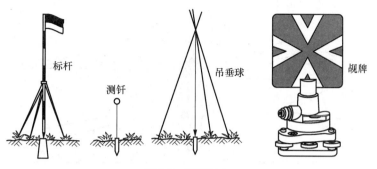

图 3-9　照准标志

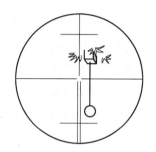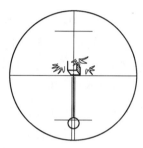

图 3-10　目标瞄准

望远镜瞄准目标的操作步骤如下：

① 目镜对光。松开望远镜制动螺旋和水平制动螺旋，将望远镜对向明亮的背景（如白墙、天空等，注意不要对向太阳），转动目镜调焦螺旋使十字丝清晰。

② 瞄准目标。用望远镜上的粗瞄器瞄准目标，旋紧制动螺旋，转动物镜调焦螺旋使目标清晰，旋转水平微动螺旋和望远镜微动螺旋，精确瞄准目标。可用十字丝纵丝的单线平分目标，也可用双线夹住目标，如图 3-10 所示。

3．读数与记录

瞄准目标后，即可读数。读数时先打开度盘照明反光镜，调整反光镜的开度和方向，使读数窗亮度适中，旋转读数显微镜的目镜，使刻划线清晰，然后读数。最后，将所读数据记录在角度观测手簿的相应位置。

3.1.4　水平角观测

1．水平角的测量方法

在角度观测中，为了消除仪器的某些误差，需要用盘左和盘右两个位置进行观测。

盘左又称正镜，是指观测者面对望远镜的目镜时，竖盘在望远镜的左侧；盘右又称倒镜，是指观测者面对望远镜的目镜时，竖盘在望远镜的右侧。习惯上，将盘左和盘右观测合称为一测回观测。

常用水平角观测方法有测回法和方向观测法。

（1）测回法

测回法仅适用于测站上观测两个方向形成的单角。如图 3-11 所示，在测站点 B，需要测出 BA、BC 两方向间的水平角 β，则操作步骤如下。

71

图 3-11　测回法测水平角

① 安置经纬仪于角度顶点 B，进行对中、整平，并在 A、C 两点立上照准标志。

② 将仪器置为盘左位。转动照准部，利用望远镜准星初步瞄准 A 点，旋紧水平制动螺旋，调节目镜和望远镜调焦螺旋，使十字丝和目标像均清晰，以消除视差。再用水平微动螺旋和竖直微动螺旋进行微调，直至十字丝纵丝照准目标。此时，打开换盘手轮进行度盘配置，将水平度盘的方向读数配置为 0°00′00″ 或稍大一点，读数 a_L 并记入记录手簿，如表 3-1 所示。松开制动螺旋，顺时针转动照准部，同上操作，照准目标 C 点，读数 c_L 并记入手簿。则盘左所测水平角为

$$\beta_L = c_L - a_L$$

③ 松开制动螺旋将仪器换为盘右位。先照准 C 目标，读数 c_R；再逆时针转动照准部，直至照准目标 A，读数 a_R，计算盘右水平角为

$$\beta_R = c_R - a_R$$

④ 计算一测回角度值。当上下半测回值之差在 ±40″ 内时，取两者的平均值作为角度测量值；若超过此限差值应重新观测。即一测回的水平角值为

$$\beta = \frac{\beta_L + \beta_R}{2}$$

当测角精度要求较高时，可以观测多个测回，取其平均值作为水平角测量的最后结果。为了减少度盘刻划不均匀所产生的误差，在进行不同测回观测角度时，应利用仪器上的换盘手轮装置来配置每测回的水平度盘起始读数，DJ_6 型仪器每个测回间应按 $180°/n$ 的角度间隔值变换水平度盘位置。例如：若某角度需测 4 个测回，则各测回开始时其水平度盘应分别设置成略大于 0°、45°、90° 和 135°。

表 3-1　测回法测水平角记录手簿

测站	目标	竖盘位置	水平度盘读数	半测回角值	一测回平均角值	各测回平均值
一测回 B	A	左	0°06′24″	111°39′54″	111°39′51″	111°39′52″
	C		111°46′18″			
	A	右	180°06′48″	111°39′48″		
	C		291°46′36″			
二测回 B	A	左	90°06′18″	111°39′48″	111°39′54″	
	C		201°46′06″			
	A	右	270°06′30″	111°40′00″		
	C		21°46′30″			

72

（2）方向观测法（全圆方向法）

当测站上的方向观测数在 3 个或 3 个以上时，一般采用方向观测法。

如图 3-12 所示，测站点为 O 点，观测方向有 A、B、C、D 四个。为测出各方向相互之间的角值，可用方向观测法先测出各方向值，再计算各角度值。

在 O 点安置经纬仪，盘左位置，瞄准第一个目标（在 A、B、C、D 四个目标中选择一个标志十分清晰且通视好的点作为零方向），此处选 A 作为第一目标，通常称为零方向，旋紧水平制动螺旋，转动水平微动螺旋精确瞄准，转动度盘变换器使水平度盘读数略大于 $0°$，再检查望远镜是否精确瞄准，然后读数。顺时针方向旋转照准部，依次照准 B、C、D 等点，最后闭合到零方向 A（这一步骤称为"归零"），所有读数依次序记在手簿中相应栏内（以 A 点方向为零方向的记录计算表格见表 3-2）。

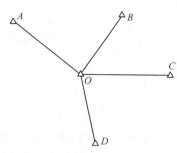

图 3-12　方向观测法（全圆方向法）

盘右位置，精确照准零方向，读数。再逆时针方向转动照准部，按上半测回的相反次序观测 D、C、B，最后观测至零方向 A（即归零）。同样，将各方向读数值记录在手簿中，如表 3-2 所示。

由于半测回中零方向有前、后两次读数，两次读数之差称为半测回归零差。若不超过限差规定，则取平均值得半测回零方向观测值，最后把两个半测回的平均值相加并取平均，即计算出一测回零方向的平均方向值，并记于手簿相应栏目，如表 3-2 中第 7 列的 $0°02'06''$。

为了便于以后的计算和比较，要把每测回的起始方向值（即零方向一测回平均值）改化成 $0°00'00''$，即得零方向的归零值为 $0°00'00''$。

取同一方向两个半测回归零后的平均值，即得每个方向一测回平均方向值。当观测了多个测回，还需计算各测回同一方向归零后方向值之差，称为各测回方向差。该值若在规定限差内，取各测回同一方向的方向值的平均值为该方向的各测回平均方向值，如表 3-2 中第 9 列的各方向值数据。

所需要的水平角可以由有关的两个方向观测值相减得到。

表 3-2　　　　　　　　　　方向观测法测水平角记录手簿

测站	测回数	目标	读数		$2C=左-（右±180°）$	平均读数 $=\frac{1}{2}$［左+（右±180°）］	归零后方向值	各测回归零方向值的平均值
			盘左	盘右				
1	2	3	4	5	6	7	8	9
O	1	A	$0°02'06''$	$180°02'00''$	$+6''$	（$0°02'06''$）		
		A				$0°02'03''$	$0°00'00''$	
		B	$51°15'42''$	$231°15'30''$	$+12''$	$51°15'36''$	$51°13'30''$	
		C	$131°54'12''$	$311°54'00''$	$+12''$	$131°54'06''$	$131°52'00''$	
		D	$182°02'24''$	$2°02'24''$	$0''$	$182°02'24''$	$182°00'18''$	
		A	$0°02'12''$	$180°02'06''$	$+6''$	$0°02'09''$		
O	2	A	$90°03'30''$	$270°03'24''$	$+6''$	（$90°03'32''$）		$0°00'00''$
		A				$90°03'27''$	$0°00'00''$	
		B	$141°17'00''$	$321°16'54''$	$+6''$	$141°16'57''$	$51°13'25''$	$51°13'28''$
		C	$221°55'42''$	$41°55'30''$	$+12''$	$221°55'36''$	$131°52'04''$	$131°52'02''$
		D	$272°04'00''$	$92°03'54''$	$+6''$	$272°03'57''$	$180°00'25''$	$182°00'22''$
		A	$90°03'36''$	$270°03'36''$	$0''$	$90°03'36''$		

73

按现行测量规范的规定，方向观测法的限差应符合表 3-3 的规定。

而在表 3-2 的计算中，两个测回的归零差分别为 6″和 12″，小于限差要求的 18″；B、C、D 三个方向值两测回较差分别为 5″、4″、7″，小于限差要求的 24″。故观测结果满足规范的要求。应注意：对 J_6 级光学经纬仪观测时不需计算 $2C$ 差，但若使用 J_2 级光学经纬仪观测，还需计算 $2C$ 值，计算公式为：$2C = L - (R \pm 180°)$。$2C$ 值是使用 J_2 级以上光学经纬仪进行观测时，其成果中的一个有限差规定的项目，但它不是以 $2C$ 的绝对值的大小作为是否超限的标准，而是以各个方向的 $2C$ 的变化值（即最大值与最小值之差）作为是否超限的标准。

表 3-3	方向观测法的技术要求		
经纬仪型号	半测回归零差	一测回内 2C 互差	同一方向值各测回互差
DJ$_2$	12″	18″	12″
DJ$_6$	18″	—	24″

2. 水平角的测设方法

水平角测设的任务是，根据地面已有的一个已知方向，将设计角度的另一个方向测设到地面上。水平角测设的仪器是经纬仪或全站仪。

（1）正倒镜分中法

如图 3-13 所示，设地面上已有 AB 方向，要在 A 点以 AB 为起始方向，向右侧测设出设计的水平角 β。将经纬仪（或全站仪）安置在 A 点后，其测设工作步骤如下。

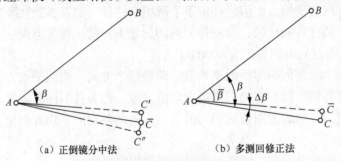

（a）正倒镜分中法　　　　（b）多测回修正法

图 3-13　水平角的测设方法

首先，盘左瞄准 B 点，将水平度盘置零，松开制动螺旋，顺时针转动仪器，当水平度盘读数约为 β 时，制动照准部，旋转水平微动螺旋，使水平度盘读数准确对准 β，在视线方向上定出 C' 点。

然后，倒转望远镜成盘右位置，瞄准 B 点，按相同的操作方法定出 C''；取 C'、C'' 的中点为 $\overline{C}$，则 $\angle BA\overline{C}$ 即为所测设的角。

（2）多测回修正法

先用正倒镜分中法测设出 $\overline{\beta}$ 角定出 $\overline{C}$ 点。然后用多测回法测量 $\angle BA\overline{C}$（一般 2～3 测回），设角度观测的平均值为 β'，则其与设计角值 β 的差 $\Delta\beta = \beta' - \beta$（$\Delta\beta$ 以秒为单位），如果 $A\overline{C}$ 的水平距离为 D，则 $\overline{C}$ 点偏离正确点位 C 的距离为 $C\overline{C} = D\tan\Delta\beta = D \times \dfrac{\Delta\beta''}{\rho''}$，式中 $\rho = 206265″$。

在图 7-1 中，假若 D 为 123.456m，$\Delta\beta = -12″$，则 $C\overline{C} = 7.2\,\text{mm}$。因 $\Delta\beta < 0$，说明测设

的角度小于设计的角度，所以应对其进行调整。此时，可用小三角板从 $\overline{C}$ 点起，沿垂直于 $A\overline{C}$ 方向的垂线向外量 7.2 mm 定出 C 点，则 $\angle BAC$ 即为最终测设的 β 角度。

3．水平角观测的注意事项

（1）仪器高度要与观测者的身高相适应；三脚架要踩实，仪器与脚架连接要牢固，操作仪器时不要用手扶三脚架；转动照准部和望远镜之前，应先松开制动螺旋，使用各种螺旋时用力要轻。

（2）精确对中，特别是对短边测角，对中要求应更严格。

（3）当观测目标间高低相差较大时，更应注意仪器整平。

（4）照准标志要竖直，尽可能用十字丝交点（如无交点用纵丝）瞄准标杆或测钎底部。

（5）记录要清楚，应当场计算，发现错误，立即重测。

（6）一测回水平角观测过程中，不得再调整照准部管水准气泡或改变度盘位置。如气泡偏离中央超过两格时，应重新对中与整平仪器，重新观测。

3.1.5　竖直角观测

1．竖直角的用途

竖直角主要用于将观测的倾斜距离换算为水平距离或计算三角高程。

（1）倾斜距离换算为水平距离

如图 3-14 所示，测得 A、B 两点间的斜距 S 和竖直角 α，则其两点间的水平距离 D 为

$$D = S\cos\alpha \tag{3-1}$$

（2）计算三角高程

如图 3-15 所示，当用水准测量方法测定 A、B 两点间的高差 h_{AB} 有困难时，可以利用图中测得的斜距 S、竖直角 α、仪器高 i、目标高 v，按公式（3-2）计算出高差 h_{AB} 为

$$h_{AB} = S\sin\alpha + i - v \tag{3-2}$$

当已知 A 点的高程 H_A 时，则 B 点的高程 H_B 为

$$H_B = H_A + H_{AB} = H_A + S\sin\alpha + i - v \tag{3-3}$$

三角高程测量方法是一种很实用的高程测量方法，特别是在山地、丘陵地区，工作起来极为方便，现在测量工作中大量使用全站仪，更显得此种测量方法的重要性和实用性。

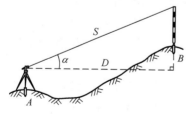

图 3-14　水平距离的计算

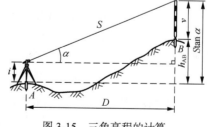

图 3-15　三角高程的计算

2．竖盘的构造

如图 3-16 所示，经纬仪竖盘安装在望远镜横轴一端并与望远镜连接在一起，竖盘随望远镜一起绕横轴旋转，且竖盘面垂直于横轴。

竖盘读数指标与其读数指标管水准器（或竖盘指标自动补偿装置）连接在一起，旋转竖

75

盘管水准器微动螺旋将带动竖盘指标管水准器和竖盘读数指标一起做微小的转动。

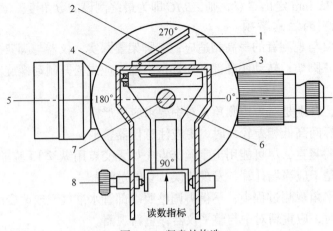

图 3-16　竖盘的构造

1—竖直度盘；2—竖盘指标管水准器反射镜；3—竖盘指标管水准器；4—竖盘指标管水准器校正螺丝；

5—望远镜视准轴；6—竖盘指标管水准器支架；7—横轴；8—竖盘指标管水准器微动螺旋

竖盘的注记形式分顺时针和逆时针注记两种，0°～360°全圆注记。注记形式不同，由竖盘读数计算竖直角的公式也不同，但其基本原理是一样的。

3. 竖直角和指标差的计算公式

竖直角（竖角）是同一竖直面内目标方向与水平方向间的夹角。所以要观测竖直角，必然与观测水平角一样，也是两个方向读数之差。当视线水平时，无论盘左还是盘右，其竖盘读数是一定值，正常状态应该是 90°的倍数。所以测竖直角时只需对视线指向的目标进行读数。

计算竖直角的公式无非是两个方向读数之差，但需要考虑的是究竟哪个读数是减数哪个读数是被减数，以及视线水平时的读数是多少。

将望远镜放在大致水平位置，观察竖盘读数，然后将望远镜逐渐上仰，观察读数是增加还是减少。因为仰角为正值，即可确定竖直角计算的一般公式。即

当上仰望远镜竖盘读数增加，竖直角α=瞄准目标时竖盘读数–视线水平时竖盘读数。

当上仰望远镜竖盘读数减少，竖直角α=视线水平时竖盘读数–瞄准目标时竖盘读数。

现以常用的 J_6 光学经纬仪顺时针方向的竖盘注记为例来介绍其计算公式。

如图 3-17（a）所示，望远镜位于盘左位置，当视线水平且竖盘指标管水准气泡居中时，读数窗中的竖盘读数为 90°；当望远镜抬高一个角度 α 照准目标，竖盘指标管水准气泡居中时，竖盘读数减少为 L，则盘左观测的竖角为：$\alpha_L = 90° - L$。

如图 3-17（b）所示，纵转望远镜成盘右位置，当视线水平，且竖盘指标管水准气泡居中时，读数窗中的竖盘读数为 270°；当望远镜抬高一个角度 α 照准目标，竖盘指标管水准气泡居中时，竖盘读数增加为 R，则盘右观测的竖角为：$\alpha_R = R - 270°$。

将盘左、盘右观测得到的竖角 α_L 和 α_R 取平均值，即得此种竖盘注记形式下竖角 α 为

$$\alpha = \frac{1}{2}(\alpha_L + \alpha_R) = \frac{1}{2}\big[(R - L) - 180°\big] \tag{3-4}$$

由上式计算出的值为正时，α 为仰角；为负时，α 为俯角。

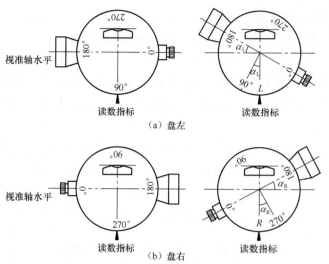

（a）盘左

（b）盘右

图 3-17　竖直角（高度角）计算

当望远镜成视线水平状态，且竖盘指标管水准气泡居中时，读数窗中的竖盘读数为 90°的整倍数。但实际上这个条件有时不满足，这是因为竖盘指标偏离了正确位置，使得在望远镜视线水平且竖盘指标管水准气泡居中的情形下，读数窗中的竖盘读数相对于 90° 的倍数有一个小的角度偏差 x（见图 3-18），x 称为竖盘指标差。设所测竖角的正确值为 α，则考虑指标差 x 的竖角计算公式为

$$\alpha = 90^\circ + x - L = \alpha_L + x$$
$$\alpha = R - (270^\circ + x) = \alpha_R - x$$

上两式相减，即可计算出指标差 x 为

$$x = \frac{1}{2}(\alpha_L - \alpha_R) = \frac{1}{2}\left[(R + L) - 180^\circ\right] \tag{3-5}$$

取盘左与盘右所测竖角的平均值，即可得到消除了指标差 x 的竖角 α。但对 J_6 经纬仪而言，其指标差 x 变化允许值不得大于 $25''$。

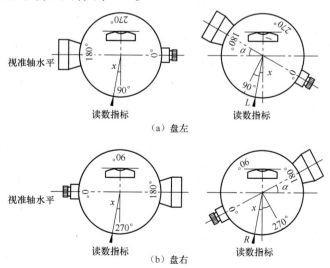

（a）盘左

（b）盘右

图 3-18　有指标差 x 的竖角计算

4. 竖直角的观测、记录与计算

竖直角观测须用横丝瞄准目标。竖直角观测的操作程序如下。

（1）在测站点上安置好经纬仪，对中、整平。

（2）盘左瞄准目标，使十字丝横丝切于目标，旋转竖盘指标管水准器微动螺旋，使竖盘指标管水准气泡居中，读取竖直度盘读数。将数据记录于观测手簿，计算盘左竖角为

$$\alpha_L = 90° - L$$

（3）盘右瞄准目标，使十字丝横丝切于目标同一位置，旋转竖盘指标管水准器微动螺旋，使竖盘指标管水准气泡居中，读取竖直度盘读数。将数据记录于观测手簿，计算盘右竖角为

$$\alpha_R = R - 270°$$

（4）当指标差 x 变化值在规定的限差内时，计算竖角的一测回值为

$$\alpha = \frac{1}{2}(\alpha_L + \alpha_R) = \frac{1}{2}\big[(R - L) - 180°\big]$$

竖直角的记录计算如表 3-4 所示。

表 3-4 竖直角观测手簿

测站	目标	竖盘位置	竖盘读数	半测回竖直角	指标差	一测回竖直角
A	B	左	81°18′42″	+8°41′18″	+6	8°41′24″
		右	278°41′30″	+8°41′30″		
	C	左	124°03′30″	−34°03′30″	+12	−34°03′18″
		右	235°56′54″	−34°03′06″		

3.1.6 经纬仪的检验与校正

1. 经纬仪的水平角观测要求和应满足的几何条件

（1）水平角观测对经纬仪的要求

从测角原理及仪器构造来看，要使所测的角度达到规定的精度，经纬仪的主要轴线和平面之间，务必满足水平角观测所提出的条件。如图 3-19 所示，经纬仪的主要轴线有：视准轴（CC）、照准部水准管轴（LL）、竖轴（VV）和横轴（HH）。此外还有望远镜的十字丝横丝。根据水平角的定义，仪器在水平角测量时应满足：

① 竖轴必须竖直；

② 水平度盘必须水平，其度盘分划中心应在竖轴上；

③ 望远镜上下转动时，视准轴形成的视准面必须是竖直面。

（2）经纬仪满足的几何条件

基于以上对仪器的要求，仪器厂在装配仪器时，已将水平度盘与竖轴安装成相互垂直关系，因而只要竖轴竖直，水平度盘即可水平。而竖轴的竖直是利用照准部的管水准器气泡居中，即水准管轴水平来实现的。所以，上述要求

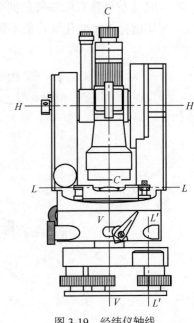

图 3-19 经纬仪轴线

①和要求②可由照准部水准管轴应与竖轴垂直来保证。

对视准面必须竖直的要求，实际上是由两个条件来保证的：首先，视准面必须是平面，这要求视准轴应垂直于横轴；其次，该平面必须是竖直平面，这要求横轴还必须水平，横轴必须垂直于竖轴。

综上所述，经纬仪理论上应满足如下条件：

① 照准部水准管轴应垂直于竖轴；

② 视准轴应垂直于横轴；

③ 横轴应垂直于竖轴；

④ 用以瞄准的十字丝竖丝应垂直于横轴；

⑤ 当竖直度盘指标水准管气泡居中时，若视线水平，其水平方向的竖盘读数应为90°的整数倍，即在观测竖角时，竖盘指标差应在规定的范围内。

除此之外，为了保证光学对中的精度，还应满足光学对中器的视准轴应与竖轴重合的条件。

2. 经纬仪的检验与校正方法

由于仪器在长期的使用和搬运过程中，其轴系间的关系会发生变动，因此，在正常作业进行角度观测之前，务必查明仪器各轴系是否满足上述条件，若不满足则应通过调校使其满足。前一工作称为仪器检验，后一工作称为仪器校正。需进行的检验和校正工作如下。

（1）照准部水准管轴应垂直于竖轴的检验和校正

① 检验。首先将仪器大致整平，旋转照准部使其水准管与任意两个脚螺旋的连线平行，调整这两个脚螺旋使气泡居中，然后将照准部旋转180°，若气泡仍然居中，则说明该项条件满足，否则应进行仪器校正。

水准管检验原理如图 3-20 所示。若水准管轴与竖轴不垂直，倾斜了 α 角，当气泡居中时竖轴也就倾斜了 α 角，如图 3-20（a）所示。

照准部旋转180°之后，仪器竖轴方向不变，如图 3-20（b）所示。可见，此时水准管轴与水平线夹角为 2α，即气泡偏离正中的格数反映的是 2α 角。

② 校正。当条件不满足时，仪器应校正。校正的目的是使水准管轴与竖轴垂直。如图 3-20（c）所示，校正时先用校正针拨动水准管一端的校正螺钉，使气泡向正中间位置退回一半；然后，再用脚螺旋使气泡居中即可，如图 3-20（d）所示。此检验和校正须反复进行，直到满足条件为止。

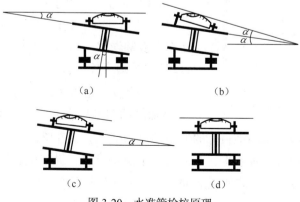

（a）　　　　　　　　　　（b）

（c）　　　　　　　　　　（d）

图 3-20　水准管检校原理

（2）十字丝竖丝应垂直于横轴的检验和校正

① 检验。用十字丝竖丝精确瞄准远处一清晰目标点，旋转望远镜微动螺旋，使望远镜绕横轴上下转动，若小点始终在竖丝上移动则条件满足，否则应进行校正。

② 校正。校正时，卸下目镜端的十字丝分划板护罩，松开 4 个压环螺钉（见图 3-21），缓慢转动十字丝，直到望远镜微动螺旋旋动时，小点始终在十字丝竖丝上移动为止。最后应旋紧 4 个压环螺钉，并盖上分划板护罩。

图 3-21　十字丝分划板

（3）视准轴应垂直于横轴的检验和校正

视准轴不垂直于横轴时，其偏离垂直位置的角值 C 称为视准轴误差或照准差。视准轴误差 C 对水平位置目标的影响 $x_C = C$，且盘左、盘右的 x_C 绝对值相等而符号相反，此时横轴不水平的影响 $x_i = 0$。虽然取盘左、盘右观测值的平均值可以消除同一方向观测的照准差，但 C 过大不便于方向值的计算。所以，对 J_6 经纬仪而言，若 C 误差的绝对值不超过 $\pm 10''$，则认为视准轴垂直于横轴的条件是满足的，否则应进行校正。其检验和校正的方法如下。

① 检验。如图 3-22 所示，在一平坦场地上，选择相距约 100 m 的 A、B 两点，安置仪器于 AB 连线的中点 O，在 A 点设置一个与仪器高度相等的标志，在 B 点与仪器高度相等的位置横置一把刻有 mm 分划的直尺，并使其垂直于直线 AB。先盘左瞄准 A 点标志，固定照准部，然后倒转望远镜，在 B 尺上读得读数为 B_1，如图 3-22（a）所示；再盘右瞄准 A 点标志，固定照准部，然后倒转望远镜，在 B 尺上读得读数为 B_2，如图 3-22（b）所示。若 $B_1 = B_2$，说明视准轴垂直于横轴，否则应校正仪器。

② 校正。校正时，由 B_2 点向 B_1 点量取 B_1B_2 长度的 1/4 得到 B_3 点，此时 OB_3 便垂直于横轴 HH，如图 3-22（b）所示，用校正针拨动位于十字丝环左右两侧的一对校正螺钉（见图 3-21），先松开其中一个校正螺丝，后拧紧另一个校正螺丝，使十字丝交点与 B_3 重合。完成校正后，应重复上述的检验操作，直至满足要求为止。

（4）横轴应垂直于竖轴的检验和校正

横轴不垂直于竖轴时，其偏离垂直位置的角值 i 称为横轴误差。对 J_6 经纬仪而言，i 角不应超过 $\pm 20''$，否则应校正。

① 检验。如图 3-23 所示，在一面高墙上固定一个清晰的照准标志 P，在距离墙面约 $20 \sim 30$ m 的位置安置经纬仪（一般要求瞄准目标的仰角超过 $30°$），盘左瞄准 P 点，固定照准部，然后旋转望远镜微动螺旋使视准轴水平，在墙面上定出一点 P_1；纵转望远镜使其为盘右位，瞄准 P 点，然后旋转望远镜微动螺旋使视准轴水平，在墙面上定出一点 P_2。量取 P_1P_2 的距离为 S，量取测站至 P 点的水平距离为 D，并用经纬仪观测 P 点的竖直角一测回，其值为 α。则可依据公式计算出横轴误差 i 为

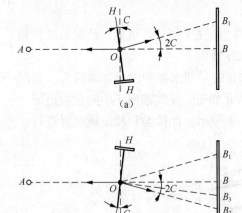

图 3-22　视准轴应垂直于横轴的检验

$$i = \frac{S \cot \alpha}{2D} \rho'' \qquad (3\text{-}6)$$

若计算出的 i 角超过 $\pm 20''$，则必须对仪器进行校正。

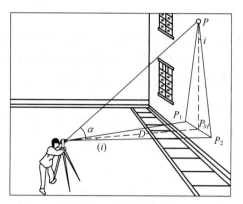

图 3-23　经纬仪横轴检验

② 校正。打开仪器的支架护盖，调整偏心轴承环，抬高或降低横轴一端使 $i = 0$。该项校正需要在无尘的室内环境中，使用专用的平行光管进行操作，当用户不具备此条件时，一般交专业维修人员校正。

（5）竖盘指标差的检验和校正

① 检验。安置好仪器，用盘左、盘右观测某个清晰目标的竖直角一测回（注意：每次读数之前，务必使竖盘指标水准管气泡居中，或打开竖盘指标自动归零补偿器进行补偿），计算出指标差 x 为：$x = \frac{1}{2}(\alpha_R - \alpha_L) = \frac{1}{2}\left[(R + L) - 180°\right]$。

若指标差 x 超过规定的限差则应校正。对 J_6 经纬仪而言，其指标差 x 变化允许值不得大于 $25''$。

② 校正。校正时，先计算出消除了指标差 x 的盘右的竖盘读数为 $R - x$，然后旋转竖盘指标水准管微动螺旋，使竖盘读数为 $R - x$，此时，竖盘指标水准管气泡必不居中，用校正针拨动竖盘指标管水准器的校正螺丝，使气泡居中。该项校正应反复进行，直至达到规定的限差要求。

（6）光学对中器的检验和校正

① 检验。在地面上放置一张白纸，在白纸上画一十字形的标志 P，以 P 点为对中标志，安置好经纬仪，将照准部旋转 $180°$，如果 P 点的像偏离了对中器分划板中心而对准了 P 点旁边的另一点 P'，则说明对中器的视准轴与竖轴不重合，需要校正。

② 校正。校正时，用直尺在白纸上定出 P、P' 两点的中心 O，转动对中器的校正螺丝使对中器分划板的中心对准 O 点。如图 3-24 所示为位于照准部支架间的圆形护盖下的校正螺丝，松开护盖上的两颗固定螺丝，取下护盖即可看见校正螺丝。调节螺丝 2 可使分划圈中心前后移动，调节螺丝 1 可使分划圈中心左右移动。调整时，直至分划圈中心与 P 点

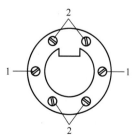

图 3-24　光学对中器的校正螺丝

重合为止。

3.2　距离测量

地面上两点间的距离是指这两点沿铅垂线方向在大地水准面上投影点间的弧长。在测区面积不大的情况下，可用水平面代替水准面。两点间连线投影在水平面上的长度称为水平距离。不在同一水平面上两点间连线的长度称为两点间的倾斜距离。

测量地面两点间的水平距离是确定地面点位的基本测量工作之一。距离测量的方法有多种，常用的方法有钢尺量距、视距测量、光电测距等。可根据不同的测距精度要求和作业条件选用适当测距方法。

3.2.1　钢尺量距

普通钢尺量距在施工测量中应用普遍。钢尺量距是用钢卷尺沿地面直接丈量地面两点间的距离。钢尺量距简单，经济实惠，但工作量大，受地形条件限制，适合于平坦地区的距离测量。钢尺抗拉强度高，不易拉伸，所以量距精度较高，钢尺量距常用的测量工具和设备有钢尺、标杆、测钎和垂球等。

3.2.1.1　钢尺量距的工具

1. 钢尺

钢尺是用薄钢片制成的带状尺，可卷入金属圆盒内，故又称钢卷尺。尺宽约 10～15 mm，长度有 20 m、30 m 和 50 m 等几种，卷放在金属架上或圆形盒内。钢尺按零点位置不同分为端点尺和刻线尺。端点尺（见图 3-25（a））尺长的零点是以尺的最外端起始，此种类型的钢尺从建筑物的竖直面接触量起较为方便；刻线尺（见图 3-25（b））是以尺上第一条分划线作为尺子的零点，此种尺丈量时用零点分划线对准丈量的起始点位较为准确、方便。由于钢尺的零线不一致，使用时必须注意钢尺的零点位置。

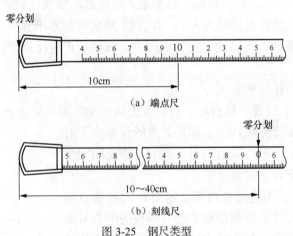

图 3-25　钢尺类型

有的钢尺基本分划为 cm，适用于一般量距；有的钢尺基本分划为 mm，适用于较精密的量距。精密的钢尺制造时有规定的温度和拉力，如在尺端标有 30 m、20°、100 N 的字样，这表明在规定的标准温度和拉力条件下，该钢尺的标准长度是 30 m。钢尺一般用于精度较高的距离测量工作。由于钢尺较薄，性脆易折，应防止打结和车轮碾压。钢尺受潮易生锈，应防雨淋、水浸。

2．测钎

测钎一般用长 25 ~ 35 mm、直径为 3 ~ 4 mm 的粗铁丝制成（见图 3-26（a）），一端卷成小圆环，便于套在另一铁环内，以 6 根或 11 根为一串，另一端磨削成尖锥状，以便插入地里。测钎主要用来标定整尺端点位置和计量丈量的整尺数。

3．标杆

标杆又称花杆，标杆多数用圆木或金属杆制成。全长 2 ~ 3 m，杆上涂以红、白相间的两色油漆，间隔长为 20 cm（见图 3-26（b））。杆的下端有铁制的锥尖，以便插入土地内，作为测量照准标志。

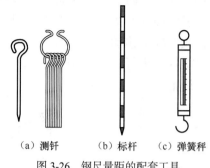

（a）测钎　　（b）标杆　　（c）弹簧秤

图 3-26　钢尺量距的配套工具

4．垂球

垂球也称线垂，为铁制圆锥状。距离丈量时利用其吊线为铅垂线的特性，用于铅垂投点位及对点、标点。此外，在精密丈量距离时，还需用到温度计、弹簧秤（见图 3-26（c））等工具。

3.2.1.2　普通钢尺量距方法

1．直线定线

两个地面点之间的距离较长或地势起伏较大时，为能沿着直线方向进行距离丈量工作，需在直线方向线上标定若干个点，它既能标定直线，又可作为分段丈量的依据，这种在直线方向上标定点位的工作称为直线定线。直线定线根据精度要求的不同，可分为标杆定线、细绳定线和经纬仪定线。

（1）标杆定线（又称目估定线）

标杆定线如图 3-27 所示，A、B 为地面上待测距离的两个端点，为进行钢尺量距，须在 AB 直线上定出 1、2 等点。先在 A、B 两点竖立标杆，甲站在 A 点标杆后约 1 m 处，用眼自 A 点标杆的一侧照准 B 点标杆的同一侧形成视线，乙按甲的指挥左右移动标杆，当标杆的同一侧移入甲的视线时，乙在标杆处插上测钎即为 1 点。用相同的方法可定出其余各点。直线定线一般应由远到近，即先定点 1，再定点 2，如果需将 AB 直线延长，也可按上述方法将 1、2 等点定在 AB 的延长线上。定线两点之间的距离要稍小于一整尺长，此项工作一般与丈量同时进行，即边定线边丈量。

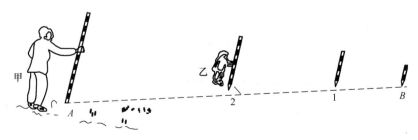

图 3-27　标杆定线

83

（2）经纬仪定线

经纬仪定线如图 3-28 所示，欲在 AB 直线上定出 1、2 等点，可利用经纬仪形成地面直线视线方向，并在地面上投出中间点得到。甲在 A 点安置经纬仪，对中、整平后，用望远镜照准 B 点处竖立的标志，固定仪器照准部，将望远镜向下俯视，指挥乙手持标志（测钎或标杆）移动，当标志与十字丝竖丝重合时，在标志位置进行标记，得定线点 1。只需将望远镜进行俯、仰角度变化，即可向近处或远处投得其他各点位，且使投测的点均在 AB 直线上。

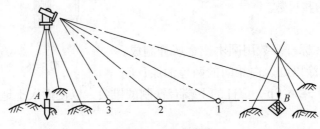

图 3-28　经纬仪定线

2．普通钢尺量距方法

（1）平坦地面的距离测量

① 量距方法。如图 3-29 所示，欲测量 A、B 两点之间的水平距离，应先在 A、B 外侧各竖立一根标杆，作为丈量时定线的依据，清除直线上的障碍物以后，即可开始丈量。丈量工作一般由两人进行，后尺手持钢尺零端，站在 A 点处，前尺手持钢尺末端并携带一组测钎沿丈量方向（AB 方向）前进，行至刚好为一整尺长处停下，拉紧钢尺。后尺手用手势指挥前尺手持尺左、右移动，使钢尺位于 AB 直线方向上。然后，后尺手将尺的零点对准 A 点，当两人同时将钢尺拉紧、拉稳时，后尺手发出"预备"口令，此时前尺手在尺的末端刻划线处，竖直地插下一测钎，并喊"好"，即量完了第一个整尺段。接着，前、后两尺手将尺举起前进，同法，量出第二个整尺段，依次继续丈量下去，直至最后不足一整尺段的长度（称为余长，一般记为 q）为止。丈量余长时，前尺手将尺上某一整数分划对准 B 点，由后尺手对准第 n 个测钎点，并从尺上读出读数，两数相减，即可求得不足一尺段的余长，则 A、B 两点之间的水平距离为

$$D_{AB}=n \times l + q \qquad (3\text{-}7)$$

式中，n 为整尺段数；l 为整尺的名义长度；q 为余长。

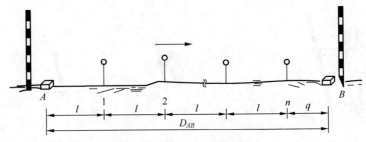

图 3-29　平坦地面的距离测量

② 量距精度评定。为了防止错误和保证量距精度，应对量测的直线进行往返丈量。由 A 点量至 B 点称为往测，由 B 点量至 A 点称为返测，往返丈量长度较差与平均长度之比称为相对误差 k，通常把 k 化为一个分子为 1 的分数，以此来衡量距离丈量的精度。计算公式如下。

$$\overline{D} = \frac{1}{2}(D_往 + D_返)，\quad \Delta D = \left| D_往 - D_返 \right|$$

则

$$k = \frac{\Delta D}{\overline{D}} = \frac{1}{M} \tag{3-8}$$

式中，$M = \overline{D} \big/ \Delta D$。

一般情况下，在平坦地区进行钢尺量距，其相对误差不应超过 1/3 000；在量距困难的地区，相对误差也不应大于 1/1 000。若符合要求，则取往返测量的平均长度作为观测结果。若超过该范围，应分析原因，重新进行测量。

例如，测量 AB 直线，其往测值为 136.392 m，返测结果为 136.425 m，则其往返测较差为 $\Delta D = | D_往 - D_返 | = 0.033$ m，平均距离为 136.409 m。量距精度为

$$k = \frac{0.033}{136.409} \approx \frac{1}{4\ 143} \quad （满足精度要求）$$

钢尺量距记录如表 3-5 所示。

表 3-5　　　　　　　　　　　　　普通钢尺量距记录手簿

钢尺长度：$l = 30$ m　日期：2005 年 11 月 18 日　　组长：

直线编号	测量方向	整尺段长 $n \times l$	余长 q	全长 D	往返平均数	精度（k 值）	备注
AB	往	4×30	16.392	136.392	136.409	1/4 134	
	返	4×30	16.425	136.425			
BC	往	3×30	5.123	95.123	95.149	1/1 830	相对误差超限，重测
	返	3×30	5.175	95.175			
CD	往	3×30	5.169	95.169	95.176	1/7 321	
	返	3×30	5.182	95.182			

（2）倾斜地面的距离测量

如果 A、B 两点间有较大的高差，但地面坡度比较均匀，大致成一倾斜面，如图 3-30 所示，可沿地面直接丈量倾斜距离 L，并测定其倾角 α 或两点间的高差 h，从而可计算出直线的水平距离为

$$D = L\cos\alpha \quad 或 \quad D = \sqrt{L^2 - h^2} \tag{3-9}$$

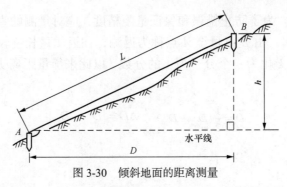

图 3-30　倾斜地面的距离测量

（3）水平距离的测设

水平距离测设的任务是，将设计距离测设在已测设好的方向上，并定出满足要求的设计点位。测设的工具一般是钢尺、测距仪或全站仪。

① 一般方法

在地面上由已知点 A 开始，沿给定方向，用钢尺量出已知水平距离 D 定出 B 点。为了校核与提高测设精度，在起点 A 处改变读数，按同法量出已知距离 D 定出 B' 点。由于量距有误差，B 与 B' 两点一般不重合，其相对误差在允许范围内时，则取两点的中点作为最终位置。

② 精密方法

当水平距离的测设精度要求较高时，按照上面的一般方法测设出的水平距离还应再加上尺长、温度和倾斜三项改正。也就是说，所测设的水平距离的名义长度 D'，加上尺长改正 ΔD_d、温度改正 ΔD_t 和高差倾斜改正 ΔD_h 后应等于设计水平距离 D。故在精密测设水平距离时，应根据设计水平距离计算出应测设的名义距离，便可在实地定出水平距离来。

【例 3-1】在图 3-31 所示的倾斜地面上，需要沿 AC 方向使用 30 m 的钢尺，测设水平长度为 58.692 m 的一段距离以定出 C_0 点。设所用钢尺的尺长方程式为

$$l_t = l_0 + \Delta l + \alpha(t - t_0)l_0 = 30 + 3.0 + 0.375(t - 20)$$

式中，l_t 为钢尺在温度 t 时的实长；l_0 为钢尺名义长度，单位为 m；Δl 为钢尺在温度 t_0 时检定所得的尺长改正数，单位为 mm；α 为钢尺的膨胀系数，其值常取 $0.0\,000\,125/1℃$；t 为钢尺量距时的温度；t_0 为钢尺检定时的温度，一般为 20℃。

A、C_0 两点的高差 $h = 1.200\,m$，测设时的温度为 $t = 8℃$，试计算使用此把钢尺进行测设，在 AC 方向上沿倾斜地面应量出的名义长度是多少？

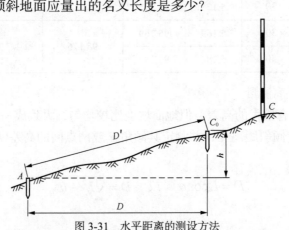

图 3-31　水平距离的测设方法

解：首先计算出在测设时应产生的三差改正数分别为

尺长改正：$\Delta D_d = D \times \dfrac{\Delta l}{l_0} = 58.692 \times \dfrac{0.003}{30} = 0.006\ \text{m}$

温度改正：$\Delta D_t = 0.375 \times 10^{-3}(8-20) \times \dfrac{58.692}{30} = -0.009\ \text{m}$

倾斜改正：$\Delta D_h = -\dfrac{h^2}{2D} = -\dfrac{1.2^2}{2 \times 58.692} = -0.012\ \text{m}$

则实地应量出的名义长度为

$$D' = D - \Delta D_d - \Delta D_t - \Delta D_h = 58.692 - 0.006 + 0.009 + 0.012 = 58.707\ \text{m}$$

故实地测设时，在 AC 方向上，从 A 点沿倾斜地面量距离 58.707 m，即可定出 C_0 点，此时 A、C_0 两点的水平距离即为 58.692 m。

（4）普通钢尺量距注意事项

① 应熟悉钢尺的零点位置和尺面注记。

② 前、后尺手须密切配合，尺子应拉直，用力要均匀，对点要准确，保持尺子水平。读数时应迅速、准确、果断。

③ 测钎应竖直、牢固地插在尺子的同一侧，位置要准确。

④ 记录要清楚，要边记录边复诵读数。

⑤ 注意保护钢尺，严防钢尺打卷、车轧且不得沿地面拖拉钢尺。前进时，应有人在钢尺中部将钢尺托起。

⑥ 每日用完后，应及时擦净钢尺。若暂时不用，擦拭干净后，还应涂上黄油，以防生锈。

3.2.2　视距测量

视距测量是利用经纬仪、水准仪望远镜内十字丝分划板上的视距丝在视距尺（水准尺）上读数，根据光学和几何学原理，同时测定仪器到地面点的水平距离和高差的一种方法。这种方法具有操作简便、速度快、不受地面起伏变化影响的优点。但其测距精度低，精度为 1/300 ~ 1/200。

1. 测量原理

（1）水平视距

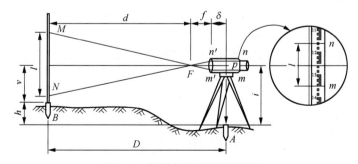

图 3-32　视线水平时的视距测量

如图 3-32 所示，欲测定 A、B 两点间的水平距离 D 及高差 h，可在 A 点安置经纬仪，B

点立视距尺，设望远镜视线水平，瞄准 B 点视距尺，此时视线与视距尺垂直。若尺上 M、N 点成像在十字丝分划板上的两根视距丝 m、n 处，那么尺上 MN 的长度可由上、下视距丝读数之差求得。上、下丝读数之差称为视距间隔或尺间隔。

图 3-32 中 l 为视距间隔，p 为上、下视距丝的间距，f 为物镜焦距，δ 为物镜至仪器中心的距离。由相似三角形 $\triangle m'n'F$ 与 $\triangle MNF$ 可得：$d:f=l:p$，即 $d=fl/p$，由图 3-32 可知 $D=d+f+\delta$，带入得：$D=fl/p+f+\delta$，令 $f/p=K$，$f+\delta=C$，得

$$D=Kl+C \tag{3-10}$$

式中：K、C 为视距乘常数和视距加常数。现代常用的内对光望远镜的视距常数，设计时已使 $K=100$，C 接近于零，则式（3-10）可化简为

$$D=Kl=100\times l \tag{3-11}$$

由图 3-32 可知，高差为

$$h=i-v \tag{3-12}$$

式中，i 为仪器高，即桩顶到仪器横轴中心的高度；v 为瞄准高，即十字丝中丝在尺上的读数。

（2）倾斜视距

在地面起伏较大的地区进行视距测量时，必须使视线倾斜才能读取视距间隔，如图 3-33 所示。由于视线不垂直于视距尺，故不能直接应用视距水平时的计算公式。如果能将视距间隔 MN 换算为与视线垂直的视距间隔 $M'N'$，就可按式（3-11）计算视距，也就是图 3-33 中的斜距 L，再根据 L 和竖直角 α 算出水平距离 D 及高差 h。因此解决这个问题的关键在于求出 MN 与 $M'N'$ 之间的关系。

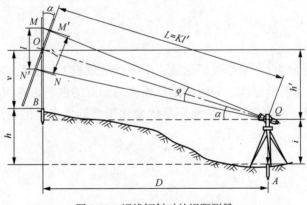

图 3-33　视线倾斜时的视距测量

图 3-33 中 φ 角很小，约为 $34'$，故可把 $\angle OM'M$ 和 $\angle ON'N$ 近似地视为直角，容易计算得 $l'=M'N'=MN\cos\alpha=l\cos\alpha$，则

$L=Kl\cos\alpha$

容易求得水平距离为

$$D=Kl\cos\alpha\times\cos\alpha \tag{3-13}$$

高差为

$$h=Kl\cos\alpha\times\sin\alpha+i-v \tag{3-14}$$

　　其实视线水平的时候 α 为 0°，sin0°=0，cos0°=1，带入式（3-13）、式（3-14）就可得到式（3-11）、式（3-12）。其中视线水平的时候视距等于水平距离。

　　2．观测计算

　　施测时，如图 3-33 所示，安置仪器于 A 点，量出仪器高 i，转动照准部瞄准 B 点视距尺，分别读取上、下、中三丝的读数 M、N、v，计算视距间隔 $l=M-N$。再使竖盘指标水准管气泡居中（如为竖盘指标自动补偿装置的经纬仪则无此项操作），读取竖盘读数，并计算竖直角 α。然后按式（3-13）、式（3-14）、式（3-15）用计算器计算出视距、水平距离和高差。

　　3．误差

　　① 读数误差。它是用视距丝在视距尺上读数引起的误差，与尺子最小分划的宽度、水平距离的远近和望远镜放大倍率等因素有关，因此读数误差的大小视使用的仪器、作业条件而定。

　　② 垂直折光影响。视距尺不同部分的光线是通过不同密度的空气层到达望远镜的，越接近地面的光线受折光影响越显著。经验证明，当视线接近地面在视距尺上读数时，垂直折光引起的误差较大，并且这种误差与距离的平方成比例地增加。

　　③ 视距尺倾斜所引起的误差。视距尺倾斜误差与竖直角有关，尺身倾斜对视距精度的影响很大。

　　4．注意事项

　　① 为减少垂直折光的影响，观测时应尽可能使视线离地面 1 m 以上。

　　② 作业时，要将视距尺竖直，并尽量采用带有水准器的视距尺。

　　③ 要严格测定视距常数，扩值应在 100±0.1 之内，否则应加以改正。

　　④ 视距尺一般应是厘米刻划的整体尺。如果使用塔尺应注意检查各节尺的接头是否准确。

　　⑤ 要在成像稳定的情况下进行观测。

3.3　方向测量

　　在测量工作中，为了把地面上的点位、直线等测绘到图纸上或将图上的点放样到地面上，常要确定点与点之间的平面位置关系，要确定这种关系除了需要测量两点间的水平距离以外，还需要知道这条直线的方向。一条直线的方向是根据某一标准方向（也称为基准方向或起始方向）来确定的。确定地面直线与标准方向间的关系的工作称为直线定向。该关系通常用地面直线与标准方向间的水平夹角表示。确定直线与标准方向之间所夹的水平角的测量工作称为方向测量。

3.3.1　标准方向

　　我国通用的标准方向有真子午线北方向、磁子午线北方向和坐标纵轴北方向，简称为真北方向、磁北方向和轴北方向，即三北方向，如图 3-34 所示。

　　1．真子午线方向

　　通过地球表面某点的真子午线的切线方向称为该点的真子午线方向，常用 N 表示。它是通过天文测量或用陀螺经纬仪测定的。

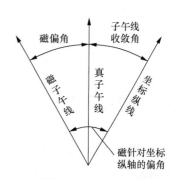

图 3-34　三北方向

2. 磁子午线方向

通过地球表面某点的磁子午线的切线方向称为该点的磁子午线方向，常用 N_m 表示。它是用罗盘仪测定的，磁针在地球磁场的作用下自由静止时所指的方向即为磁子午线方向。

3. 坐标纵轴方向

我国采用高斯平面直角坐标系，其每一投影带中央子午线的投影为坐标纵轴方向，即 X 轴方向。若采用假定坐标系则将坐标纵轴方向作为标准方向。

3.3.2 直线定向的表示方法

在测量工作中，常用方位角和象限角来表示直线的方向。

1. 方位角

（1）方位角定义

直线的方位角是从基准方向线的北端起顺时针旋转至某直线所夹的水平角。根据所选的基准方向不同，方位角又分为真方位角、磁方位角和坐标方位角三种。

① 真方位角。从真子午线的北端起顺时针旋转到某直线所成的水平角称为该直线的真方位角，用 $A_{真}$ 表示。

② 磁方位角。从磁子午线的北端起顺时针旋转到某直线所成的水平角称为该直线的磁方位角，用 $A_{磁}$ 表示。

③ 坐标方位角。从平行于坐标纵轴方向线的北端起顺时针旋转到某直线所成的水平角称为该直线的坐标方位角，一般用 α 表示，其角值范围为 $0° \sim 360°$。

（2）几种方位角之间的关系

① 真方位角与磁方位角之间的关系。由于地磁的两极与地球的两极并不重合，故同一点的磁北方向与真北方向一般是不一致的，两者之间的夹角称为磁偏角，以 δ 表示。真方位角与磁方位角之间关系如图 3-35 所示，

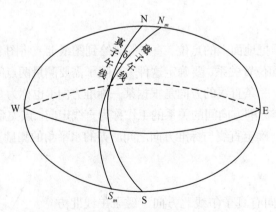

图 3-35 真方位角与磁方位角之间的关系

其换算关系式为

$$A_{真} = A_{磁} + \delta$$

当磁针北端偏向真北方向以东称为东偏，磁偏角为正，当磁针北端偏向真北方向以西称为西偏，磁偏角为负。以磁子午线作为基准方向线，仅适用于低精度测量。我国的磁偏角的

变化范围为+6°～–10°。

②　真方位角与坐标方位角之间的关系。赤道上各点的真子午线方向是相互平行的，地面上其他各点的真子午线都收敛于地球两极，是不平行的。地面上各点的真子午线北方向与坐标纵线北方向之间的夹角，称为子午线收敛角，一般用 γ 表示。真方位角与坐标方位角的关系如图 3-36 所示，其换算关系式为

$$A_{真} = \alpha + \gamma$$

在中央子午线以东地区，各点的坐标纵线北方向偏在真子午线的东边，γ 为正值；在中央子午线以西地区，γ 为负值。

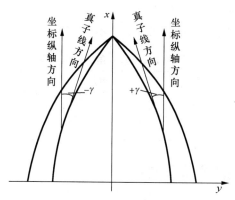

图 3-36　真方位角与坐标方位角之间的关系

③　坐标方位角与磁方位角之间的关系。已知某点的子午线收敛角 γ 和磁偏角 δ，则坐标方位角与磁方位角之间的关系为

$$\alpha = A_{磁} + \delta - \gamma$$

（3）直线的正、反坐标方位角

在测量工作中，直线都是具有一定方向性的，一条直线存在正、反两个方向。通常以直线前进的方向为正方向。如图 3-37 所示，就直线 AB 而言，从 A 点到 B 点为前进方向，直线 AB 的坐标方位角 α_{AB} 称为正坐标方位角，直线 BA 的坐标方位角 α_{BA} 称为反坐标方位角。正、反坐标方位角的概念是相对的。

由于在一个高斯投影平面直角坐标系内各点处，坐标北方向都是相互平行的，所以一条直线的正、反坐标方位角互差 180°，即

$$\alpha_{AB} = \alpha_{BA} \pm 180° \tag{3-15}$$

2．象限角

在测量工作中，有时也用象限角表示直线的方向，象限角是直线与标准方向线所夹的锐角，一般用 R 表示，其角值范围为 0°～90°。因为同样角值的象限角，在四个象限中都能找到，所以用象限角定向时，不仅要表示出角度的大小，还要注明该直线所在的象限名称。象限角分别用北东、南东、北西和南西表示，如图 3-38 所示。

由于象限角常在坐标计算时用，故一般所说的象限角是指坐标象限角。

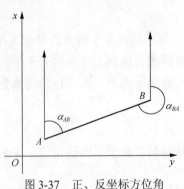

图 3-37　正、反坐标方位角　　　　　图 3-38　象限角

3. 坐标方位角与象限角之间的关系

坐标方位角与象限角之间的关系如表 3-6 所示。

表 3-6　　　　　　　　　　　坐标方位角与象限角之间的关系

象限	坐标增量	关系	象限	坐标增量	关系
I	$\Delta x_{AB}>0$，$\Delta y_{AB}>0$	$\alpha_{AB}=R_{AB}$	III	$\Delta x_{AB}<0$，$\Delta y_{AB}<0$	$\alpha_{AB}=R_{AB}+180°$
II	$\Delta x_{AB}<0$，$\Delta y_{AB}>0$	$\alpha_{AB}=180°-R_{AB}$	IV	$\Delta x_{AB}>0$，$\Delta y_{AB}<0$	$\alpha_{AB}=360°-R_{AB}$

3.3.3　罗盘仪测定直线磁方位角的方法

1. 罗盘仪的构造

罗盘仪是一种用来测定直线磁方位角的测量仪器。罗盘仪的种类很多，构造大同小异，其主要部件是由磁针、度盘和望远镜三部分构成。图 3-39 所示为我国使用较多的一种国产罗盘仪。

磁针是由磁铁制成，磁针位于刻度盘中心的顶针上，磁针静止时，一端指向地球的南磁极，另一端指向北磁极。一般在磁针的北端涂有黑漆，南端缠绕有细铜丝，这是因为我国位于地球的北半球，磁针的北端受磁力的影响下倾，缠绕铜丝可以保持磁针水平。磁针下方有一小杠杆，不用时应拧紧杠杆一端的小螺丝，使磁针离开顶针，避免顶针不必要的磨损。

罗盘仪的度盘按逆时针方向由 0°～360°，最小分划为 1°或 30′，每 10°有一注记。

望远镜的物镜端与目镜端分别在刻划线 0°与 180°的上面。罗盘仪在定向时，刻度盘与望远镜一起转动瞄准目标，当磁针静止后，度盘上由 0°逆时针方向至磁针北端所指的读数即为所测直线的方位角。

罗盘仪内装有两个相互垂直的长水准器，用于整平罗盘仪。

罗盘仪的刻度盘如图 3-40 所示。

2. 用罗盘仪测定直线磁方位角的方法

如图 3-41 所示，为了测定直线 AB 的方向，将罗盘仪安置在 A 点，用垂球对中，使刻度盘中心与 A 点处于同一铅垂线上；再用仪器上的水准管使刻度盘水平，松开磁针固定螺丝，使磁针处于自由状态；用望远镜瞄准 B 点，待磁针静止后读取磁针北端所指的读数。图 3-40 中读数为 150°，则该读数即为直线 AB 的磁方位角。

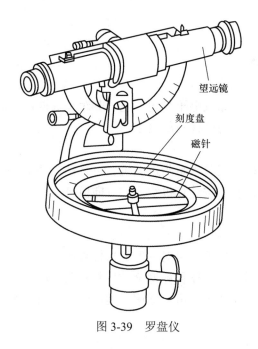

图 3-39　罗盘仪

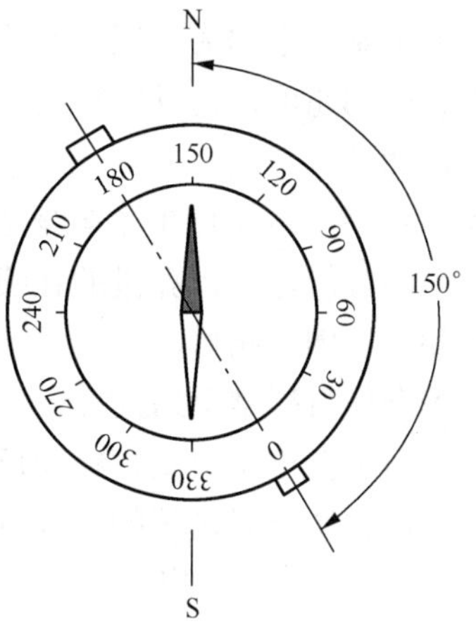

图 3-40　罗盘仪的刻度盘

3. 罗盘仪使用时的注意事项

① 罗盘仪须置平，磁针能自由转动，必须等到磁针静止时才能读数。

② 使用罗盘仪时附近不能有任何铁器，应避开高压线、磁场等物质，否则磁针会发生偏转而影响测量结果。

③ 观测结束后，必须旋紧顶起螺丝，将磁针顶起，以免磁针磨损，并保护磁针的灵活性。若磁针长时间摆动还不能静止，则说明仪器使用太久，磁针的磁性不足，应进行充磁。

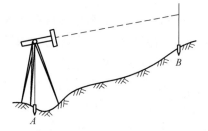

图 3-41　罗盘仪测定直线磁方位角

3.4　全站仪

全站仪，即全站型电子测距仪（Electronic Total Station），是一种集光、机、电为一体的高技术测量仪器，是集水平角、垂直角、距离（斜距、平距）、高差测量功能于一体的测绘仪器系统。因其一次安置仪器就可完成该测站上全部测量工作，所以称之为全站仪。全站仪被广泛用于地上大型建筑和地下隧道施工等精密工程测量或变形监测领域。

与光学经纬仪相比，全站仪是将光学度盘换为光电扫描度盘，将人工光学测微读数代之以自动记录和显示读数，使测角操作简单化，且可避免读数误差的产生。全站仪的自动记录、储存、计算功能，以及数据通信功能，进一步提高了测量作业的自动化程度。

全站仪根据测角精度可分为 0.5″、1″、2″、3″、5″、10″等几个等级。

3.4.1　全站仪的分类

1. 按测量功能分类

全站仪按测量功能分类，可分成以下五类。

（1）经典型全站仪

经典型全站仪也称为常规全站仪，它具备全站仪电子测角、电子测距和数据自动记录等基本功能，有的还可以运行厂家或用户自主开发的机载测量程序。

（2）机动型全站仪

机动型系列全站仪是在经典全站仪的基础上安装轴系步进电机，可自动驱动全站仪照准部和望远镜的旋转。在计算机的在线控制下，它可按计算机给定的方向值自动照准目标，并可实现自动正、倒镜测量。

（3）无合作目标型全站仪

无合作目标型全站仪是指在无反射棱镜的条件下，可对一般的目标直接测距的全站仪。因此，对不便安置反射棱镜的目标进行测量时，无合作目标型全站仪具有明显优势。如徕卡TCR 系列全站仪，无合作目标距离测程可达 1 000 m，可广泛用于地籍测量、房产测量和施工测量等。

（4）智能型全站仪

智能型全站仪是在自动化全站仪的基础上，安装了具有自动目标识别与照准功能的部件，因此全站仪进一步克服了需要人工照准目标的重大缺陷，实现了全站仪的智能化。在相关软件的控制下，智能型全站仪在无人干预的条件下可自动完成多个目标的识别、照准与测量。因此，智能型全站仪又称为"测量机器人"。

（5）自动陀螺全站仪

由陀螺仪与无合作目标型全站仪组成的自动陀螺全站仪能够在 20 min 内，以最高 ±5″的精度测出真北方向。自动陀螺全站仪实现了陀螺仪和全站仪的有机整合，在全站仪的操作软件里实现与陀螺仪的通信，轻松完成待测边的定向，可以实现北方向的自动观测，免去了人工观测的劳动量和不确定性。

2. 按测距分类

全站仪按测距分类，可以分为以下三类。

（1）短测程全站仪

短测程全站仪测程小于 3 km，一般精度为±（5+5 ppm）mm，主要用于普通测量和城市测量。

（2）中测程全站仪

中测程全站仪测程为 3 ~ 15 km，一般精度为±（5+2 ppm）mm 和±（2+2 PPm）mm，通常用于一般等级的控制测量。

（3）长测程全站仪

长测程全站仪测程大于 15 km，一般精度为±（5+1 ppm）mm，通常用于国家三角网及特级导线的测量。

3.4.2　全站仪的基本构造

全站仪的种类很多，各种仪器的构造及使用由仪器自身的程序设计而定。使用任何一种全站仪前，都必须认真阅读仪器的使用说明书，了解仪器各部件功能和操作要点及注意事项。下面介绍常规全站仪的基本构造。

1．主机

全站仪由电源部分、测角系统、测距系统、数据处理部分、通信接口、显示屏、键盘等组成。全站仪主机的基本构造如图 3-42 所示。

图 3-42　全站仪的基本构造

1—望远镜把手；2—目镜调焦螺旋；3—仪器中心标志；4—目镜；5—数据通信接口；6—底板；

7—圆水准校正螺旋；8—圆水准器；9—管水准器；10—垂直制动螺旋；11—垂直微动螺旋；

12—望远镜调焦螺旋；13—电池；14—电池锁紧杆；15—物镜；16—水平微动螺旋；

17—水平制动螺旋；18—整平脚螺旋；19—基座固定钮；20—显示屏；

21—光学对中器；22—粗瞄准器

同电子经纬仪、光学经纬仪相比，全站仪增加了许多特殊部件，因此全站仪具有比其他测角、测距仪器更多的功能，使用也更方便。

（1）同轴望远镜

全站仪的望远镜实现了视准轴与测距光波的发射、接收光轴同轴化。同轴性使得望远镜一次瞄准即可实现同时测定水平角、垂直角和斜距等全部基本测量要素的测定功能。加之全站仪强大、便捷的数据处理功能，使全站仪使用极其方便。

（2）双轴自动补偿

全站仪特有的双轴（或单轴）倾斜自动补偿系统，可对纵轴的倾斜进行监测，并在度盘读数中对因纵轴倾斜造成的测角误差自动加以改正，也可通过将由竖轴倾斜引起的角度误差，由微处理器自动按竖轴倾斜改正计算式计算，并加入度盘读数中加以改正，使度盘显示读数为正确值，即所谓纵轴倾斜自动补偿。

（3）键盘

键盘是全站仪在测量时输入操作指令或数据的硬件。全站型仪器的键盘和显示屏均为双面式，便于正、倒镜作业时操作。

95

（4）存储器

全站仪存储器的作用是将实时采集的测量数据存储起来，再根据需要传送到其他设备（如计算机等）中，供进一步的处理或利用。全站仪的存储器有内存储器和存储卡两种。全站仪内存储器相当于计算机的内存（RAM）；存储卡是一种外存储媒体，又称PC卡，其作用相当于计算机的磁盘。

（5）通信接口

全站仪可以通过RS-232C通信接口和通信电缆将内存中存储的数据输入计算机，或将计算机中的数据和信息经通信电缆传输给全站仪，实现双向信息传输。

2. 反射棱镜

全站仪在进行距离测量等作业时，一般需在目标处放置反射棱镜，如图3-43所示。反射棱镜有单（三）棱镜组，可通过基座连接器将棱镜组与基座连接，再安置到三脚架上，也可直接安置在对中杆上。棱镜组由用户根据作业需要自行配置。

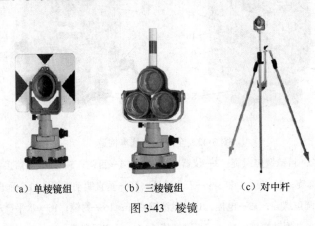

（a）单棱镜组   （b）三棱镜组   （c）对中杆

图3-43　棱镜

3.4.3　全站仪的使用

全站仪具有角度测量、距离（斜距、平距、高差）测量、三维坐标测量、导线测量、交会定点测量和放样测量等多种用途。对它内置专用软件后，其功能还可进一步拓展。

1. 测量前的准备工作

① 安置仪器。将全站仪安置在测站点上，并进行对中、整平，过程与经纬仪基本相同。

② 开机。确认显示窗中显示有足够的电池电量，当电池电量不多时，应及时更换电池或对电池进行充电。

2. 全站仪的基本操作与使用方法

（1）水平角测量

① 按"角度测量"键，使全站仪处于角度测量模式，照准第一个目标A。

② 设置A方向的水平度盘读数为0°00′00″。

③ 照准第二个目标B，此时显示的水平度盘读数即为两方向间的水平夹角。

（2）距离测量

① 设置棱镜常数

测距前须将棱镜常数输入仪器中，仪器会自动对所测距离进行改正。

② 设置大气改正值或气温、气压值

光在大气中的传播速度会随大气的温度和气压的变化而变化，15 ℃ 和 760 mmHg（1 mmHg=133.32Pa）是仪器设置的一个标准值，此时的大气改正值为 0×10^{-6}。实测时，可输入温度和气压值，全站仪会自动计算大气改正值（也可直接输入大气改正值），并对测距结果进行改正。

③ 量仪器高、棱镜高并输入全站仪

④ 距离测量

照准目标棱镜中心，按"测距"键，距离测量开始，测距完成时显示斜距、平距、高差。

全站仪的测距模式有精测模式、跟踪模式、粗测模式三种。精测模式是最常用的测距模式，测量时间约 2.5 s，最小显示单位为 1 mm；跟踪模式常用于跟踪移动目标或放样时连续测距，最小显示单位一般为 1 cm，每次测距时间约 0.3 s；粗测模式的测量时间约为 0.7 s，最小显示单位为 1 cm 或 1 mm。在距离测量或坐标测量时，可按测距模式（MODE）键选择不同的测距模式。

应注意，有些型号的全站仪在距离测量时不能设定仪器高和棱镜高，显示的高差值是全站仪横轴中心与棱镜中心的高差。

（3）坐标测量

① 设定测站点的三维坐标。

② 设定后视点的坐标或设定后视方向的水平度盘读数为其方位角。当设定后视点的坐标时，全站仪会自动计算后视方向的方位角，并设定后视方向的水平度盘读数为其方位角。

③ 设置棱镜常数。

④ 设置大气改正值或气温、气压值。

⑤ 量仪器高、棱镜高并输入全站仪。

⑥ 照准目标棱镜，按"坐标测量"键，全站仪开始测距并计算显示测点的三维坐标。

（4）数据通信

全站仪的数据通信是指全站仪与电子计算机之间进行的双向数据交换。全站仪与计算机之间的数据通信方式主要有两种：一种是利用全站仪配置的 PCMCIA（Personal Computer Memory Card Internation Association，个人计算机存储卡国际协会）卡（英文简称 PC 卡，也称存储卡）进行数字通信，该方式的特点是通用性强，各种电子产品间均可互换使用；另一种是利用全站仪的通信接口，通过电缆进行数据传输。

（5）全站仪盘左盘右区分方法

全站仪仪器的盘左和盘右，实际上是沿用老式光学经纬仪的称谓。这是针对竖盘相对观测人员所处的位置而言的，观测时当竖盘在观测人员的左侧时称为盘左，反之称为盘右。另外，也有将盘左和盘右称为正镜和倒镜，以及 F1（FACE1）面和 F2（FACE2）面的。

对于测量来讲，正、反（盘左、盘右）测量方法有可消除某些人为误差以及固定误差的作用。对于可定义盘左和盘右称谓的仪器而言，给用户增加了应用仪器的可选操作界面，对测量作业和测量结果没有影响。

3.4.4　全站仪的维护

　　1．保管

　　（1）仪器的保管由专人负责，每天现场使用完毕带回办公室，不得放在现场工具箱内。

　　（2）仪器箱内应保持干燥，要防潮防水并及时更换干燥剂。仪器必须放置在专门的仪器架上或固定位置。

　　（3）仪器长期不用时，应一月左右定期取出，通风、防霉并通电驱潮，以保持仪器良好的工作状态。

　　（4）仪器放置要整齐，不得倒置。

　　2．使用

　　（1）开工前应检查仪器箱背带及提手是否牢固。

　　（2）开箱后提取仪器前，要看准仪器在箱内放置的方式和位置；装卸仪器时，必须握住提手。将仪器从仪器箱取出或装入仪器箱时，应握住仪器提手和底座，不可握住显示单元的下部；切不可拿仪器的镜筒，否则会影响内部固定部件，从而降低仪器的精度；应握住仪器的基座部分，或双手握住望远镜支架的下部。仪器用毕，先盖上物镜罩，并擦去表面的灰尘。装箱时各部位要放置妥帖，合上箱盖时应无障碍。

　　（3）在太阳光照射下观测仪器，应给仪器打伞，并带上遮阳罩，以免影响观测精度。在杂乱环境下测量，仪器要有专人守护。当仪器架设在光滑的表面时，要用细绳（或细铅丝）将三脚架三个脚连起来，以防滑倒。

　　（4）当架设仪器在三脚架上时，尽可能用木制三脚架，因为使用金属三脚架可能会产生振动，从而影响测量精度。

　　（5）当测站之间距离较远，搬站时应将仪器卸下，装箱后背着走。行走前要检查仪器箱是否锁好，检查安全带是否系好。当测站之间距离较近，搬站时可将仪器连同三脚架一起靠在肩上，但仪器要尽量保持直立放置。

　　（6）搬站之前，应检查仪器与脚架的连接是否牢固；搬运时，应把制动螺旋略微关住，使仪器在搬站过程中不致晃动。

　　（7）仪器任何部分发生故障，不勉强使用，应立即检修，否则会加剧仪器的损坏程度。

　　（8）光学元件应保持清洁，如沾染灰沙必须用毛刷或柔软的擦镜纸擦掉。禁止用手指抚摸仪器的任何光学元件表面。清洁仪器透镜表面时，请先用干净的毛刷扫去灰尘，再用干净的无线棉布沾酒精由透镜中心向外一圈圈地轻轻擦拭。除去仪器箱上的灰尘时切不可用任何稀释剂或汽油，而应用干净的布块蘸中性洗涤剂擦洗。

　　（9）在潮湿环境中工作，作业结束，要用软布擦干仪器表面的水分及灰尘后装箱。回到办公室后立即开箱取出仪器放于干燥处，彻底晾干后再装入箱内。

　　（10）冬天室内、室外温差较大时，仪器搬出室外或搬入室内，应隔一段时间后才能开箱。

　　3．转运

　　（1）首先把仪器装在仪器箱内，再把仪器箱装在专供转运用的木箱内，并在空隙处填以泡沫、海绵、刨花或其他防震物品。装好后将木箱或塑料箱盖子盖好。必要时应用绳子捆扎结实。

　　（2）无专供转运的木箱或塑料箱的仪器不应托运，应由测量员亲自携带。在整个转运过程中，要做到人不离开仪器，如乘车时应将仪器放在松软物品上面，并用手扶着；在颠簸的道路上行驶时，应将仪器抱在怀里。

（3）注意轻拿轻放、放正、不挤不压，无论天气晴雨，均要事先做好防晒、防雨、防震等措施。

4. 电池

全站仪的电池是全站仪最重要的部件之一，全站仪所配备的电池一般为 Ni-MH（镍氢）和 Ni-Cd（镍镉）电池，电池的好坏、电量的多少决定了外业时间的长短。

（1）建议在电源打开期间不要将电池取出，因为此时存储数据可能会丢失，因此请在电源关闭后再装入或取出电池。

（2）充电电池可以反复充电使用，但是如果在电池还存有剩余电量的状态下充电，则会缩短电池的工作时间，此时电池的电压可通过刷新予以复原，从而改善作业时间。充足电的电池放电时间约需 8 h。

（3）不要连续进行充电或放电，否则会损坏电池和充电器。如有必要进行充电或放电，则应在停止充电约 30 min 后再使用充电器。

（4）超过规定的充电时间会缩短电池的使用寿命，应尽量避免。

（5）电池剩余容量显示级别与当前的测量模式有关。在角度测量的模式下，电池剩余容量够用，并不能够保证电池在距离测量模式下也能用，因为距离测量模式耗电高于角度测量模式，当从角度模式转换为距离模式时，由于电池容量不足，不时会中止测距。

5. 检验

（1）照准部水准轴应垂直于竖轴的检验和校正

检验时应先将仪器大致整平，转动照准部使其水准管与任意两个脚螺旋的连线平行，调整脚螺旋使气泡居中，然后将照准部旋转 180°，若气泡仍然居中则说明条件满足，否则应进行校正。

校正的目的是使水准管轴垂直于竖轴，即用校正针拨动水准管一端的校正螺钉，使气泡向正中间位置退回一半，为使竖轴竖直，再用脚螺旋使气泡居中即可。此项检验与校正必须反复进行，直到满足条件为止。

（2）十字丝竖丝应垂直于横轴的检验和校正

检验时用十字丝竖丝瞄准一清晰小点，使望远镜绕横轴上下转动，如果小点始终在竖丝上移动则条件满足，否则需要进行校正.

校正时松开 4 个压环螺钉（装有十字丝环的目镜用压环和 4 个压环螺钉与望远镜筒相连接。转动目镜筒使小点始终在十字丝竖丝上移动，校好后将压环螺钉旋紧。

（3）视准轴应垂直于横轴的检验和校正

选择一水平位置的目标，盘左盘右观测之，取它们的读数（顾及常数 180°）即得两倍的 c（$c=1/2\ (\ \alpha_{左} - \alpha_{右}\ )$）

（4）横轴应垂直于竖轴的检验和校正

选择较高墙壁近处安置仪器，以盘左位置瞄准墙壁高处一点 p（仰角最好大于 30°），放平望远镜在墙上定出一点 m_1。倒转望远镜，盘右再瞄准 p 点，放平望远镜在墙上定出另一点 m_2。如果 m_1 与 m_2 重合，则条件满足，否则需要校正。校正时，瞄准 m_1、m_2 的中点 m，固定照准部，向上转动望远镜，此时十字丝交点将不对准 p 点。抬高或降低横轴的一端，使十字

丝的交点对准 p 点。此项检验也要反复进行，直到条件满足为止。

以上四项检验校正，以（1）、（3）、（4）项最为重要，在观测期间最好经常进行。每项检验完毕后必须旋紧有关的校正螺钉。

3.5 全球导航卫星系统

3.5.1 全球导航卫星系统简介

全球导航卫星系统（Global Navigation Satellite System，GNSS），泛指所有的卫星导航系统，包括全球的、区域的和增强的，如美国的 GPS、俄罗斯的 GLONASS、欧洲的 Galileo、中国的北斗卫星导航系统，以及相关的增强系统，如美国的 WAAS（广域增强系统）、欧洲的 EGNOS（欧洲静地导航重叠系统）和日本的 MSAS（多功能运输卫星增强系统）等，还涵盖在建和以后要建设的其他卫星导航系统。国际 GNSS 是个多系统、多层面、多模式的复杂组合系统。目前，GNSS 可用的卫星数目达到 100 颗以上。

GNSS 具有全球性、全天候、高效率、多功能、高精度的特点。在用于大地定位时，测站间不要求互相通视，无需造标，不受天气条件影响。一次观测可以获得测站点的三维坐标。

GNSS 技术的应用导致传统测量的布网方法、作业手段和内外作业程序发生了根本性的变革。为城市测量提供了一种崭新的技术手段和方法。它以高速度、高精度、低成本为城市建设服务，快速、及时、准确地为城市规划、建设和管理提供测绘保障。

GNSS 技术发展迅速，在 20 世纪 80 年代只有美国的 GPS，到 20 世纪 90 年代才有了俄罗斯的 GLONASS。2011 年出现了欧盟的 Galileo 卫星定位系统。目前，我国北斗定位系统的进程已经超过了欧盟 Galileo 卫星定位系统。

虽然目前实际上被广泛应用的还是 GPS，但由于有多个卫星系统并重发展，因此接收机也逐渐向多星座、多频接收机方向发展。随着定位技术的发展，GNSS 定位也出现了多种作业方法，如静态、快速静态、RTK（Real-time Kinametic，实时动态差分）、网络 RTK 等方法。

3.5.2 GNSS 的组成

GNSS 是由全球设施、区域设施、用户部分以及外部设备等部分构成。

1. 全球设施

全球设施是 GNSS 的核心基础组件，它是全球卫星导航定位系统提供自主导航定位服务所必需的组成部分，由空间段、空间信号和相关地面控制部分构成。

① 空间段。它是由一系列在轨道运行的卫星（来自一个或多个卫星导航定位系统）构成，提供系统自主导航定位服务所必需的无限电导航定位信号。其中，在轨卫星称 GNSS 导航卫星，是空间部分的核心部件，卫星内的原子钟（采用铷钟、铯钟甚至氢钟）为系统提供精确的时间基准和高稳定度的信号频率基准。由于高轨卫星对地球重力异常的反应灵敏度低，作为高空观测目标的 GNSS 导航定位卫星一般采用高轨卫星。

② 空间信号段。它是指在轨 GNSS 导航定位卫星发射的无线电信号。GNSS 卫星发送的导航定位信号一般包括载波、测距码和数据码（或称 D 码）三类信号。

③ 地面部分。它由一系列全球分布的地面站组成，这些地面站可分为卫星监测站、主控

站和信息注入站。地面部分的主要功能是卫星控制和任务控制。

2. 区域设施

区域设施是面向对系统功能或性能有特殊要求的服务，并且可以组合当地地面定位和通信系统，以满足广泛用户群体的要求。

① 星基增强设施。EGNOS 全面运行时，星基增强设施由 3 颗 I N M A R S A T Ⅲ静地通信卫星构成。

② 区域检测控制设施。它是由静地卫星基准站、地面测距/完备性监测站、EGNOS 任务控制中心和导航地面地球站组成。

3. 用户部分

用户部分由一系列的用户接收机终端构成，接收机是所有用户终端的基础部件，用于接收 GNSS 卫星发射的无线电信号，获取必要的导航定位信息和观测信息，并经数据处理以完成各种导航、定位以及授时任务。一般情况下，用户可以根据不同的需求，对接收机进行定制。

3.5.3　GNSS 的测量

3.5.3.1　一般规定

GNSS 网的布设应遵循从整体到局部、分级布网的原则，城市首级网应一次全面布设，加密网可越级布设；GNSS 网的布设应兼顾历史、满足需求、方便使用。各等级 GNSS 网布设的主要技术要求应符合表 3-7 中的规定。

各等级 GNSS 网相邻点间的基线长度精度计算公式为

$$\sigma = \sqrt{A^2 + (B \cdot d)^2} \qquad (3\text{-}16)$$

式中，σ 为基线长度中误差（mm）；A 为固定误差（mm）；B 为比例误差系数（mm/km）；d 为相邻点间的距离（km）。

101

表 3-7　　　　　　　　　　　　　　GNSS 网的主要技术要求

等级	平均边长/km	固定误差 A/mm	比例误差系数 B/mm·km⁻¹	最弱边相对中误差
二等	9	≤5	≤2	1/120 000
三等	5	≤5	≤2	1/80 000
四等	2	≤10	≤5	1/45 000
一级	1	≤10	≤5	1/20 000
二级	<1	≤10	≤5	1/10 000

3.5.3.2　选点及埋石

1. 选点准备工作内容

（1）技术设计前应收集测区内及周边地区的有关资料，资料应包括下列内容：

① 测区 1:10 000 ~ 1:100 000 各种比例尺地形图；

② 原有测区及周边地区的控制测量资料，包括平面控制网和水准路线网成果、技术设计、技术总结、点之记等其他文字和图表资料；

③ 与测区有关的城市总体规划和近期城市建设发展资料；

④ 与测区有关的交通、地质、气象、通信、地下水和冻土深度等资料。

（2）应根据项目目标和测区的自然地理情况进行网型及点位设计，进行控制网优化和精度估算。

2．选点要求

（1）站址应选在基础坚实稳定，易于长期保存，并有利于安全作业的地方；

（2）站址周围应便于安置接收设备和方便作业，视野应开阔；

（3）站址与周围大功率无线电发射源（如电视台、电台、微波站、通信基站、变电所等）的距离应大于 200 m，与高压输电线、微波通道的距离应大于 100 m；

（4）站址附近不应有强烈干扰接收卫星信号的物体，如大型建筑物、玻璃幕墙及大面积水域等；

（5）点位应选择在交通便利，并有利于扩展和联测的地点；

（6）视场内障碍物的高度角不宜大于 15°；

（7）对符合上述要求的已有控制点，经检查，点位稳定可靠时可充分利用；

（8）点位选定后应现场标记、画略图。

3．埋石工作要求

（1）城市各等级 GNSS 控制点应埋设永久性测量标志，标志应满足平面、高程共用，标石及标志规格要符合规范要求。

（2）控制点的中心标志应用铜、不锈钢或其他耐腐蚀、耐磨损的材料制作；并应安放正直，镶接牢固；控制点的标志中心应刻有清晰、精细的十字线或嵌入直径小于 0.5 mm 的不同颜色的金属；标志顶部应为圆球状，顶部应高出标石面。

（3）控制点标石可采用混凝土预制或现场灌制；利用基岩、混凝土或沥青路面时可以凿孔现场灌注混凝土埋设标志；利用硬质地面时可以在地面上刻正方形方框，其中心灌入直径不大于 2 mm、长度不短于 30 mm 的铜条作为标志。

（4）埋设 GNSS 观测墩应符合规范要求。

（5）标石的底部应埋设在冻土层以下，并浇灌混凝土基础。

（6）GNSS 测量控制点埋设后应经过一个雨季和一个冻结期，方可进行观测，地质坚硬的地方可在混凝土浇筑一周后进行观测。

（7）标石埋设后应在实地绘制点之记，具备栓距条件的，栓距不应少于三个方向，栓距方向交角宜在 60°～150°之间，栓距误差应小于 10 cm；对二、三等点不具备栓距条件的，应埋设指示标志。点之记绘制应符合规范要求。

（8）二、三等 GNSS 测量控制点埋设后应办理测量标志委托保管。

4．提交资料

选点与埋石结束后，应提交控制点点之记、控制点选点网图、测量标志委托保管书和选点与埋石工作技术总结。

3.5.3.3　GNSS 测量

1．起算依据

GNSS 连续运行站提供的观测数据可作为布设各等级控制网的起算依据。

2．GNSS 接收机选用规定

选用的 GNSS 接收机应符合表 3-8 的规定。

表 3-8　　　　　　　　　　　　　　　　　GNSS 接收机的选用

等级 项目	二等	三等	四等	一级	二级
接收机类型	双频	双频	双频或单频	双频或单频	双频或单频
标准精度	≤（5 mm+2×10^{-6}d）	≤（5 mm+2×10^{-6}d）	≤（5 mm+2×10^{-6}d）	≤（10 mm+5×10^{-6}d）	≤（10 mm+5×10^{-6}d）
观测量	载波相位	载波相位	载波相位	载波相位	载波相位
同步观测 接收机数	≥4	≥4	≥3	≥3	≥3

3．GNSS 接收设备的检验要求

（1）新购置的 GNSS 接收机或天线受到强烈撞击、更新天线与接收机的匹配或经过维修后的接收机应进行全面检验后才能使用。

（2）GNSS 接收机全面检验内容应包括一般检视、常规检验、通电检验和实测检验。

（3）一般检视应符合下列要求：

① 接收机及天线型号应与标称一致，外观应良好；

② 各种部件及其附件应匹配、齐全和完好，紧固的部件应不得松动和脱落；

③设备使用手册和后处理软件操作手册及磁（光）盘应齐全。

（4）常规检验应符合下列要求：

① 天线或基座圆水准器和光学对点器应符合要求；

② 天线高量尺应完好，尺长精度应符合要求；

③ 数据传录设备及软件应齐全，数据传输性能应完好；

④ 通过实例计算，测试和评估数据后处理软件。

（5）通电检验应符合下列要求：

① 确认各种电缆正确连接后，方可进行检验；

② 电源及工作状态指示灯工作应正常；

③ 按键和显示系统工作应正常；

④ 利用自测试命令进行测试；

⑤ 检验接收机锁定卫星时间，接收信号强弱及信号失锁情况。

（6）在完成一般检视、常规检验、通电检验后，应进行下列实测检验：

① 接收机内部噪声水平测试；

② 接收机天线相位中心稳定性测试；

③ 接收机野外作业性能及不同测程精度指标测试；

④ 接收机频标稳定性检验和数据质量的评价；

⑤ 接收机高低温性能测试；

⑥ 接收机综合性能评价等。

（7）用于等级测量的接收机，在使用前应按规范要求对（6）中①、②项进行实测检验，每年按规范要求对③、④、⑤项进行实测检验。

（8）不同类型的接收机参加共同作业时，应在已知基线上进行比对测试，超过相应等级限差时不应投入生产使用。

103

4. GNSS 接收设备的维护要求

（1）接收设备应有专人保管，运输期间应有专人押送，并应采取防震、防潮、防晒、防尘、防蚀和防辐射等防护措施，软盘驱动器在运输中应插入保护片或废磁盘。

（2）接收设备的接头和连接器应保持清洁，电缆线不应扭折，不应在地面拖拉、碾砸。连接电源前，电池正负极连接应正确，观测前电压应正常。

（3）当接收设备置于楼顶、高标或其他设施顶端作业时，应采取加固措施，在大风和雷雨天气作业时，应采取防风和防雷措施。

（4）作业结束后，应及时对接收设备进行擦拭，并放入有软垫的仪器箱内；仪器箱应放置于通风、干燥、荫凉处，箱内干燥剂呈粉红色时，应及时更换。

（5）接收设备在室内存放时，电池应在充满状态下存放，应每隔 1～2 个月存放电一次。

（6）仪器发生故障，应转交专业人员维修。

5. GNSS 观测技术要求

GNSS 观测技术要求应符合表 3-9 的规定。

表 3-9　　　　　　　　　　　GNSS 测量各级作业的基本技术要求

项目	等级 / 观测方法	二等	三等	四等	一级	二级
卫星高度角/（°）	静态	≥15	≥15	≥15	≥15	≥15
	快速静态					
有效观测同类卫星数	静态	≥4	≥4	≥4	≥4	≥4
	快速静态	—	≥5	≥5	≥5	≥5
平均重复设站数	静态	≥2	≥2	≥2	≥1.6	≥1.6
	快速静态	—	≥2	≥2	≥1.6	≥1.6
时段长度/mm	静态	≥90	≥60	≥60	≥45	≥45
	快速静态	—	≥20	≥20	≥15	≥15
数据采样间隔/s	静态	10～60	10～60	10～60	10～60	10～60
	快速静态					

6. 观测实施计划要求

（1）观测实施计划可根据测区范围的大小分区编制。

（2）根据分区中心概略位置，编制卫星可见性预报表，所用的概略星历龄期不应超过 20 天。

（3）观测实施计划内容应包括作业日期、时间、测站名称和接收机名称等。

7. 观测准备工作要求

（1）安置 GNSS 接收机天线时，天线的定向标志应指向正北，定向误差不宜超过 ±5°。对于定向标志不明显的接收机天线，可预先设置定向标志。

（2）用三脚架安置 GNSS 接收机天线时，对中误差应小于 3 mm；在高标基板上安置天线时，应将标志中心投影到基板上，投影示值误差三角形最长边或示值误差四边形对角线应小于 5 mm。

（3）天线高应量测至毫米级，测前测后应各量测一次，两次较差不应大于 3 mm，并取平均值作为最终成果；较差超限时应查明原因，并记录至 GNSS 外业观测手簿备注栏内。

8. GNSS 的外业观测要求

（1）接收机工作状态正常后，应进行自测试，并输入测站名、日期、时段号和天线高等信息。

（2）接收机开始记录数据后，应查看测站信息、卫星状况、实时定位结果、存储介质记录和电源工作情况等，异常情况应记录至 GNSS 外业观测手簿备注栏内。

（3）在 GNSS 快速静态定位测量的同一观测单元期间，基准站观测应连续，基准站和流动站采样间隔应相同。

（4）作业期间禁止在仪器附近使用手机和对讲机；雷雨天气时应关机停测，并卸下天线以防雷击。

（5）作业期间不允许下列操作：关机又重新启动、自测试、改变仪器高度值与测站名、改变 GNSS 天线位置、关闭文件或删除文件等。

（6）作业人员在作业期间不得擅自离开仪器，应防止仪器受到震动和被移动，防止人和其他物体靠近天线，遮挡卫星信号。

（7）观测结束后，应检查 GNSS 外业观测手簿的内容，并将点位保护好后，方可迁站。

（8）每日观测完成后，应将全部数据双备份，清空接收机存储器，及时对数据进行处理，剔除不合格数据。

9. 观测记录整理要求

（1）原始观测记录不应涂改、转抄和追记。

（2）数据存储介质应贴标识，标识信息应与记录手簿中的有关信息一一对应。

（3）接收机内存数据转存过程中，不应进行任何剔除和删改，不应调用任何对数据实施重新加工组合的操作指令。

3.5.3.4 数据处理

105

城市二等控制网基线解算和平差应采用高精度解算软件，其他控制网可采用商用软件，新启用的软件应经过鉴定并获得批准后方可使用。

3.5.3.5 质量检查与技术总结

检查的依据应包括任务或合同书，现行国家、行业和地方有关技术标准以及技术设计书。

1. 质量检查

质量检查应包括以下内容：

（1）使用仪器的精度等级、检定状态及其记录；

（2）控制点布设情况和选埋资料的完整性；

（3）外业观测资料中多余观测、各项限差、技术指标情况；

（4）数据处理过程中，数据录入、已知数据的使用、各项限差、闭合差和精度统计情况；

（5）记录完整准确性、记录项目齐全性；

（6）观测数据的各项改正是否齐全；

（7）计算过程正确性、资料整理的完整性、精度统计和质量评定的合理性；

（8）提交成果的正确性和完整性；

（9）技术报告内容的完整性、统计数据的准确性、结论的可靠性。

2. 技术总结

技术总结的编写应符合下列要求：各项工作完成后应编写项目技术总结，技术总结应突出重点、文理通顺、表达清楚、结论明确。

技术总结内容包括：

（1）测区概况、自然地理条件等；

（2）任务来源、测区已有测量情况、施测目的和基本精度要求；

（3）施测单位，施测起止时间，技术依据，作业人员情况，接收设备类型与数量以及检验情况，观测方法，重测、补测情况，作业环境，重合点情况，工作量与工日情况；

（4）野外数据检核，起算数据情况，数据后处理内容、方法与软件情况；

（5）外业观测数据质量分析与野外检核计算情况；

（6）方案实施与规范执行情况；

（7）提交成果中尚存问题和需说明的其他问题；

（8）各种附表与附图。

3. 成果资料

提交的成果资料应包括下列内容：

（1）任务或合同书、技术设计书；

（2）利用的已有成果资料情况；

（3）仪器检校资料和自检原始记录；

（4）点之记、外业原始观测记录、计算手簿（含电子文档）；

（5）质量检查资料；

（6）技术总结；

（7）设计网图、选点网图、观测网图、数据处理用图、成果图；

（8）坐标、高程成果及注释资料。

106

3.6 平面控制测量

3.6.1 概述

平面控制测量是指确定控制点的平面坐标。根据工程测量部门现时的情况和发展趋势，平面控制网的首级网大多采用卫星定位测量控制网，加密网较多采用导线或导线网形式。用三角网建立大面积控制或控制网加密已较少使用。本部分主要介绍以导线的形式进行平面控制。

1. 平面控制网精度等级的划分

卫星定位测量控制网依次为二、三、四等和一、二级，导线及导线网依次为三、四等和一、二、三级，三角网依次为二、三、四等和一、二级。

2. 平面控制网的布设原则

平面控制网的布设，应遵循下列原则：

（1）首级控制网的布设应因地制宜，且适当考虑发展。当与国家坐标系统联测时，应同时考虑联测方案。

（2）首级控制网的等级应根据工程规模、控制网的用途和精度要求合理选择。

（3）加密控制网可越级布设或同等级扩展。

3. 平面控制测量方法

（1）卫星定位控制测量

卫星定位控制测量是以分布在空中的多个卫星为观测目标来确定地面点三维坐标的控制

测量方法。

（2）导线测量

导线是一种将控制点用直线连接起来所形成的折线形式的控制网，其控制点称为导线点，点间的直线边称为导线边，相邻导线边之间的夹角称为转折角（又称导线折角或导线角）。其中，与坐标方位角已知的导线边（称为定向边或起算边）相连接的转折角，称为连接角（又称定向角）。通过观测导线边的边长和转折角，依据起算数据经计算而获得导线点的平面坐标，即为导线测量。导线测量布设简单，每点仅需与前、后两点通视，选点方便，在隐蔽地区和建筑物多而通视困难的城市，应用起来非常方便灵活。

（3）三角网测量

三角网测量是在地面上选定一系列的控制点，构成相互连接的若干个三角形，组成各种网（锁）状图形。通过观测三角形的内角或（和）边长，再根据已知控制点的坐标、起始边的边长和坐标方位角，经过计算可得到三角形各边的边长和坐标方位角，进而由直角坐标正算公式计算待定点的平面坐标。三角形的各个顶点称为三角点，各三角形连成的网状控制网称为三角网，如图 3-44 所示；各三角形连成的锁状控制网称为三角锁，如图 3-45 所示。

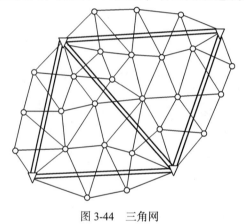

图 3-44　三角网

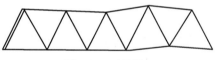

图 3-45　三角锁

（4）交会测量

交会测量是利用交会定点来加密平面控制点的一种控制测量方法。通过观测水平角来确定交会点平面位置的工作称为测角交会；通过测边来确定交会点平面位置的工作称为测边交会；通过测边长及水平角来确定交会点的平面位置的工作称为边角交会。

3.6.2　导线测量

导线是建立小地区平面控制网的一种常用的方法，特别是在地物分布较复杂的城市建筑区、视线障碍较多的隐蔽区和带状地区，多采用导线测量的方法。导线测量是将一系列的点依相邻次序连成折线形式，依次测定各折线边的长度、转折角，再根据起始数据以推求各点的平面位置的测量方法。

3.6.2.1　导线的布设形式及导线测量技术要求

根据测区的不同情况和要求，导线可布设成单一导线和导线网。两条以上导线的交会点，称为导线的结点。单一导线与导线网的区别，主要在于单一导线不具有结点，而导线网则有结点，有些情况下，可能有多个结点。在此，只介绍单一导线的布设方法及外业、内业工作。

1. 单一导线的布设形式

按照不同的测量需要，单一导线可布设为闭合导线、附合导线和支导线三种形式。

（1）闭合导线

闭合导线是已知一条边，经过若干导线点、测量若干个边长和夹角后又闭合到已知边所形成的闭合多边形，如图 3-46 所示。导线网用作测区的首级控制时，应布设成环形网，且宜联测 2 个已知方向。

（2）附合导线

导线起始于一个已知控制点而终止于另一个已知控制点，形成的导线称为附合导线，如图 3-47 所示。附和导线可用于控制网的加密。

（3）支导线

由一个已知控制点出发，既不附合到另一已知控制点，又不闭合到原起始控制点的导线，称为支导线，如图 3-48 所示。因为支导线缺乏检核条件，故一般只在地形测量的图根导线中采用，且其支出的控制点数一般不超过 2 个。

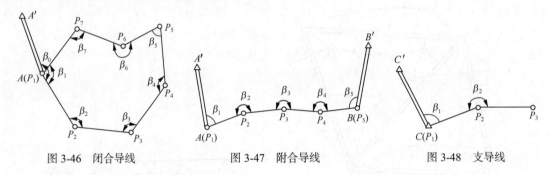

图 3-46　闭合导线　　　　图 3-47　附合导线　　　　图 3-48　支导线

2. 导线测量的主要技术要求

用导线测量方法建立小地区平面控制网，通常分为三、四等导线，一级、二级、三级导线和图根导线等几种等级，各等级导线测量的主要技术要求应符合表 3-10 中的规定。

表 3-10　　　　　　　　　　　　导线测量的主要技术要求

等级	导线长度/km	平均边长/km	测角中误差/（″）	测距中误差/mm	测距相对中误差	测回数 1″级仪器	测回数 2″级仪器	测回数 6″级仪器	方位角闭合差/（″）	导线全长相对闭合差
三等	14	3	1.8	20	1/150 000	6	10	—	$3.6\sqrt{n}$	≤1/55 000
四等	9	1.5	2.5	18	1/80 000	4	6	—	$5\sqrt{n}$	≤1/35 000
一级	4	0.5	5	15	1/30 000	—	2	4	$10\sqrt{n}$	≤1/15 000
二级	2.4	0.25	8	15	1/14 000	—	1	3	$16\sqrt{n}$	≤1/10 000
三级	1.2	0.1	12	15	1/7 000	—	1	2	$24\sqrt{n}$	≤1/5 000

注：1. 表中 n 为测站数；

2. 当测区测图的最大比例尺为 1:1 000 时，一级、二级、三级导线的平均边长及总长可适当放长，但最大长度不应大于表中规定长度的 2 倍；

3. 测角的 1″级、2″级、6″级仪器分别包括全站仪、电子经纬仪和光学经纬仪，在本教材的后续引用中均采用此形式。

当导线平均边长较短时，应控制导线边数，但不得超过表 3-10 相应等级导线长度和平均边长算出的边数；当导线长度小于表 3-10 规定长度的 1/3 时，导线全长的绝对闭合差不应大于 13 cm。

设计导线网时，结点与结点、结点与高级点之间的导线长度不应大于表 3-10 中相应等级规定长度的 0.7 倍。

3.6.2.2 导线测量的外业工作

导线测量的外业工作包括：踏勘选点及建立标志、测边、测角和联测。

1. 导线网的设计、选点与埋石

在进行测区导线网的设计、选点前，应收集测区内原有的各种不同比例尺的地形图及测区所属范围高等级控制点的成果资料，然后在收集到的地形图上展绘原有控制点，并初步拟定、设计导线网的布设路线，最后按照设计方案到实地踏勘，核对、修改、落实点位和建立标志。如果测区内没有地形图资料，则需详细踏勘现场，根据已知控制点的分布、测区地形条件及城市建设和施工的需要等具体情况，合理地选定导线点的位置。

导线网的布设应符合下列规定：

（1）导线网用作测区的首级控制时，应布设成环状网，且宜联测两个已知方向；

（2）加密网可采用单一附合导线或结点导线网形式；

（3）结点间或结点与已知点间的导线段宜布设成直伸形状，相邻边长不宜相差过大，网内不同环节上的点也不宜相距过近。

导线点位的选定，应符合下列规定：

（1）点位应选在土质坚实、稳固可靠、便于保存的地方，视野应相对开阔，便于加密、扩展和寻找。

（2）相邻点之间应通视良好，其视线距障碍物的距离，三、四等不宜小于 1.5 m；四等以下宜保证便于观测，以不受旁折光的影响为原则。

（3）当采用电磁波测距时，相邻点之间视线应避开烟囱、散热塔、散热池等发热体及强电磁场。

（4）相邻两点之间的视线倾角不宜过大。

（5）充分利用旧有控制点。

同时，布设的导线点应有足够的密度，应均匀分布在整个测区，以便于控制测区。

导线点选定后，若在泥土地面上，要在每一点位上打一大木桩，其周围浇灌一圈混凝土，并在桩顶钉一个小钉，作为临时性标志（见图 3-49）；在碎石或沥青路面上，可以用顶上凿有十字纹的大铁钉代替木桩；在混凝土场地或路面上，可以用钢凿凿"十"字纹，再涂上红油漆使标志明显。

若导线点必须保存较长的时间，就需埋设混凝土桩（见图 3-50）或石桩，桩顶刻"十"字，作为永久性标志。导线点应统一编号，导线点在地形图上的表示符号如图 3-51 所示，图中的 2.0 表示正方形符号的长宽为 2 mm，1.6 表示圆形符号的直径为 1.6 mm。

导线点埋设后，为便于观测时寻找，可以在点位附近房角或电线杆等明显地物上用红油漆标明指示导线点的位置。并应为每一个导线点绘制一张点之记（见图 3-52），按照规范规定：三、四等导线点应绘制点之记，其他等级的导线控制点可视需要而定。

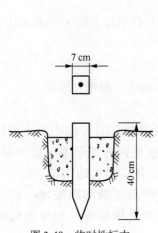

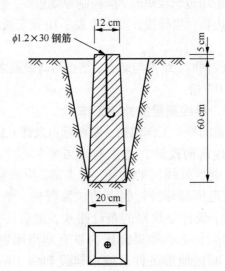

图 3-49 临时性标志　　　　　图 3-50 永久性标志（混凝土桩）

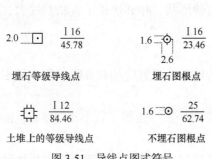

图 3-51 导线点图式符号

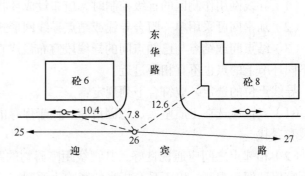

图 3-52 点之记

2. 导线边距离测量

一级及以上等级控制网的边长，应采用中、短程全站仪或电磁波测距仪测距（短程为 3 km 以下，中程为 3 ~ 15 km）。一级以下也可采用普通钢尺量距。测距仪器的标称精度，可表示为

$$m_D = a + b \times D \qquad (3-17)$$

式中，m_D 为测距中误差（mm）；a 为标称精度中的固定误差（mm）；b 为标称精度中的比例误差系数（mm/km）；D 为测距长度（km）。

测距仪器及相关的气象仪表应及时校验。当在高海拔地区使用空盒气压表时，宜送当地气象台（站）校准。

各等级控制网边长测距的主要技术要求，应符合表 3-11 中的规定。

表 3-11   测距的主要技术要求

平面控制网等级	仪器型号	观测次数		总测回数	一测回读数较差/mm	单程各测回较差/mm	往返较差/mm
		往	返				
三等	≤5 mm 级仪器	1	1	6	≤5	≤7	≤2（a+b×D）
	≤10 mm 级仪器			8	≤10	≤15	
四等	≤5 mm 级仪器	1	1	4	≤5	≤7	
	≤10 mm 级仪器			6	≤10	≤15	
一级	≤10 mm 级仪器	1	—	2	≤10	≤15	
二、三级	≤10 mm 级仪器	1		1	≤10	≤15	—

注：1. 测距的 5 mm 级仪器和 10 mm 级仪器，是指当测距长度为 1 km 时，仪器的标称精度 m_D（ $m_D=a+b×D$ ），分别为 5 mm 和 10 mm 的电磁波测距仪器。在本规范的后续引用中均采用此形式；

2. 测回是指照准目标一次，读数 2~4 次的过程；

3. 在往返测量困难的情况下，边长测距可采取不同时间段测量代替往返观测；

4. 计算测距往返较差的限差时，a、b 分别为相应等级所使用仪器标称的固定误差和比例误差。

测距作业，应符合下列规定：

（1）测站对中误差和反光镜对中误差不应大于 2 mm。

（2）当观测数据超限时，应重测整个测回，如观测数据出现分群时，应分析原因，采取相应措施重新观测。

（3）四等及以上等级控制网的边长测量，应分别量取两端点观测始末的气象数据，计算时应取平均值。

（4）测量气象元素的温度计宜采用通风干湿温度计，气压表宜选用高原型空盒气压表；读数前应将温度计悬挂在离开地面和人体 1.5 m 以外且阳光不能直射的地方，且读数精确至 0.2 ℃；气压表置平，指针不应滞阻，且读数精确至 50 Pa。

普通钢尺量距的主要技术要求，应符合表 3-12 中的规定。

表 3-12   普通钢尺量距的主要技术要求

等级	边长量距较差相对误差	作业尺数	量距总次数	定线最大偏差/mm	尺段高差较差	读定次数	估读值值/mm	温度读数值值/℃	同尺各次或同段各尺的较差/mm
二级	1/20 000	1~2	2	50	≤10	3	0.5	0.5	≤2
三级	1/10 000	1~2	2	70	≤10	2	0.5	0.5	≤3

注：1. 量距边长应进行温度、坡度和尺长改正；

2. 当检定钢尺时，其丈量的相对误差不应大于 1/100 000；

3. 导线网水平角度测量

水平角观测所使用的全站仪、电子经纬仪和光学经纬仪，应符合下列相关规定。

（1）照准部旋转轴正确性指标：即管水准器气泡或电子水准器长气泡在各位置的读数较差，1″级仪器不应超过 2 格，2″级仪器不应超过 1 格，6″级仪器不应超过 1.5 格。

（2）光学经纬仪的测微器行差及隙动差指标：1″级仪器不应大于 1″，2″级仪器不应大于 2″。

（3）水平轴不垂直于垂直轴之差指标：1″级仪器不应超过 10″，2″级仪器不应超过 15″，6″级仪器不应超过 20″。

（4）补偿器的补偿要求：在仪器补偿器的补偿区间，对观测成果应能进行有效补偿。

（5）垂直微动旋转使用时，视准轴在水平方向上不产生偏移。

（6）仪器的基座在照准部旋转时的位移指标：1″级仪器不应超过 0.3″，2″级仪器不应超过 1″，6″级仪器不应超过 1.5″。

（7）光学（或激光）对中器的视轴（或射线）与竖轴的重合度不应大于 1 mm。

水平角观测宜采用方向观测法，并符合下列规定。

（1）方向观测法的技术要求，不应超过表 3-13 的规定。

表 3-13 水平角方向观测法的技术要求

等级	仪器型号	光学测微器两次重合读数之差/（″）	半测回归零差/（″）	一测回内 2C 互差/（″）	同一方向值各测回较差/（″）
四等及以上	1″ 级仪器	1	6	9	6
	2″ 级仪器	3	8	13	9
一级及以下	2″ 级仪器	—	12	18	12
	6″ 级仪器	—	18	—	24

注：1. 全站仪、电子经纬仪水平角观测时不受光学测微器两次重合读数之差指标的限制；

2. 当观测方向的垂直角超过 ±3°的范围时，该方向 2C 互差可按相邻测回同方向进行比较，其值应满足表中一测回内 2C 互差的限值。

（2）当观测方向不多于 3 个时，可不归零。

（3）当观测方向多于 6 个时，可进行分组观测。分组观测应包括两个共同方向（其中一个为共同零方向）。其两组观测角之差，不应大于同等级测角中误差的 2 倍。分组观测的最后结果，应按等权分组观测进行测站平差。

（4）各测回间应配置度盘。采用动态式测角系统的全站仪或电子经纬仪不需进行度盘配置。

（5）水平角的观测值应取各测回的平均数作为测站成果。

三、四等导线的水平角观测，当测站只有两个方向时，应在观测总测回中以奇数测回的度盘位置观测导线前进方向的左角，以偶数测回的度盘位置观测导线前进方向的右角。左右角的测回数为总测回数的一半。但在观测右角时，应以左角起始方向为准变换度盘位置，也可用起始方向的度盘位置加上左角的概值在前进方向配置度盘。

左角平均值与右角平均值之和与 360°之差，不应大于表 3-10 中相应等级导线测角中误差的 2 倍。

水平角观测的测站作业，应符合下列规定：

（1）仪器或反光镜的对中误差不应大于 2 mm。

（2）水平角观测过程中，气泡中心位置偏离整置中心不宜超过 1 格。四等及以上等级的水平角观测，当观测方向的垂直角超过 ±3°的范围时，宜在测回间重新整置气泡位置。有垂直轴补偿器的仪器，可不受此条的限制。

（3）如受外界因素（如震动）的影响，仪器的补偿器无法正常工作或超出补偿器的补偿范围时，应停止观测。

（4）当测站或照准目标偏心时，应在水平角观测前或观测后测定归心元素。测定时，投影示误三角形的最长边，对标石、仪器中心的投影不应大于 5 mm，对照准标志中心的投影不应大于 lO mm。投影完毕后，除标石中心外，其他各投影中心均应描绘两个观测方向。角度元素应量至 15′，长度元素应量至 1 mm。

水平角观测误差超限时，应在原来度盘位置上重测，并应符合下列规定：

（1）一测回内 2C 互差或同一方向值各测回较差超限时，应重测超限方向，并联测零方向。

（2）下半测回归零差或零方向的 2C 互差超限时，应重测该测回。

（3）若一测回中重测方向数超过总方向数的 1/3 时，应重测该测回；当重测的测回数超过总测回数的 1/3 时，应重测该站。

首级控制网所联测的已知方向的水平角观测，应按首级网相应等级的规定执行。

每日观测结束，应对外业记录手簿进行检查，当使用电子记录时，应保存原始观测数据，打印输出相关数据和预先设置的各项限差。

3.6.2.3　导线测量的内业计算

导线测量内业计算的目的是利用外业所测得的数据资料，根据已知起算数据，通过计算调整误差，推算出各待定导线点的平面直角坐标。内业计算的起算数据为：已知点坐标、已知坐标方位角，观测数据为：角度观测值（各转折角和联测角）及各导线边的距离。现行工程测量规范规定：一级及以上等级的导线网计算，应采用严密平差法；二、三级导线网，可根据需要采用严密或简化方法平差。当采用简化方法平差时，应以平差后坐标反算的角度和边长作为成果。图根导线采用简化方法平差。若采用软件进行导线网的平差计算时，应对计算略图和计算机输入数据应进行仔细校对，并对计算结果应进行检查。打印输出的平差成果应列有起算数据、观测数据以及必要的中间数据。平差后的精度评定应包括单位权中误差、相对误差椭圆参数、边长相对中误差或点位中误差等。当采用简化平差时，平差后的精度评定可进行相应简化。导线内业计算中数字取值精度的要求，应符合表 3-14 中的规定。

表 3-14　　　　　　　　　导线内业计算中数字取值精度的要求

等级	观测方向值及各项修正数/（″）	边长观测值及各项修正数/m	边长与坐标/m	方位角/（″）
三、四等	0.1	0.001	0.001	0.1
一级及以下	1	0.001	0.001	1

注：导线测量内业计算中，数字取值精度不受二等取值精度的限制。

1．平面控制网的定位、定向与坐标正反算

在新布设的平面控制网中，至少需要一个已知平面坐标的起算点，才可以确定控制网的位置，简称定位；至少需要一条已知坐标方位角的起算边，才可以确定控制网的方向，简称定向。所以，在平面控制测量中，为了计算出待定控制点的坐标，至少需要已知一点的坐标和一条边的坐标方位角来作为平面控制网的必要起算数据。控制网的起算数据可以通过与已有国家控制网或城市控制网联测获得。通过已知点的坐标和已知边的坐标方位角，就可以确定控制网的位置和方向，再根据观测的角度和边长，便可推算出控制网中各边的坐标方位角和水平距离，进而求得待定点的坐标。

因此，在控制网内业计算中，必须进行坐标方位角的推算和点的平面坐标的正、反算。

（1）坐标方位角的推算

已知直线 AB 坐标方位角为 α_{AB}，B 点处的转折角为 β，当 β 为左角（即该角位于前进方向的左侧）时（见图 3-53（a）），则直线 BC 的坐标方位角 α_{BC} 为

$$\alpha_{BC} = \alpha_{AB} + 180° + \beta_{左} \tag{3-18}$$

当 β 为右角（即该角位于前进方向的右侧）时（见图 3-53（b）），则直线 BC 的坐标方位角 α_{BC} 为

$$\alpha_{BC} = \alpha_{AB} + 180° - \beta_{右} \tag{3-19}$$

由式（3-18）、式（3-19）可推算出坐标方位角的一般公式为

$$\alpha_{前} = \alpha_{后} + 180° + \beta_{左} \ 或 \ \alpha_{前} = \alpha_{后} + 180° - \beta_{右} \tag{3-20}$$

如果推算出的坐标方位角大于 $360°$，则应减去 $360°$，如果出现负值，则应加上 $360°$。

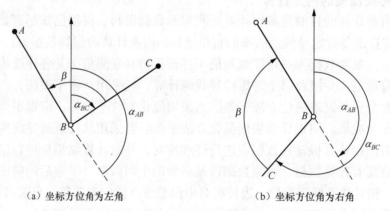

（a）坐标方位角为左角　　　　　　　　（b）坐标方位角为右角

图 3-53　坐标方位角推算

（2）平面直角坐标正、反算

如图 3-54 所示，设 A 为已知点，B 为未知点，当 A 点坐标（x_A，y_A）、A 点至 B 点的水平距离 D_{AB} 和坐标方位角 α_{AB} 均为已知时，则可求得 B 点坐标（x_B，y_B）。根据直线的起点坐标、直线的水平距离以及坐标方位角来计算终点的坐标的过程称为坐标正算。

由图 3-54 可知，

$$\begin{cases} x_B = x_A + \Delta x_{AB} \\ y_B = y_A + \Delta y_{AB} \end{cases} \tag{3-21}$$

式中，

$$\begin{cases} \Delta x_{AB} = D_{AB} \times \cos \alpha_{AB} \\ \Delta y_{AB} = D_{AB} \times \sin \alpha_{AB} \end{cases} \tag{3-22}$$

所以，式（3-21）也可写成：

$$\begin{cases} x_B = x_A + D_{AB} \times \cos \alpha_{AB} \\ y_B = y_A + D_{AB} \times \sin \alpha_{AB} \end{cases} \tag{3-23}$$

式中，Δx_{AB} 和 Δy_{AB} 称为坐标增量。

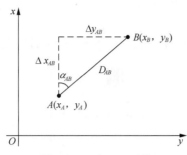

图 3-54　坐标正、反算

　　根据直线的起点和终点的坐标，计算直线的水平距离和坐标方位角的过程称为坐标反算。如图 3-54 所示，设 A、B 两已知点的坐标分别为（x_A，y_A）和（x_B，y_B），则直线 AB 的坐标方位角 α_{AB} 和水平距离 D_{AB} 为

$$\alpha_{AB} = \arctan\frac{\Delta y_{AB}}{\Delta x_{AB}} \tag{3-24}$$

$$D_{AB} = \frac{\Delta y_{AB}}{\sin\alpha_{AB}} = \frac{\Delta x_{AB}}{\cos\alpha_{AB}} = \sqrt{\Delta x_{AB}^2 + \Delta y_{AB}^2} \tag{3-25}$$

式中，$\Delta x_{AB} = x_B - x_A$，$\Delta y_{AB} = y_B - y_A$。

　　通过式（3-25）能算出多个 D_{AB}，可进行相互校核。

　　在此指出，式（3-24）中 Δy_{AB}、Δx_{AB} 应取绝对值，计算得到的为象限角 R_{AB}，象限角取值范围为 $0° \sim 90°$。而测量工作通常用坐标方位角表示直线的方向，因此，需根据坐标增量的正、负号判断计算出象限角 R_{AB} 所在象限，再将象限角 R_{AB} 转化为坐标方位角 α_{AB}，如表 3-15 所示。

表 3-15　　　　　　　　　　　　象限角 R_{AB} 转化为坐标方位角 α_{AB}

Δy_{AB}	Δx_{AB}	象限	坐标方位角
+	+	Ⅰ	$\alpha_{AB} = R_{AB}$
+	−	Ⅱ	$\alpha_{AB} = 180° - R_{AB}$
−	−	Ⅲ	$\alpha_{AB} = 180° + R_{AB}$
−	+	Ⅳ	$\alpha_{AB} = 360° - R_{AB}$

2．闭合导线坐标计算

　　下面以图根导线的简化平差计算为例，介绍二级以下导线的内业计算步骤和方法。

　　计算之前，应按规范要求对导线测量外业成果进行全面检查和验算，看数据是否齐全，有无记错、算错的地方，确保观测成果正确无误并符合各项限差要求，然后对观测边长进行相应改正，以消除或减弱系统误差的影响。同时，应对起算数据进行复查，确保起算数据准确。然后绘制导线略图，把各项数据标注于图上的相应位置，如图 3-55 所示。

　　（1）图根导线内业计算及成果的取值精度要求

对于图根导线内业计算中数字的取位，角度值取至角秒，边长和平面直角坐标取至厘米位。具体计算时，应符合表 3-14 的规定。

（2）闭合导线内业计算

现以图 3-55 中的实测数据为例，介绍闭合导线内业计算的步骤。

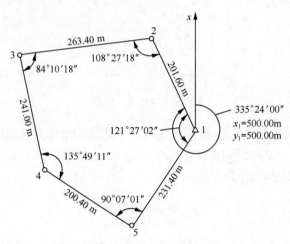

图 3-55　闭合导线略图

① 填写起算数据及外业观测数据

图 3-55 中已知 1 号点的坐标（x_1，y_1）和以点 1 和点 2 为端点的边的坐标方位角 α_{12}，如果令导线的前进方向为 1→2→3→4→5，则图 3-55 中观测的导线内角为左转折角。计算时，首先将校核过的外业观测数据及起算数据填入"闭合导线坐标计算表"（表 3-16）中，起算数据用下画线标明。

② 角度闭合差的计算与调整

根据平面几何原理，n 边形内角和应为 $(n-2)\times180°$，如设 n 边形闭合导线的各内角分别为 β_1，β_2，$\cdots\beta_n$，则其内角和的理论值为

$$\sum\beta_{理}=(n-2)\times180° \tag{3-26}$$

由于观测角不可避免地含有误差，致使实测的内角和 $\sum\beta_{测}$ 不等于内角和的理论值，而产生角度闭合差 f_β。

$$f_\beta=\sum\beta_{测}-\sum\beta_{理}=\sum\beta_{测}-(n-2)\times180° \tag{3-27}$$

对图根电子测距导线，角度闭合差的容许值 $f_{\beta容}=\pm40''\sqrt{n}$；对图根钢尺测距导线，角度闭合差的容许值 $f_{\beta容}=\pm60''\sqrt{n}$。若 $f_\beta>f_{\beta容}$，在检查计算无误的前提下，则说明所测角度不符合要求，应重新观测角度。若 $f_\beta\leq f_{\beta容}$，则将角度闭合差 f_β 按"反号平均分配"的原则，计算各观测角的改正数 v_β，其角度改正数为 $v_\beta=-f_\beta/n$；然后将 v_β 加到各观测角 β_i 上，最终计算出改正后的角值 $\hat{\beta}_i$，即 $\hat{\beta}_i=\beta_i+v_\beta$。

改正后的内角和应为 $(n-2)\times180°$，本例应为 540°，以做计算校核。

③ 用改正后的导线左角或右角推算导线各边的坐标方位角

根据起算边的已知坐标方位角 α_{12} 及改正后的角值 $\hat{\beta}_i$ 按如下公式推算其他各导线边的坐

标方位角。

$$\alpha_{n.n+1} = \alpha_{n-1.n} + 180° + \hat{\beta}_{左} \quad （所测角为左角） \tag{3-28}$$

$$\alpha_{n.n+1} = \alpha_{n-1.n} + 180° - \hat{\beta}_{右} \quad （所测角为右角） \tag{3-29}$$

本例观测角为左角，按式（3-28）推算出导线各边的坐标方位角，列入表 3-16 中的第 5 栏。在推算过程中必须注意：计算出的 $\alpha_{n.n+1}$ 应是 $0° \sim 360°$ 之间的数值，如超出此范围，则应 $\pm 360°$。推算闭合导线各边坐标方位角时，最后应推算到起始边的坐标方位角，即起边的推算值应与原有的起算坐标方位角相等，以做计算校核。如不符，应重新检查、计算。

④ 坐标增量的计算及其闭合差的调整

按式（3-22）计算出导线各边两端点间的纵横坐标增量 Δx、Δy，并填入表 3-16 的第 7 栏和第 8 两栏中。如 $\Delta x_{12} = D_{12} \cos \alpha_{12} = +183.30 \text{ m}$，$\Delta y_{12} = D_{12} \sin \alpha_{12} = -83.92 \text{ m}$。

从图 3-56 可以看出，闭合导线纵、横坐标增量代数和的理论值分别为零，即

$$\sum \Delta x_{理} = 0 \tag{3-30}$$

$$\sum \Delta y_{理} = 0 \tag{3-31}$$

实际观测中，由于测边的误差和角度闭合差调整后的残余误差，往往使 $\sum \Delta x_{测}$、$\sum \Delta y_{测}$ 不等于零（见图 3-57），由此产生纵坐标增量闭合差 f_x 与横坐标增量闭合差 f_y，即

$$f_x = \sum \Delta x_{测} - \sum \Delta x_{理} = \sum \Delta x_{测} \tag{3-32}$$

$$f_y = \sum \Delta y_{测} - \sum \Delta y_{理} = \sum \Delta y_{测} \tag{3-33}$$

117

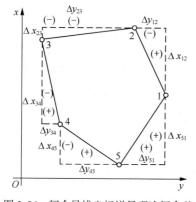

图 3-56 闭合导线坐标增量理论闭合差

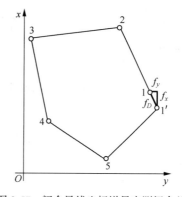

图 3-57 闭合导线坐标增量实测闭合差

从图 3-57 中可以明显看出，由于 f_x、f_y 的存在，使导线不能闭合，点 1 和点 $1'$ 之间的长度 f_D 称为导线全长闭合差，其计算公式为

$$f_D = \sqrt{f_x^2 + f_y^2} \tag{3-34}$$

仅从 f_D 值的大小还不能真正反映出导线测量的精度，应当将 f_D 与导线全长 $\sum D$ 相比，用相对误差 k 来表示导线测量的精度水平，即

$$k = \frac{f_D}{\sum D} = \frac{1}{\sum D \Big/ f_D} \tag{3-35}$$

k 的分母越大，分数值越小，精度越高。不同等级的导线全长相对闭合差的容许值 $k_容$ 参见表 3-10。对图根电子测距导线，其 $k_容=1/4\ 000$；对图根钢尺测距导线，其 $k_容=1/2\ 000$。

若实际的 $k>k_容$，则说明不合格，应首先检查内业计算有无错误，若无误，再检查外业观测成果资料，必要时应重测。若 $k\leqslant k_容$，则说明测量符合相应等级的精度要求，可以对坐标增量闭合差进行分配调整，即将 f_x、f_y 反其符号按"与边长成正比"的原则计算导线各边的纵、横坐标增量改正数，以 v_{xi}、v_{yi} 分别表示第 i 边的纵、横坐标增量改正数，则有：

$$v_{xi}=-\frac{f_x}{\sum D}\cdot D_i \tag{3-36}$$

$$v_{yi}=-\frac{f_y}{\sum D}\cdot D_i \tag{3-37}$$

纵、横坐标增量改正数之和应满足

$$\sum v_{xi}=-f_x \tag{3-38}$$

$$\sum v_{yi}=-f_y \tag{3-39}$$

将计算出的各导线边的纵、横坐标增量的改正数（取位到厘米）填入表 3-16 中的 7、8 两栏增量计算值的上方（如+5、+2 等）。

导线各边的纵、横坐标增量加上相应纵、横增量的改正数即得到导线各边改正后的纵、横坐标增量，并填入表 3-16 中的 9、10 两栏。即 $\Delta\hat{x}_{12}=\Delta x_{12}+v_{x12}=+183.35\ \text{m}$，$\Delta\hat{y}_{12}=\Delta y_{12}+v_{y12}=-83.90\ \text{m}$ 等。

改正后的导线纵、横坐标增量之代数和应分别为零，以做计算校核。

⑤ 计算导线各点的坐标

根据起算点 1 的坐标（本例为：$x_1=500.00\ \text{m}$，$y_1=500.00\ \text{m}$）及改正后的纵、横坐标增量，用式（3-40）和式（3-41）依次推算 2、3、4、5 各点的坐标。

$$\hat{x}_{n+1}=\hat{x}_n+\Delta\hat{x}_改 \tag{3-40}$$

$$\hat{y}_{n+1}=\hat{y}_n+\Delta\hat{y}_改 \tag{3-41}$$

算得的坐标值填入表 3-16 中的 11、12 栏。最后还应推算起点 1 的坐标，其值应与原有的数值相等，以做校核。

3. 附合导线内业计算

附合导线内业计算步骤与闭合导线基本相同。两者的差异主要在于：由于导线布设形式的不同，致使两者的角度闭合差 f_β 及纵、横坐标增量闭合差 f_x、f_y 的计算有所不同。下面着重介绍其不同点。

表3-16

闭合导线坐标计算表

点号	观测角（左角）	改正数（"）	改正角 4=2+3	坐标方位角 α	距离 D/m	增量计算值 Δx/m	增量计算值 Δy/m	改正后增量 Δx/m	改正后增量 Δy/m	坐标值 x/m	坐标值 y/m	点号
1	2	3	4=2+3	5	6	7	8	9	10	11	12	13
1										500.00	500.00	1
				335°24'00"	201.60	+5 / +183.30	+2 / -83.92	+183.35	-83.90			
2	108°27'18"	-10	108°27'08"							683.35	416.10	2
				263°51'08"	263.40	+7 / -28.21	+2 / -261.89	-28.14	-261.87			
3	84°10'18"	-10	84°10'08"							655.21	154.23	3
				168°01'16"	241.00	+7 / -235.75	+2 / +50.02	-235.68	+50.04			
4	135°49'11"	-10	135°49'01"							419.53	204.27	4
				123°50'17"	200.40	+5 / -111.59	+1 / +166.46	-111.54	+166.47			
5	90°07'01"	-10	90°06'51"							307.99	370.74	5
				33°57'08"	231.40	+6 / +191.95	+2 / +129.24	+192.01	+129.26			
1	121°27'02"	-10	121°26'52"							500.00	500.00	1
				335°24'00"								
2												
∑	540°00'50"	-50	540°00'00"		1 137.80	-0.30	-0.90	0	0			

辅助计算

$\sum \beta_測 = 540°00'50''$

$\sum \beta_理 = 540°00'00''$

$f_\beta = +50''$　$f_{\beta容} = \pm 60''\sqrt{5} = \pm 134''$　$|f_\beta| < |f_{\beta容}|$　合格

$f_x = \sum \Delta x_測 = -0.30\ \text{m}$

$f_y = \sum \Delta y_測 = -0.90\ \text{m}$

$f_D = \sqrt{f_x^2 + f_y^2} = 0.31\ \text{m}$

$K = \dfrac{f_D}{\sum D} = \dfrac{0.31}{1137.80} \approx \dfrac{1}{3\,600} < K_容 = \dfrac{1}{2\,000}$

（1）角度闭合差的计算

附合导线的角度闭合差是指坐标方位角的闭合差。某附合导线略图如图 3-58 所示，计算时可根据起算边 AB 的已知坐标方位角 α_{AB} 及所观测的左转折角 β_B、β_1、β_2、β_3、β_4 和 β_C，依次推算出导线各边直至终边 CD 的坐标方位角，设推算出的 CD 边的坐标方位角为 α'_{CD}，则角度闭合差 f_β 的计算式为

$$f_\beta = \alpha'_{CD} - \alpha_{CD}$$

若观测左角，则 $\alpha'_{CD} = \alpha_{AB} + n \times 180° + \sum \beta_{左}$ （3-42）

若观测左角，则 $\alpha'_{CD} = \alpha_{AB} + n \times 180° - \sum \beta_{右}$ （3-43）

式中，n 为观测的转折角的个数。

关于角度闭合差 f_β 的调整计算，即各角度的改正数计算，与闭合导线内业计算方法相同，均按将角度闭合差 f_β "反号平均分配" 的原则，计算出各观测角的改正数 v_β，即 $v_\beta = -f_\beta/n$；然后将 v_β 加到各观测角 β_i 上，最终计算出改正后的角值 $\hat{\beta}_i$，即 $\hat{\beta}_i = \beta_i + v_\beta$。

依此方法，将所算出的结果填写在附合导线内业计算表相应的栏内，本例计算见表 3-17。

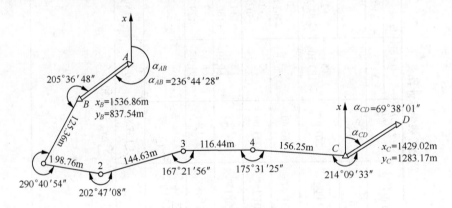

图 3-58　附合导线略图

（2）坐标增量闭合差的计算

依据附合导线的工作原理，其线路各导线边的纵、横平面坐标增量的代数和理论值应分别等于终、始两已知点的纵、横平面坐标值之差，即

$$\sum \Delta x_{理} = x_C - x_B \quad （3-44）$$

$$\sum \Delta y_{理} = y_C - y_B \quad （3-45）$$

按实测边长计算出的导线各边纵、横坐标增量之和分别为 $\Delta x_{测}$ 和 $\Delta y_{测}$，则纵、横坐标增量闭合差 f_x、f_y 的计算公式为

$$f_x = \sum \Delta x_{测} - \sum \Delta x_{理} = \sum \Delta x_{测} - (x_C - x_B) \quad （3-46）$$

$$f_y = \sum \Delta y_{测} - \sum \Delta y_{理} = \sum \Delta y_{测} - (y_C - y_B) \quad （3-47）$$

附合导线的导线全长闭合差 f_D、全长相对闭合差 k 和容许相对闭合差 $k_{容}$ 的计算，以及纵、横坐标增量闭合差 f_x、f_y 的调整，与闭合导线内业计算方法完全相同。附合导线内业计算的结果见表 3-17。

表 3-17　附合导线坐标计算表

点号	观测角（右角）	改正数	改正角	坐标方位角 α	距离 D/m	增量计算值 Δx/m	Δy/m	改正后增量 Δx/m	Δy/m	坐标值 x/m	y/m	点号
1	2	3	4=2+3	5	6	7	8	9	10	11	12	13
A				236°44′28″								A
B	205°36′48″	−13″	205°36′35″	211°07′53″	125.36	+4 −107.31	−2 −64.81	−107.27	−64.83	1 536.86	837.54	B
1	290°40′54″	−12″	290°40′42″	100°27′11″	98.76	+3 −17.92	−2 +97.12	−17.89	+97.10	1 429.59	772.71	1
2	202°47′08″	−13″	202°46′55″	77°40′16″	114.63	+4 +30.88	−2 +141.29	+30.92	+141.27	1 411.70	869.81	2
3	167°21′56″	−13″	167°21′43″	90°18′33″	116.44	+3 −0.63	−2 +116.44	−0.60	+116.42	1 442.62	1 011.08	3
4	175°31′25″	−13″	175°31′12″	94°47′21″	156.25	+5 −13.05	−3 +155.70	−13.00	+155.67	1 442.02	1 127.50	4
C	214°09′33″	−13″	214°09′20″	60°38′01″						1 429.02	1 283.17	C
D												D
Σ	1 256°07′44″	−77″	1 256°06′25″		641.44	−108.03	+445.74	−107.84	+445.63			

辅助计算

$\alpha'_{CD} = \alpha_{AB} + 6 \times 180° - \sum \beta_R$

$f_\beta = \alpha'_{CD} - \alpha_{CD} = +1'17''$

$f_{\beta\ddot{\mathrm{e}}} = \pm 60'' \sqrt{6} = \pm 147''$

$|f_\beta| < |f_{\beta\ddot{\mathrm{e}}}|$ 合格

$\sum \Delta x_{测} = -108.03 \text{ m}$

$f_x = \sum \Delta x_{测} - (x_C - x_B) = -0.19 \text{ m}$

$\sum \Delta y_{测} = +445.74 \text{ m}$

$f_y = \sum \Delta y_{测} - (y_C - y_B) = +0.11 \text{ m}$

$f_D = \sqrt{f_x^2 + f_y^2} = 0.22 \text{ m}$

$K = \dfrac{f_D}{\sum D} = \dfrac{0.22}{641.44} \approx \dfrac{1}{2\,900} < K_{容} = \dfrac{1}{2\,000}$

4. 支导线内业计算

支导线中没有检核条件，因此没有闭合差产生，导线转折角和计算的坐标增量均不需要进行改正。支导线的计算步骤为：

① 根据观测的转折角推算各边的坐标方位角；

② 根据各边坐标方位角和边长计算坐标增量；

③ 根据各边的坐标增量推算各点的坐标。

5. 导线测量错误的检查方法

在导线计算中，若角度闭合差或导线全长相对闭合差超限，很可能是转折角或导线边长观测值中含有粗差，或可能在计算时出现了计算错误。一般说来，测角错误将表现为角度闭合差超限，而测边出错或计算中用错导线边的坐标方位角，则表现为导线全长相对闭合差超限。

（1）角度闭合差超限，检查角度观测错误

在图 3-59 所示的附合导线中，假设所测的转折角中含有错误，则可根据未经调整的角度观测值自 A 向 C 计算各导线边的坐标方位角和各导线点的坐标，并同样自 C 向 A 进行推算。若只有一点的坐标极为相近，而其余各点坐标均有较大的差异，则表明坐标很接近的这一点上的测角有误差。若错误较大（如 5° 以上），也可直接用图解法来发现错误所在。即先自 A 向 C 用量角器和比例直尺按所测角度和边长画导线，然后再自 C 向 A 也画导线，在两条导线相交的导线点上所测出的是有问题的角度。

若为闭合导线也可按此方法进行检查，但检查或画导线时不是从两点对向进行，而是从一点开始以顺时针方向和逆时针方向分别计算各导线点的坐标，并按上述方法来检查判断，找出测角错误所在。

（2）导线全长相对闭合差超限，检查边长或坐标方位角错误

由于在角度闭合差未超限时才可进行导线全长相对闭合差的计算，所以若导线全长相对闭合差超限，只可能是边长或坐标方位角错误所致。若导线某边长有较大误差，如图 3-60 中的 de 边上错了 ee'，则全长闭合差 BB' 将平行于该导线边 de。若计算坐标增量时用错了某导线边的坐标方位角，则全长闭合差的方向将大致垂直于方向错误的导线边。所以，在查找错误时，为了确定出错误之处，先必须确定全长闭合差的方向。

如图 3-60 所示，导线全长闭合差 BB' 的坐标方位角的正切值为：$\tan \alpha = f_y / f_x$，根据此式可先求得导线全长闭合差 BB' 的坐标方位角 α，然后将其与导线各边的坐标方位角相比较，若有与之相差 90° 者，则可检查该边的坐标方位角有无用错或是算错；若有与之大致相等（或相近）者，则应检查该导线边的边长是否有错误。如果从记录手簿或导线成果计算表中检查不出错误，则应到现场检查相应导线边的边长观测。

在此特别说明，上述导线测量错误的查找方法，仅仅只对导线成果中只有一个错误之处时有效，若有多处错误，本方法无法查找，只能重新进行导线的外业工作。

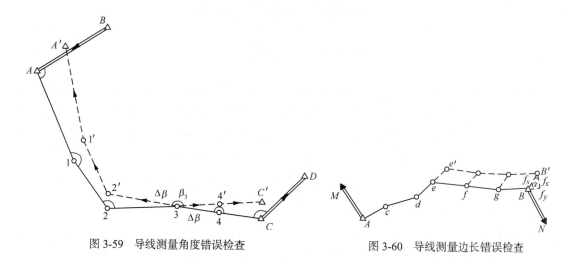

图 3-59　导线测量角度错误检查　　　　　图 3-60　导线测量边长错误检查

3.6.3　交会定点

交会定点测量是加密控制点的常用方法，它可以在多个已知控制点上设站，分别向待定点观测角度或距离，也可以在待定点上设站向多个已知控制点观测角度或距离，最后计算出待定点的坐标。常用的交会测量方法有前方交会、后方交会和测边交会等。

1.　前方交会

前方交会是一种在已知控制点上设站观测水平角，根据已知点坐标和观测角值，计算待定点坐标的控制测量方法。如图 3-61 所示，在已知点 A（x_A，y_A）、B（x_B，y_B）上安置经纬仪（或全站仪）分别向待定点 P 观测水平角 α 和 β，便可以计算出 P 点的坐标。为保证交会定点的精度，在选定 P 点时，应使交会角 γ 处于 $30° \sim 150°$ 之间，最好接近 $90°$。

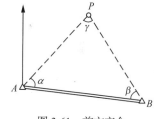

图 3-61　前方交会

通过坐标反算，求得已知边 AB 的坐标方位角 α_{AB} 和边长 S_{AB}，然后根据观测角 α 可推算出 AP 边的坐标方位角 α_{AP}，由正弦定理可求的 AP 边的边长 S_{AP}。最终，依据坐标正算公式，即可求得待定点 P 的坐标，即

$$\begin{cases} x_P = x_A + S_{AP} \times \cos\alpha_{AP} \\ y_P = y_A + S_{AP} \times \sin\alpha_{AP} \end{cases} \tag{3-48}$$

当 $\triangle ABP$ 的顶点 A（已知点）、B（已知点）、P（待定点）按逆时针编号时，可得到前方交会法求待定点 P 的坐标的一种余切公式，即

$$\begin{cases} x_P = \dfrac{x_A \times \cot\beta + x_B \times \cot\alpha + (y_B - y_A)}{\cot\alpha + \cot\beta} \\ y_P = \dfrac{y_A \times \cot\beta + y_B \times \cot\alpha - (x_B - x_A)}{\cot\alpha + \cot\beta} \end{cases} \tag{3-49}$$

若 A、B、P 按顺时针编号，则相应的余切公式为

$$\begin{cases} x_P = \dfrac{x_A \times \cot\beta + x_B \times \cot\alpha - (y_B - y_A)}{\cot\alpha + \cot\beta} \\ y_P = \dfrac{y_A \times \cot\beta + y_B \times \cot\alpha + (x_B - x_A)}{\cot\alpha + \cot\beta} \end{cases} \tag{3-50}$$

在实际工作中，为了检核交会点的精度，通常从三个已知点 A、B、C 上分别向待定点 P 进行角度观测，分成两个三角形利用余切公式解算交会点 P 的坐标。若两组计算出的坐标的较差 e 在允许限差之内，则取两组坐标的平均值为待定点 P 的最后坐标。对于图根控制测量，两组坐标较差的限差规定为：不大于两倍测图比例尺精度，即

$$e = \sqrt{(x_P' - x_P'')^2 + (y_P' - y_P'')^2} \leqslant 2 \times 0.1 \times M \text{(mm)} \tag{3-51}$$

式中，M 为测图比例尺分母。

2. 后方交会

若只在待定点安置经纬仪（或全站仪），向三个已知控制点观测两个水平角 α 和 β，从而解求出待定点的坐标，此种交会的方法称为后方交会。

如图 3-62 所示，A、B、C 为已知控制点，P 为待定点，通过在 P 点安置仪器，观测水平角 α、β、γ 和检查角 θ，即可唯一确定出 P 点的坐标。

测量上，称由不在同一条直线上的三个已知点 A、B、C 所构成的外接圆为危险圆，若 P 点处在危险圆的圆周上，则 P 点将不能唯一确定；若接近危险圆（待定点 P 到危险圆圆周的距离小于危险圆半径的 1/5），确定 P 点的可靠性将很低，所以，在用后方交会法布设野外交会点时应避免上述情形。具体布点时，待定点 P 可以在已知点所构成的三角形 ABC 之外，也可以在其内（见图 3-62）。

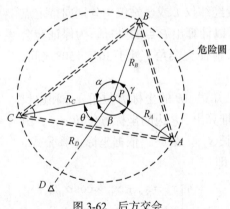

图 3-62　后方交会

后方交会的计算方法很多，下面给出一种实用公式（推导过程略）。

在图 3-62 中，设由三个已知点 A、B、C 所组成的三角形的三个内角分别表示为 $\angle A$、$\angle B$、$\angle C$，在 P 点对 A、B、C 三点观测的水平方向值分别为 R_A、R_B、R_C，构成的三个水平角 α、β、γ 为

$$\begin{cases} \alpha = R_B - R_C \\ \beta = R_C - R_A \\ \gamma = R_A - R_B \end{cases} \tag{3-52}$$

设 A、B、C 三个已知点的平面坐标为（x_A，y_A）、（x_B，y_B）、（x_C，y_C），令

$$\begin{cases} P_A = \dfrac{1}{\cot\angle A - \cot\alpha} = \dfrac{\tan\alpha\,\tan\angle A}{\tan\alpha - \tan\angle A} \\[2mm] P_B = \dfrac{1}{\cot\angle B - \cot\beta} = \dfrac{\tan\beta\,\tan\angle B}{\tan\beta - \tan\angle B} \\[2mm] P_C = \dfrac{1}{\cot\angle C - \cot\gamma} = \dfrac{\tan\gamma\,\tan\angle C}{\tan\gamma - \tan\angle C} \end{cases} \qquad (3\text{-}53)$$

则，待定点 P 的坐标计算公式为

$$\begin{cases} x_P = \dfrac{P_A \times x_A + P_B \times x_B + P_C \times x_C}{P_A + P_B + P_C} \\[3mm] y_P = \dfrac{P_A \times y_A + P_B \times y_B + P_C \times y_C}{P_A + P_B + P_C} \end{cases} \qquad (3\text{-}54)$$

如果将 P_A、P_B、P_C 看作是 A、B、C 三个已知点的权，则待定点 P 的平面坐标值就是三个已知点坐标的加权平均值。

实际作业时，为避免错误发生，通常应将 A、B、C、D 四个已知点分成两组，并观测出交会角，计算出待定点 P 的两组坐标值，求其较差，若较差在限差之内，取两组坐标值的平均值作为待定点 P 的最终平面坐标。

3．测边交会

测边交会又称三边交会，是一种测量边长交会定点的控制方法。如图 3-63 所示，A、B、C 三个已知点，P 为待定点，A、B、C 按逆时针排列，a、b、c 为边长观测数据。

依据已知点按坐标反算方法，反求已知边的坐标方位角和边长为 α_{AB}、α_{CB} 和 S_{AB}、S_{CB}。

在 $\triangle ABP$ 中，由余弦定理得：$\cos A = \dfrac{S_{AB}^2 + a^2 - b^2}{2a \times S_{AB}}$，考虑到 $\alpha_{AP} = \alpha_{AB} - A$，则

$$\begin{cases} x'_P = x_A + a \times \cos\alpha_{AP} \\ y'_P = y_A + a \times \sin\alpha_{AP} \end{cases} \qquad (3\text{-}55)$$

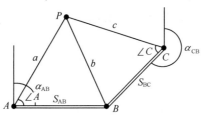

图 3-63　平面测边交会

同理，在 $\triangle BCP$ 中，有 $\cos C = \dfrac{S_{CB}^2 + c^2 - b^2}{2c \times S_{CB}}$，考虑到 $\alpha_{CP} = \alpha_{CB} + C$，则

$$\begin{cases} x''_P = x_C + c \times \cos\alpha_{CP} \\ y''_P = y_C + c \times \sin\alpha_{CP} \end{cases} \qquad (3\text{-}56)$$

根据式（3-55）和式（3-56）可计算出待定点的两组坐标，并计算其较差，若较差在允许限差之内，则可取两组坐标值的算术平均值作为待定点 P 的最终坐标。

125

3.7 点的平面位置测设

点的平面位置测设是根据施工控制点的坐标和待测设点的坐标,反算出测设数据,即控制点和待测设点之间的水平距离和水平角,再利用点的平面位置的测设方法标定出设计点位。

施工场地上点的平面位置测设常用的方法有极坐标法、直角坐标法、距离交会法和角度交会法等。所用的仪器一般是经纬仪和钢尺,也可以使用全站仪。选用何种方法、何种测设仪器,应根据施工控制网的形式、控制点的实地位置及施工场地现场情况、精度要求等因素进行合理选择。一般说来,最为常用的方法是极坐标法。

1. 极坐标法

极坐标法是根据水平角和水平距离来测设点的平面位置的一种方法。是利用数学中的极坐标原理,以两个控制点的连线作为极轴,以其中一控制点作为极点建立极坐标系,根据放样点与控制点的坐标,计算出放样点到极点的水平距离(极距)及放样点与极点连线方向和极轴间的夹角(极角),然后利用所求的放样数据进行实地测设。在控制点与测设点间便于量距的情况下,采用此法较为适宜,而利用全站仪测设水平距离,则没有此项限制,且工作效率和精度都较高。

如图 3-64 所示,$A(x_A,y_A)$、$B(x_B,y_B)$ 为已知控制点,1 点(x_1,y_1)、2 点(x_2,y_2)为待测设点,其设计坐标可以在施工总平面图上查得。放样时,首先根据已知点坐标和测设点坐标,按坐标反算方法计算出测设数据 D 和 β,然后进行实地放样。

首先,计算出测设数据 D_1、D_2 和 $\beta_1 = \alpha_{A1} - \alpha_{AB}$、$\beta_2 = \alpha_{A2} - \alpha_{AB}$。

然后,进行实地测设。测设时,经纬仪安置在 A 点,后视 B 点,置水平度盘为零,按盘左盘右分中法分别测设水平角 β_1、β_2,定出 1、2 点方向,沿此方向测设水平距离 D_1、D_2,则可在地面标定出 1、2 点的设计坐标。

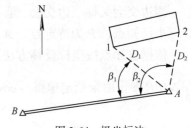

图 3-64 极坐标法

最后进行检核。检核时,可以采用丈量实地 1、2 点之间的水平边长,并与 1、2 点设计坐标反算出的水平边长进行比较。

如果待测设点的精度要求较高,可以利用前述的精确方法测设水平角和水平距离。若条件允许,也可用全站仪利用放样程序完成点的平面位置的测设,具体方法见后。

2. 直角坐标法

直角坐标法是一种建立在直角坐标原理基础上测设点的平面位置的方法。当建筑场地已建立有主轴线或建筑方格网时,一般采用此法。

如图 3-65 所示,A、B、C、D 为建筑方格网或建筑基线控制点,1、2、3、4 点为待测设建筑物轴线的交点,建筑方格网或建筑基线分别平行或垂直待测设建筑物的轴线。根据控制点的坐标和待测设点的坐标可以计算出两者之间的坐标增量。下面以测设 1、2 点为例,说明测设方法。

首先计算出 A 点与 1、2 点之间的坐标增量,即 $\Delta x_{A1} = x_1 - x_A$,$\Delta y_{A1} = y_1 - y_A$。

测设 1、2 点平面位置时,在 A 点安置经纬仪,照准 C 点,沿此视线方向从 A 沿 C 方向

测设水平距离 Δy_{A1} 定出 $1'$ 点。再安置经纬仪于 $1'$ 点，盘左照准 C 点（或 A 点），测设出 90° 方向线，并沿此方向分别测设出水平距离 Δx_{A1} 和 Δx_{12} 定 1、2 点。同法以盘右位置再定出 1、2 点，取 1、2 点盘左和盘右的中点即为所求点位置。

采用同样的方法可以测设 3、4 点的位置。

最后，进行测量检核。检核时，可以在已测设的点上架设经纬仪，检测各个角度是否符合设计要求，并丈量各条边长。

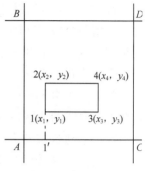

图 3-65　直角坐标法

3. 角度交会法

角度交会法是在两个控制点上分别安置经纬仪，根据相应的水平角测设出相应的方向，再根据两个方向交会定出点位的一种方法。此法适用于测设点离控制点较远或量距有困难的情形。

如图 3-65 所示，根据控制点 A、B 和测设点 1、2 的坐标，反算测设数据 β_{A1}、β_{A2}、β_{B1} 和 β_{B2} 角值。将经纬仪安置在 A 点，瞄准 B 点，利用 β_{A1}、β_{A2} 角值按照盘左盘右分中法，定出 $A1$、$A2$ 方向线，并在其方向线上的 1、2 点附近分别打上两个木桩（俗称骑马桩），桩上钉小钉以表示此方向，并用细线拉紧。然后，在 B 点安置经纬仪，同法定出 $B1$、$B2$ 方向线。根据 $A1$ 和 $B1$、$A2$ 和 $B2$ 方向线可以分别交出 1、2 点，即为所求待测设点的位置。

当然，也可以利用两台经纬仪分别在 A、B 两个控制点同时设站，测设出方向线后标定出 1、2 点。

检核时，可以采用丈量实地 1、2 点之间的水平边长，并与 1、2 点设计坐标反算出的水平边长进行比较（见图 3-66）。

127

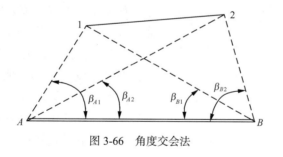

图 3-66　角度交会法

4. 距离交会法

距离交会法是从两个控制点利用两段已知距离进行交会定点的方法。当建筑场地平坦且便于量距时，用此法较为方便。

如图 3-67 所示，A、B 为控制点，1 点为待测设点。首先，根据控制点和待测设点的坐标反算出测设数据 D_A 和 D_B，然后用钢尺从 A、B 两点分别测设两段水平距离 D_A 和 D_B，其交点即为所求 1 点的位置。

同样，2 点的位置可以由附近的地形点 P、Q 交会出。

检核时，可以实地丈量 1、2 点之间的水平距离，并与 1、2 点设计坐标反算出的水平距离进行比较。

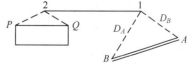

图 3-67　距离交会法

5. 十字方向线法

十字方向线法是利用两条互相垂直的方向线相交得出待测设点位置的一种方法。如图 3-68 所示，设 A、B、C 及 D 为一个基坑的范围，P 点为该基坑的中心点位，在挖基坑时，P 点会遭到破坏。为了随时恢复 P 点的位置，则可以采用十字方向线法重新测设 P 点。

首先，在 P 点架设经纬仪，设置两条相互垂直的直线，并分别用两个桩点来固定。当 P 点被破坏后需要恢复时，则利用桩点 A'、A'' 和 B'、B'' 拉出两条相互垂直的直线，根据其交点重新定出 P 点。

为了防止由于桩点发生移动而导致 P 点测设误差，可以在每条直线的两端各设置两个桩点，以便能够发现错误。

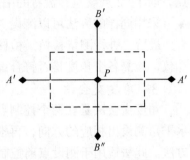

图 3-68　十字方向线法

6. 全站仪极坐标法（放样程序）

全站仪不仅具有测设精度高、速度快的特点，而且可以利用内置的测量程序直接测设点的位置。另外，利用全站仪进行工程施工放样受天气和地形条件的影响相对较小，从而在生产实践中得到了广泛应用，现在一些大型工程通常均采用全站仪来进行施工测量工作。

全站仪极坐标测设法就是一种根据控制点和待测设点的坐标定出点位的方法。首先，将仪器安置在施工控制点 A 上，安置好仪器后，进入菜单模式下的放样模式，按照放样程序分别输入控制点坐标以设置测站点，输入定向点的坐标以设置后视方向。然后输入测设点坐标进行待测点的放样，依据计算出的放样角度指挥立镜人持反光棱镜立在待测设点的方向线上（即 AP' 方向），用望远镜准确照准棱镜，并进行距离测量，此时全站仪显示出棱镜位置与待测设点的距离差。根据距离差值，指挥立镜人移动棱镜位置，直到距离差值等于零（可以显示出角度方向差与距离差）即移动至 P 点位置，此时棱镜位置即为测设点 P 的实地点位（见图 3-69）。最后，在地面建立标志以标定此点。具体操作方法可参见全站仪使用说明书中的相关介绍。

为了能够发现错误，每个测设点位置确定后，可以再测定其坐标作为检核。

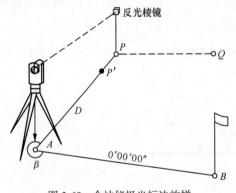

图 3-69　全站仪极坐标法放样

3.8　曲线测设

在工程建设中，除了直线形的建（构）筑物外，还有由曲线与直线等线形所构成的异型建（构）筑物，因此，进行曲线测设是工程建筑物放样的组成部分之一。另外，道路工程及铁路工程建设中，由于受地形地物及社会经济的发展要求的限制，所设计的线路在总是不断从一个方向转到另一个方向时，为了行车安全，必须用曲线连接，即在道路及管线工程施工时，也必须进行曲线测设。在工程中，将这种在平面内连接不同的线路方向的曲线称为平曲线，平曲线按其半径的不同又分为圆曲线和缓和曲线。圆曲线上任意一点的曲率半径处处相等，而缓和曲线上任意一点的曲率半径处处在变化。

圆曲线测设通常分两步进行。首先测设曲线上起控制作用的点，称为主点测设；然后根据主点加密曲线其他的点，称为曲线详细测设。在实测之前，必须进行曲线要素及主点的里程（或坐标）计算。

1. 主点测设

圆曲线有三个重要点位即直圆点 ZY（曲线起点）、曲线中点 QZ、圆直点 YZ（曲线终点），它们控制着曲线的方向，这三点称为圆曲线的三主点，如图 3-70 所示，转角 I 根据所测左角 $\beta_{左}$（或右角）计算，曲线半径 R 根据地形条件和工程要求选定。根据 I 和 R 可以计算其他测设元素。

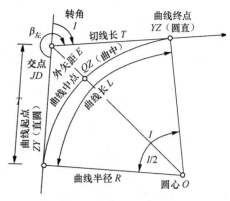

图 3-70　曲线元素计算

（1）圆曲线测设元素的计算

如图 3-70 所示，可得圆曲线测设的元素，包括切线长 T、曲线长 L、外矢距 E 和切曲差 D。

$$\begin{cases} T = R\tan\dfrac{I}{2} \\[2mm] L = \dfrac{\pi}{180°} \times RI \\[2mm] E = R\left(\sec\dfrac{I}{2} - 1\right) \\[2mm] D = 2T - L \end{cases} \qquad (3\text{-}57)$$

式中，I 为线路转折角；R 为圆曲线半径；T、L、E、D 为圆曲线测设元素，其值可由计算器算出，亦可查《公路曲线测设用表》。

（2）圆曲线主点桩号的计算

根据交点的桩号和圆曲线元素可推出：

$$\begin{cases} ZY桩号 = JD桩号 - T \\[2mm] YZ桩号 = ZY桩号 + L \\[2mm] QZ桩号 = YZ桩号 - \dfrac{I}{2} \end{cases} \qquad (3\text{-}58)$$

$$JD桩号 = QZ桩号 + \dfrac{D}{2} \qquad (3\text{-}59)$$

【例 3-2】某线路交点 JD 桩号为 $K_1+385.50$，测得右转角 $I = 42°25'$，圆曲线半径 $R = 120\ \mathrm{m}$。求圆曲线元素及主点桩号。

解：据式（3-57）得

$T = R\tan\dfrac{I}{2} = 120 \times \tan\left(42°25'/2\right)\ \mathrm{m} = 46.56\ \mathrm{m}$

$L = RI \times \pi/180° = 120 \times 42°25' \times \pi/180\ \mathrm{m} = 88.84\ \mathrm{m}$

$E = R[\sec\left(I/2\right) - 1] = 120[\sec\left(42°25'/2\right) - 1]\mathrm{m} = 8.72\ \mathrm{m}$

$D = 2T - L = 4.28\ \mathrm{m}$

据式（3-58）得　　　　　　　　　再按式（3-59）校核

JD 桩号	$K_1+385.50$	QZ 桩号	$K_1+383.36$
$-T$	46.56	$+D/2$	2.14

ZY 桩号	$K_1+338.94$	*JD* 桩号	$K_1+385.50$
$+L$	88.84		

表明计算无误。

YZ 桩号	$K_1+427.78$
$-L/2$	44.42

QZ 桩号　$K_1+383.36$

（3）圆曲线主点的测设

① 在交点处安置经纬仪，照准后一方向线的交点或转点并设置水平度盘为 $0°00'00''$，从 *JD* 点沿线方向量取切线长 *T*，得 *ZY* 点，并打桩标的定其点位。立即检查 *ZY* 至最近的里程桩的距离，若该距离与两桩号之差相等或相差在容许范围内，则认为 *ZY* 点位正确，否则应查明原因并纠正之。再将经纬仪转向路线另一方向，同法求得 *YZ* 点。

② 转动经纬仪照准部，拨角 $(180°-I)/2$，在其视线上量 *E* 值即得 *QZ* 点，如图 3-71 所示。

③ 检查三主点相对位置的正确性：将经纬仪安置在 *ZY* 上，用测回法分别测出 β_1、β_2 角值，若 β_1-*I*/4、β_2-*I*/2 在允许范围内，则认为三主点测设位置正确，即可继续圆曲线的详细测设。

2. 圆曲线的详细测设

当曲线长小于 40 m 时，测设曲线的三个主点已能满足路线线形的要求。如果曲线较长或地形变化较大，为了满足线形和工作的需要，除了测设曲线的三个主点外，还要每隔一定的距离 *l*，测设一个辅点，进行曲线加密。根据地形情况和曲线半径大小，一般每隔 5 m、10 m、20 m 测设一点。圆曲线的详细测设就是指测设除圆曲线的主点以外的一切曲线桩，包括一定距离的加密桩、百米桩及其他加桩。圆曲线详细测设的方法很多，可视地形条件加以选用，现介绍几种常用的方法。

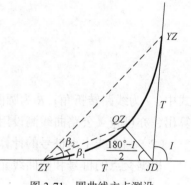

图 3-71　圆曲线主点测设

（1）偏角法

偏角法又称极坐标法。它是根据一个角度和一段距离的极坐标定位原理来测设点的，也就是以曲线的起点或终点至曲线上任一点的弦线与切线之间的偏角（即弦切角）和弦长来测定该点的位置的。如图 3-72 所示，以 *l* 为弧长，*c* 为弦长，δ 为弧弦差，根据几何原理可知，偏角即弦切角 Δ_i 等于相应弧长 *l* 所对圆心角 φ_i 的一半。则有关数据的计算公式为：

$$\begin{cases} \varphi = \dfrac{l}{R} \times \dfrac{180°}{\pi} \\[2mm] \Delta = \dfrac{1}{2} \times \varphi = \dfrac{1}{2} \times \dfrac{l}{R} \times \dfrac{180°}{\pi} = \dfrac{l}{R} \times \dfrac{90°}{\pi} \\[2mm] c = 2R \times \sin\dfrac{\varphi}{2} = 2R \times \sin\Delta \\[2mm] \delta = l - c = \dfrac{l^3}{24R^2} \end{cases} \quad (3\text{-}60)$$

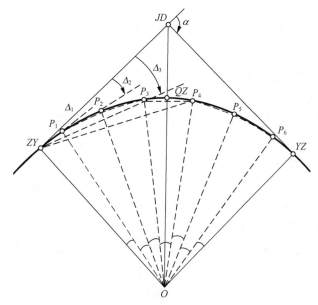

图 3-72　偏角法测设圆曲线

　　如果曲线上各辅点间的弧长 l 均相等，则各辅点的偏角都为第一个辅点的整数倍，即

$$\begin{cases} \varDelta_2 = 2\varDelta_1 \\ \varDelta_3 = 3\varDelta_1 \\ \cdots\cdots \\ \varDelta_n = n\varDelta_1 \end{cases}$$
（3-61）

131

而曲线起点 ZY 至曲线中点 QZ 的偏角为 $\dfrac{\alpha}{4}$，曲线起点 ZY 至曲线终点 YZ 的偏角为 $\dfrac{\alpha}{2}$，可用这两个偏角值作为测设的校核。

　　在实际测设中，上述一些数据可用电子计算器快速算得，也可以曲线半径 R 和弧长 l 为引数查取《曲线测设用表》获得。

　　为减少计算工作量，提高测设速度，在偏角法设置曲线时，通常是以整桩号设桩，然而曲线起点、终点的桩号一般都不是整桩号，因此要首先计算出曲线首尾段弧长 l_A、l_B，然后计算或查表得出相应的偏角 $\varDelta_A$、$\varDelta_B$，其余中间各段弧长均为 l 及其偏角均为 $\varDelta$，均可从《曲线测设用表》中直接查得。

　　偏角法具体测设步骤如下。

　　① 核对在中线测量时已经桩定的圆曲线的主点 ZY、QZ、YZ，若发现异常，应重新测设主点。

　　② 将经纬仪安置于曲线起点 ZY，以水平度盘读数 $0°00'00''$ 瞄准交点 JD，如图 3-72 所示。

　　③ 松开照准部，置水平盘读数为 1 点的偏角值 $\varDelta_1$，在此方向上用钢尺从 ZY 点量取弦长 c_1，桩定 1 点。再松开照准部，置水平度盘读数为 2 点的偏角 $\varDelta_2$，在此方向线上用钢尺从 1 点量取弦长 c_2，桩定 2 点。同法测设其余各点。

　　④ 最后应闭合于曲线终点 YZ，以此来校核。若曲线较长，可在各起点 ZY、终点 YZ 测设曲线的一半，并在曲线中点 QZ 进行校核。校核时，如果两者不重合，其闭合差一般不得

超过如下规定：半径方向（路线横向）误差为 ± 0.1 m；切线方向（路线纵向）误差为 $\pm\dfrac{L}{1000}$（L 为曲线长）。

偏角法是一种测设精度较高、灵活性较大的常用方法，适用于地势起伏，视野开阔的地区。它既能在三个主点上测设曲线，又能在曲线任一点测设曲线，但其缺点是测点有误差的积累，所以宜在由起点、终点两端向中间测设或在曲线中点分别向两端测设。对于长度小于100 m 的曲线，由于弦长与相应的弧长相差较大，不宜采用偏角法。

【例 3-3】已知圆曲线 $R=200$ m，转角 $\alpha=25°30'$，交点的里程 1 + 314.50 m，起点桩 ZY 桩号为 1 + 269.24，中点桩 QZ 桩号为 1 + 313.75，终点桩 YZ 桩号为 1 + 358.26，试用偏角法进行圆曲线的详细测设，计算出各段弧长采用 20 m 的测设数据。

解：由于起点桩号为 1 + 269.24，其前面最近的整数里程桩应为 1 + 280，其首段弧长 $l_A=[(1+280)-(1+269.24)]\text{m}=10.76$ m，而终点桩号为 1 + 358.26，其后面最近的整数里程桩应为 1 + 340，其尾段弧长 $l_B=[(1+358.26)-(1+340)]\text{m}=18.26$ m，中间各段弧长均为 $l=20$ m。应用公式可计算出各段弧长相应的偏角为

$$\Delta_A=\frac{90°}{\pi}\cdot\frac{l_A}{R}=\frac{90°}{\pi}\cdot\frac{10.76}{200}=1°32'29''$$

$$\Delta_B=\frac{90°}{\pi}\cdot\frac{l_B}{R}=\frac{90°}{\pi}\cdot\frac{18.26}{200}=2°36'56''$$

$$\Delta=\frac{90°}{\pi}\cdot\frac{l}{R}=\frac{90°}{\pi}\cdot\frac{20}{200}=2°51'53''$$

再应用公式计算出各段弧长所对的弦长为

$$c_A=2R\sin\Delta_A=2\times200\times\sin1°32'29''\ \text{m}=10.76\ \text{m}$$

$$c_B=2R\sin\Delta_B=2\times200\times\sin2°36'56''\ \text{m}=18.25\ \text{m}$$

$$c=2R\sin\Delta=2\times200\times\sin2°51'53''\ \text{m}=19.99\ \text{m}$$

为便于测设，将计算成果的各段偏角、弦长及各辅点的桩号列入表 3-18。

表 3-18　　　　　　　　　　曲线详细测设数据计算表

号点	曲线里程桩号	偏角 Δ_i	弦长 c_i/m
起点 ZY	1+269.24	$\Delta_{ZY}=0°00'00''$	
1	1+280	$\Delta_1=\Delta_A=1°32'29''$	10.76
2	1+300	$\Delta_2=\Delta_A+\Delta=4°24'22''$	19.99
3	1+320	$\Delta_3=\Delta_A+2\Delta=7°16'15''$	19.99
4	1+340	$\Delta_4=\Delta_A+3\Delta=10°08'08''$	19.99
终点 YZ	1+358.26	$\Delta_{ZY}=\Delta_A+3\Delta+\Delta_B=12°45'04''$	18.25

计算校核：$\Delta_{YZ}=\dfrac{1}{2}\alpha=\dfrac{1}{2}(25°30'00'')=12°45'00''$　　　　误差为 4″，符合要求。

（2）切线支距法

切线支距法又称直角坐标法。它是根据直角坐标定位原理，用两个相互垂直的距离 x、y 来确定某一点的位置。也就是以曲线起点 ZY 或终点 YZ 为坐标原点，以切线为 x 轴，以过原

点的半径为 y 轴，根据坐标 x、y 来设置曲线上各点。

如图 3-73 所示，P_1、P_2、P_3 点为曲线欲设置的辅点，其弧长为 l，所对的圆心角为 φ，按照几何关系，可得到各点的坐标值为

$$x_1 = R\sin\varphi_1 , \quad y_1 = R - R\cos\varphi_1 = R(1-\cos\varphi_1) = 2R\sin^2\frac{\varphi_1}{2}$$

$$x_2 = R\sin\varphi_2 = R\sin(2\varphi_1) \text{（假设弧长相同）}, \quad y_2 = 2R\sin^2\frac{\varphi_2}{2} = 2R\sin^2\varphi_1$$

式中，R 为曲线半径；$\varphi = \dfrac{l}{R} \times \dfrac{180°}{\pi}$ 为圆心角，因此不同的曲线长就有不同的 φ 值，同样也就有相应的 x、y 值。

同理，可知 x_3、y_3 的坐标值。

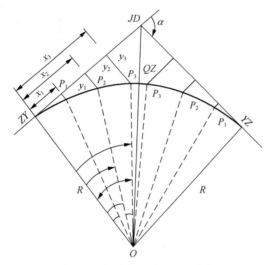

图 3-73　切线支距法测设圆曲线

在实际测设中，上述的数据可用电子计算器算得，亦可以半径 R、曲线长 l 为引数，直接查取《曲线测设用表》中《切线支距表》的相应 x、y 值。

切线支距法具体测设步骤如下。

① 校对在中线测量时已桩定的圆曲线的三个主点 ZY、QZ、YZ，若有差错，应重新测设主点。

② 用钢尺或皮尺从 ZY 开始，沿切线方向量取 x_1、x_2、x_3 等点，并做标记。

③ 在 x_1、x_2、x_3 等点用十字架（方向架）作垂线，并量出 y_1、y_2、y_3 等点，用测针标记，即得出曲线上 1、2、3 等点。

④ 丈量所定各点的弦长作为校核。若无误，即可固定桩位、注明相应的里程桩。

用切线支距法测设曲线，由于各曲线点是独立测设的，其测角及量边的误差都不累积，所以在支距不太长的情况下，具有精度高、操作较简单的优点，故应用也较广泛，适用于地势平坦，便于量距的地区。但它不能自行闭合、自行校核，所以对已测设的曲线点，要实量其相邻两点间距离，以便校核。

【例 3-4】已知曲线半径 80 m，曲线每隔 10 m 桩钉一桩，试求其中 1、2 点的坐标值。

解：$\varphi = \dfrac{l}{R} \times \dfrac{180°}{\pi} = \dfrac{10}{80} \times \dfrac{180°}{\pi} = 7°09'43''$

$x_1 = R\sin\varphi = 80\sin 7°09'43'' = 9.97 \text{ m}$

$y_1 = 2R\sin^2\dfrac{\varphi}{2} = 2\sin^2 3°34'52'' = 0.62 \text{ m}$

$x_1 = R\sin(2\varphi) = 80\sin(2 \times 7°09'43'') = 17.97 \text{ m}$

$y_1 = 2R\sin^2\varphi = 2\sin^2 7°09'43'' = 2.49 \text{ m}$

【思考与练习】

1. 名词解释

（1）水平角；（2）竖直角；（3）对中；（4）整平；（5）水平距离；（6）直线定线；（7）直线定向；（8）坐标方位角；（9）象限角；（10）导线测量。

2. 简答题

（1）经纬仪有哪些轴线？各轴线间应满足什么样的几何条件？

（2）测回法适用于什么情况？叙述测回法的观测步骤。

（3）怎样用经纬仪进行直线定线？

（4）测设点的平面位置有哪几种方法？各适用于什么情况？

（5）选择导线点要注意哪些事项？

（6）导线测量的外业工作有哪些？

（7）水准测量时，通常要求前后视距相等，为什么？

3. 计算题

（1）在 B 点上安置经纬仪观测 A 和 C 两个方向，盘左位置先照准 A 点，后照准 C 点，水平度盘的读数为 $6°23'30''$ 和 $95°48'00''$；盘右位置照准 C 点，后照准 A 点，水平度盘读数分别为 $275°48'18''$ 和 $186°23'18''$，试记录在测回法测角记录表中（见表 3-19），并计算该测回角值。

表 3-19   测回法测角记录表

测站	盘位	目标	水平度盘读数（°′″）	半测回角值（°′″）	一测回角值（°′″）	备注

（2）用钢尺丈量一条直线，往测丈量的长度为 217.30 m，返测的长度为 217.38 m，规定其相对误差不应大于 1/2 000，试问：①此测量成果是否满足精度要求？②按此规定，若丈量 100 m，往返丈量最大可允许相差多少毫米？

（3）已知 $\alpha_{AB}=26°37'$，$X_B=287.36$ m，$Y_B=364.25$ m，$X_P=303.62$ m，$Y_P=338.28$ m，计算仪器安置在 B 点用极坐标法测设 P 点所需的数据，并绘图注明。

（4）闭合导线 1、2、3、4 的观测数据如下（所测角为左角）：β_1=89°36′30″，β_2=107°48′30″，β_3=73°00′20″，β_4=89°33′50″，D_{12}=78.16m，D_{23}=105.22，D_{34}=80.18，D_{41}=129.34，已知 α_{12}=135°23′00″，试用表格计算 2、3、4 点坐标，并画出略图。

【单元实训】

实训 3-1　DJ$_6$　经纬仪认识及使用实训

一、实训目的

1. 了解 J$_6$ 光学经纬仪的基本结构及各螺旋的作用；

2. 学会正确操作仪器；

3. 懂得读数的方法。

二、实训设备

每个实习小组借用一套 J$_6$ 光学经纬仪、一块记录板，自备铅笔和记录表格。

三、实训步骤

1. 先将脚架架到适当高度，并使其架头大致水平，将经纬仪箱中取出，双手握住仪器的支架，或一手握住支架，一手握住基座，严禁单手提取望远镜部分。

2. 整平仪器，整置方法同普通经纬仪一样。

3. 熟悉各螺旋的用途，练习使用，并练习用望远镜精确瞄准远处的目标，检查有无视差，如有视差，则转动调焦螺旋消除之。

4. 练习水平度盘和竖直度盘读数。

5. 练习配置水平度盘的方法。

四、注意事项

1. 实习前要复习课本上有关内容，了解实习内容及要求。

2. 严格遵守测量仪器的使用规则。

3. J$_6$ 光学经纬仪是精密测角仪器，在使用过程中必须倍加爱护，杜绝损坏仪器的事故发生。

实训 3-2　水平角测量

一、实训目的

1. 学会用 J$_6$ 经纬仪按测回法进行水平角观测；

2. 掌握测回法的操作程序和计算方法；

3. 掌握测站上各项限差要求。

二、实训设备

每小组借用一套 J$_6$ 经纬仪和一块记录板，自备铅笔和记录表格。

三、实训步骤

一测回测水平角的操作程序：

1. 在测站上，选定远处的两个方向为观测目标。

2. 安置仪器后，盘左将仪器照准起始方向目标，按观测度盘表配置好度盘、度数。

3. 顺时针方向旋转照准部，精确照准第二个方向，读数。

4. 旋转照准部，盘右精确照准第二个方向，读数。

5. 逆时针方向旋转，精确照准零方向，进行读数。

四、注意事项

1. 观测程序及记录要严守操作规程。

2. 观测中要注意消除视差。

3. 记录者向观测者回报后再记,记录中的计算部分应训练用心算进行。

4. 测微读数不许涂改。

五、上交资料

每人上交一份 2 个方向各一测回的水平角合格成果。

测站	盘位	目标	水平度盘读数/(°′″)	半测回角值/ (°′″)	一测回角值/ (°′″)	备注

实训 3-3   竖直角测量

一、实训目的

1. 学会用 J_6 经纬仪按方向法进行竖直角观测;

2. 掌握竖直角测量的操作程序和计算方法;

3. 掌握测站上各项限差要求。

二、实训设备

每小组借用一套 J_6 经纬仪和一块记录板,自备铅笔和记录表格。

三、实训步骤

一测回的操作程序:

1. 在测站上,选定远处的一个方向为观测目标。

2. 安置仪器后,盘左将仪器照准起始方向目标,调平竖盘指标水准管,读数。

3. 旋转照准部、盘右精确照准第二个方向,调平竖盘指标水准管,读数。

四、注意事项

1. 观测程序及记录要严守操作规程。

2. 观测中要注意消除视差。

3. 记录者向观测者回报后再记,记录中的计算部分应训练用心算进行。

4. 测微读数不许涂改。

五、上交资料

每人上交一份 2 个方向各一测回的竖直角合格成果。

测站	目标	竖盘位置	竖盘读数(°′″)	半测回角值(°′″)	一测回角值(°′″)	指标差	竖盘注记形式

实训 3-4 经纬仪的检验与校正

一、实训目的

1. 掌握经纬仪各主要轴线间应满足的几何条件；
2. 掌握光学经纬仪基本的检验与校正方法。

二、实训设备

DJ$_6$级光学经纬仪1台、花杆1根、校正针、螺丝刀、记录板及记录表、计算器、铅笔等。

三、实训步骤

（一）照准部水准管轴应垂直于竖轴的检验与校正

1. 检验方法

转动照准部，使水准管轴平行于任意一对脚螺旋，调节脚螺旋，使水准管气泡居中，然后将照准部绕竖轴旋转180°，如气泡仍居中，说明条件满足；如气泡偏离水准管中点，则说明条件不满足，应进行校正。

2. 校正方法

转动两个脚螺旋，使气泡向中央移动偏离格值的一半，然后用校正针拨动水准管一端的校正螺丝，使气泡居中。此项检验、校正必须反复进行，直到气泡居中后，再转动照准部180°后，气泡偏离在一格以内为止。

（二）十字丝纵丝应垂直于横轴的检验与校正

1. 检验方法

整平仪器，以十字丝的交点精确瞄准任一清晰的小点 P，拧紧照准部和望远镜制动螺旋，转动望远镜微动螺旋，使望远镜上、下微动，如果所瞄准的 P 点始终不偏离纵丝，则说明条件满足；若十字丝交点移动的轨迹明显偏离了 P 点，则需进行校正。

2. 校正方法

卸下目镜处的外罩，即可见到十字丝分划板校正设备，松开四个十字丝分划板套筒压环固定螺钉，转动十字丝套筒，直至十字丝纵丝始终在 P 点上移动，然后再将压环固定螺钉旋紧。

（三）视准轴应垂直于横轴的检验与校正

1. 检验方法

整平仪器后，以盘左位置瞄准远处与仪器大致同高的一点 P，读取水平度盘读数 a_1；纵转望远镜，以盘右位置仍瞄准 P 点，并读取水平盘读数 a_2；如果 a_1 与 a_2 相差180°，即 $a_1 = a_2 \pm 180°$，则条件满足，否则应进行校正。

2. 校正方法

转动照准部微动螺旋，使盘右时水平度盘读数对准正确读数 $a = 1/2[a_2 + (a_1 \pm 180°)]$，这时十字丝交点已偏离 P 点。用校正拨针拨动十字丝环的左右两个校正螺丝，一松一紧使十字丝环水平移动，直至十字丝交点对准 P 点为止。

（四）横轴垂直于竖轴的检验与校正

1. 检验方法

在距一洁净的高墙20～30 m 处安置仪器，以盘左瞄准墙面高处的一固定点 P（视线尽量正对墙面，其仰角应大于30°），固定照准部，然后大致放平望远镜，按十字丝交点在墙面上定出一点 A；同样再以盘右瞄准 P 点，放平望远镜，在墙面上定出一点 B，如果 A、B 两点重合，则满足要求，否则需要进行校正。

2. 校正方法

取 AB 的中点 M，并以盘右（或盘左）位置瞄准 M 点，固定照准部，抬高望远镜使其与 P 点同高，此时十字丝交点将偏离 P 点而落到 P' 点上。校正时，可拨动支架上的偏心轴承板，使横轴的右端升高或降低，直至十字丝交点对准 P 点，此时横轴误差已消除。

由于光学经纬仪的横轴是密封的，一般能够满足横轴与竖轴相垂直的条件，测量人员只要进行此项检验即可，若需校正，应由专业检修人员进行。

（五）竖盘指标差的检验与校正

1. 检验方法

安置仪器，分别用盘左、盘右瞄准高处某一固定目标，在竖盘指标水准管气泡居中后，各自读取竖盘读数 L 和 R。根据式（3-5）计算指标差 x 值，若 $x=0$，则条件满足；如 x 值超出 $\pm 2'$ 时，应进行校正。

2. 校正方法

检验结束时，保持盘右位置和照准目标点不动，先转动竖盘指标水准管微动螺旋，使盘右竖盘读数对准正确读数 $R-x$，此时竖盘指标水准管气泡偏离居中位置，然后用校正拨针拨动竖盘指标水准管校正螺钉，使气泡居中。反复进行几次，直至竖盘指标差小于 $\pm 1'$ 为止。

四、注意事项

经纬仪的检验与校正按顺序进行，校正完后，各校正螺丝应稍紧。

五、上交资料

每小组上交一份合格成果。

视准轴应垂直于横轴的检验记录表

仪器 ____ 天气 ____ 班组 ____ 观测者 ____ 记录者 ____ 日期

测站	竖盘位置	目标	水平盘读数	$a_1=a_2 \pm 180°$	检验结果是否合格
0	盘左	P			
	盘右	P			

视准轴应垂直于横轴的校正记录表

仪器 ____ 天气 ____ 班组 ____ 观测者 ____ 记录者 ____ 日期

测站	竖盘位置	目标	水平盘读数	盘右水平盘的正确读数 $a=\dfrac{1}{2}\left[a_2+\left(a_1 \pm 180°\right)\right]$
0	盘左	P		
	盘右	P		

竖盘指标差的检验与校正记录表

仪器 ____ 天气 ____ 班组 ____ 观测者 ____ 记录者 ____ 日期

检验	测站	目标	竖盘位置	竖盘读数/ (°′″)	指标差/ (″)	校正	竖盘位置	目标	正确读数 $R-x$
	A	B	左				盘右	B	
			右						

实训 3-5　钢尺量距与用罗盘仪测定磁方位角

一、实训目的

1. 熟悉距离丈量的工具、设备，认识罗盘仪；
2. 掌握用钢尺按一般方法进行距离丈量；
3. 掌握用罗盘仪测定直线的磁方位角。

二、实训设备

每组借用钢尺 1 把，经纬仪 1 台，测钎 1 束，花杆 3 根，罗盘仪（带脚架）1 个，木桩及小钉各 2 个，斧子 1 把，记录板 1 块；自备铅笔和计算器。

三、实训步骤

1. 定线

在平坦场地上选定相距约 120 m 的 A、B 两点，打下木桩，在桩顶钉上小钉作为点位标志（若在坚硬的地面上可直接画细十字线做标记）。在 A 点安置经纬仪瞄准 B 点，在 A、B 两点间按小于一个尺段的间隔定若干点。

2. 往测

（1）后尺手手持钢尺尺头，站在 A 点处。

（2）前尺手手持钢尺尺盒沿 A→B 方向前行，行至约一整尺长处停下，使钢尺通过定线点。

（3）后尺手将钢尺零点对准点 A，前尺手在 AB 直线上拉紧钢尺并使之保持水平，在钢尺一整尺注记处插下第一根测钎，完成一个整尺段的丈量。

（4）同法依次类推丈量其他各尺段。

（5）到最后一段时，往往不足一整尺长。后尺手将尺的零端对准测钎，前尺手拉平拉紧钢尺对准 B 点，读出尺上读数，读至毫米位，即为余长 q，做好记录。

（6）整尺数乘以钢尺整尺长 l 加上最后一段余长 q 即为 AB 往测距离，即 $D_{AB}=nl+q$。

3. 返测

往测结束后，再由 B 点向 A 点同法进行定线量距，得到返测距离 D_{BA}。

4. 误差计算

根据往、返测距离 D_{AB} 和 D_{BA} 计算量距相对误差 $k = \dfrac{\left| D_{AB} - D_{BA} \right|}{\overline{D}_{AB}} = \dfrac{1}{M}$，与容许误差 $K_{容} = \dfrac{1}{3\,000}$ 相比较。若精度满足要求，则 AB 距离的平均值 $\overline{D}_{AB} = \dfrac{D_{AB} + D_{BA}}{2}$ 即为两点间的水平距离。

5. 罗盘仪定向

（1）在 A 点架设罗盘仪，对中。通过刻度盘内正交两个方向上的水准管调整刻度盘，使刻度盘处于水平状态。

（2）旋松罗盘仪刻度盘底部的磁针固定螺丝，使磁针落在顶针上。

（3）用望远镜瞄准 B 点（注意保持刻度盘处于整平状态）。

（4）当磁针摆动静止时，从刻度盘上读取磁针北端所指示的读数，估读到 0.5°，即为 AB 边的磁方位角，做好记录。

（5）同法在 B 点瞄准 A 点，测出 BA 边的磁方位角。最后检查正、反磁方位角的互差是否超限（限差 ≤1°）。

四、注意事项

（1）钢尺必须经过检定才能使用。

（2）拉尺时，尺面应保持水平、不得握住尺盒拉紧钢尺。收尺时，手摇柄要顺时针方向旋转。

（3）钢卷尺尺质较脆，应避免过往行人、车辆的踩、压，避免在水中拖拉。

（4）测磁方位角时，要认清磁针北端，应避免铁器干扰。搬迁罗盘仪时，要固定磁针。

（5）限差要求为：量距的相对误差应小于1/3 000，定向的误差应小于1°。超限时应重新测量。

（6）钢尺使用完毕，擦拭后归还。

五、上交资料

每组上交一份合格成果。

钢尺号码_____ 钢尺长度_____ 天气_____ 地点_____ 记录者_____ 观测者_____

测段	丈量	整尺段数 n	余长/m	直线长度/m	平均长度/m	丈量精度	磁方位角 A_m	磁方位角平均值
	往							
	返							
	往							
	返							
	往							
	返							
	往							
	返							

实训 3-6 闭合导线测量

一、实训目的

1. 掌握导线的外业测量工作，包括选点、水平角测量、全站仪距离测量等；

2. 规范外业测量的纪录；

3. 掌握导线计算的方法和步骤。

二、实训设备

每组借用全站仪一套（包括主机1台，棱镜2个，基座1个，三脚架2个，对中杆1个），记录板1块；自备记录表格和计算表格。

三、实训步骤

1. 在实习场地上选择两个已知点作为闭合导线的起算点：① 两已知点间的距离应尽量远；② 不同闭合环选择不同的起算点，以避免观测时相互影响。利用实习场地的已知坐标反算起算方位角。

2. 选择若干个导线点：① 相邻点间保持良好的通视条件；② 使用记号笔、粉笔或油漆在水泥地面清晰标识出点位位置，点位中心标志尽量小，以减小对中误差；③ 按顺序编号；④ 各组闭合环间的导线点之间尽量保持一定的距离，以避免观测时的相互影响；⑤ 每小组安排 3 个人选点，2 个人练习仪器操作。

3. 测出导线各点间的水平角和导线边长，精度需符合要求。

4. 计算出导线各点的平面坐标。

四、注意事项

1. 本次实习为综合实习，综合运用了以前学习的内容，实习前请认真复习相关知识；

2. 本次实习需要多人合作协调进行，实习开始前，组长应召集本小组同学充分讨论和分工，以保证实习的顺利进行。

五、上交资料

以小组为单位，上交记录计算表。

实训 3-7　建筑物平面位置放样

一、实训目的

掌握建筑物平面位置极坐标法放样的基本方法。

二、实训设备

每组借用全站仪 1 台，全站仪脚架 1 个，棱镜杆 1 根，棱镜 1 个，钢尺 1 把，红铅笔 1 支，木桩若干，榔头 1 把。

三、实训步骤

1. 控制点的布设及放样要求

建筑物平面位置及高程放样需要有控制点，为此，在空旷的地面选择一处打入木桩，并在桩顶画十字线，十字线交点即为控制点 A，在离 A 约 50 m 处地面上打入木桩或直接在地面上用红铅笔画十字线，标定另一方向控制点 B。假设 A 点的坐标为：x_A=100.000 m，y_A=100.000 m，α_{AB} =90°。要求以 A、B 点为控制点，采用极坐标法在地面上用木桩放样出满足图 3-74 所示的相对位置关系的房屋轮廓点 P_1、P_2、P_3、P_4。

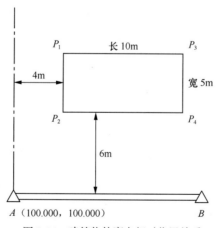

图 3-74　建筑物轮廓点相对位置关系

2. 建筑物轮廓线的极坐标法放样

（1）放样数据的准备。按图 3-74 所示的相对位置关系，计算放样点 P_1、P_2、P_3、P_4 的设计坐标，再按照在 A 点架设全站仪，B 点定向，计算极坐标放样 P_1、P_2、P_3、P_4 四点的放样元素。

（2）在 A 点架设仪器，瞄准 B 点，配读盘为 0°00′00″，旋转照准部拨角（α_1）使其指向

P_1方向，固紧水平制动螺旋，用铅笔在地面上标出该方向，在该方向上从 A 点用钢尺或全站仪量取水平距离（ D_1 ），打下木桩，再重新标定方向并量距，在木桩上标定 P_1 点。用同样的方法依次标定出 P_2、P_3、P_4 点。

（3）用钢尺检核四点之间的相对关系是否正确（包括对角线），与理论差值不应大于 10 mm。

四、注意事项

1. 极坐标放样时应先放样方向再放样距离，距离较远时在地面标定方向线应采用盘左、盘右位分别标定再取平均，距离放样应在方向线上先放样初步距离，再改正。

2. 必须保证足够的精度，并采用适当的方法消除系统误差。

3. 所有定位放样测量必须有可靠的校核方法。

五、上交资料

实验结束后将测量实验报告（含计算的放样元素）以小组为单位上交。

第4章

大比例尺地形图的识读与应用

地形图是工程建设规划和设计阶段的重要资料，规划和设计中的很多问题都需要利用地形图来解决。能识读并使用好地形图是工程技术人员必须掌握的基本技能。

知识目标

- ☐ 掌握地形图及地形图测绘的概念；
- ☐ 掌握比例尺精度的概念及其作用；
- ☐ 掌握大比例尺地形图的识读方法。

技能目标

- ☐ 能熟练进行大比例尺地形图的识读；
- ☐ 能应用大比例尺地形图。

4.1 大比例尺地形图及识读

4.1.1 地形图的基本概念

地球表面各种物体种类繁多，地势起伏，形态各异，但总体上可分为地物和地貌两大类。地物是指地球表面上自然和人造的固定性物体，如河流、湖泊、道路、建（构）筑物和植被等；地貌是指高低起伏、倾斜缓急的地表形态，如山地、盆地、凹地、陡壁和悬崖等。地物和地貌总称为地形。

当测区面积不大，可以不考虑地球曲率影响，而将各地物及地貌点位沿铅垂线方向投影到水平面上，然后依相似原理将投影点位与图形按一定的比例尺缩小绘在图纸上，这种图称为平面图。若测区范围很大，顾及地球的曲率影响，采用特殊的投影方法，将地面上的图形缩小编绘在图纸上，这种图称为地图。而在工程建设中，常将表示地物平面位置的图称为平面图，也称为地物图。如果图上不仅表示地物的位置，而且用等高线符号把地面高低起伏的地貌情况表示出来，即按一定的比例尺，用规定的符号来表示地物、地貌平面位置和高程的正射投影图就称为地形图。

4.1.2 地形图的比例尺

地面上的各种固定物体，如房屋、道路和农田等称为地物；地表面的高低起伏形态，如高山、丘陵、洼地等称为地貌。地物和地貌总称为地形。通过野外实地测绘，将地面上各种地物的平面位置按一定比例尺，用规定的符号缩绘在图纸上，并注有代表性的高程点，这种图称为平面图；如果既表示出各种地物，又用等高线表示出地貌的图，称为地形图。

地形图上一段直线的长度与地面上相应线段的实际水平长度之比，称为地形图的比例尺。

1. 比例尺的种类

（1）数字比例尺。数字比例尺一般用分子为 1，分母为整数的分数表示。设图上某一直线长度为 d，相应实地的水平长度为 D，则图的比例尺为

$$\frac{d}{D} = \frac{1}{\dfrac{D}{d}} = \frac{1}{M} \tag{4-1}$$

式中，M 为比例尺分母。分母越大（分数值越小），则比例尺就越小。

为了满足经济建设和国防建设的需要，测绘并编制了各种不同比例尺的地形图。通常，1:100 万、1:50 万、1:20 万为小比例尺地形图；1:5 万、1:2.5 万为中比例尺地形图；1:1 万、1:5 000、1:2 000、1:1 000 和 1:500 为大比例尺地形图。工程建筑类各专业通常使用大比例尺地形图。

（2）图示比例尺。为了用图方便，以及减小由于图纸伸缩而引起的使用中的误差，在绘制地形图时，常在图上绘制图示比例尺，最常见的图示比例尺为直线比例尺。

图 4-1 为 1:500 的直线比例尺，取 2 cm 为基本单位，从直线比例尺上可直接读得基本单位的 1/10，估读到 1/100。

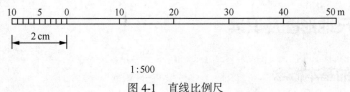

1:500

图 4-1　直线比例尺

2. 比例尺精度

人们用肉眼能分辨的图上最小距离为 0.1 mm，因此一般在图上量度或者实地测图描绘时，就只能达到图上 0.1 mm 的精确性。因此，把图上 0.1 mm 所表示的实地水平长度称为比例尺精度。可以看出，比例尺越大，其比例尺精度也越高。

不同比例尺的比例尺精度见表 4-1。

表 4-1　　　　　　　　　　　　　　　比例尺精度

比例尺	1:500	1:1 000	1:2 000	1:5 000	1:10 000
比例尺精度/m	0.05	0.1	0.2	0.5	1.0

比例尺精度的概念对测图和设计用图都有重要的意义。例如，在量测 1:500 的地形图时，实地量距只需取到 5 cm，因为若量得再精细，在图上是无法表示出来的。此外，当设计规定需在图上能量出的最短长度时，根据比例尺的精度，可以确定测图比例尺。例如，某项工程建设要求在图上能反映地面上 10 cm 的精度，则采用的比例尺不得小于 $\dfrac{0.1\ \text{mm}}{0.1\ \text{m}} = \dfrac{1}{1\ 000}$。

从表 4-1 可以看出，比例尺越大，表示地物和地貌的情况越详细，但是一幅图所能包含的地面面积也越小，而且测绘工作量会成倍地增加。因此，采用何种比例尺测图，应从工程规划、施工实际情况需要的精度出发，不应盲目追求更大比例尺的地形图。不同比例尺地形图的选用参见表 4-2。

表 4-2　　　　　　　　　　　　　地形图比例尺的选用

比例尺	比例尺精度	用途
1:10 000 1:5 000	1.0 0.5	城市总体规划、厂址选择、区域布置、方案比较
1:2 000	0.2	工程详细规划及工程项目初步设计
1:1 000 1:500	0.1 0.05	建筑设计、城市详细规划、工程施工设计、竣工图

4.1.3　地形图的分幅和编号

由于图纸的尺寸有限，不可能将测区内的所有地形都绘制在一幅图内，因此为便于测绘、管理和使用地形图，需要将大面积的各种比例尺的地形图进行统一的分幅和编号。地形图分幅的方法分为两类：一类是按经纬线分幅的梯形分幅法（又称为国际分幅法）；另一类是按坐标格网分幅的矩形分幅法。1:1 000 000 地形图的分幅采用国际 1:1 000 000 地形图分幅标准，每幅 1:1 000 000 地形图范围为经差 6°、纬差 4°。1:500 000 ~ 1:5 000 地形图均以 1:1 000 000 地形图为基础，按规定的经差和纬差划分图幅。1:2 000、1:1 000、1:500 地形图宜以 1:1 000 000 地形图为基础，按规定的经差和纬差划分图幅，亦可根据需要采用 50 cm × 50 cm 正方形分幅和 40 cm × 50 cm 矩形分幅。

一幅 1:5 000 的地形图分成四幅 1:2 000 的图；一幅 1:2 000 的地形图分成四幅 1:1 000 的地形图；一幅 1:1 000 的地形图分成四幅 1:500 的地形图。

采用正方形和矩形分幅的 1:2 000、1:1 000、1:500 地形图，其图幅编号一般采用图廓西南角坐标编号法，也可以选用行列编号法和流水编号法。采用图廓西南角坐标距离编号时，x 坐标距离在前，y 坐标距离在后。1:2 000、1:1 000 地形图取至 0.1 km（如 10.0 ~ 21.0）；1:500 地形图取至 0.01 km（如 10.40 ~ 27.75）。带状测区或小面积测区可按测区统一顺序编号，一般从左到右、从上到下用阿拉伯数字 1，2，3…编定。行列编号法一般以字母（如 A，B，C…）为代号的横行从上到下排列，以阿拉伯数字为代号的纵列从左到右排列来编定，先行后列。

4.1.4　地形图图外注记

为了图纸管理和使用的方便，在地形图的图框外有许多注记，如图号、图名、接图表、图廓、坐标格网、三北方向线等（见图 4-2）。

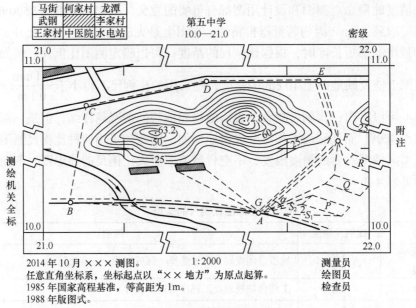

图 4-2　地形图图外注记

1. 图名和图号

图名就是本幅图的名称，常用本图幅内最著名的地名、村庄或厂矿企业的名称来命名。图号即图的编号，每幅图上标注编号可确定本幅地形图所在的位置。图名和图号标在北图廓上方的中央。

2. 接图表

说明本图幅与相邻图幅的关系，供索取相邻图幅时使用。通常是中间一格画有斜线的代表本图幅，四邻分别注明相应的图号或图名，并绘注在图廓的左上方。此外，除了接图表外，有些地形图还把相邻图幅的图号分别注在东、西、南、北图廓线中间，进一步表明与四邻图幅的相互关系。

3. 图廓和坐标格网线

图廓是图幅四周的范围线，它有内图廓和外图廓之分。内图廓是地形图分幅时的坐标格网或经纬线。外图廓是距内图廓以外一定距离绘制的加粗平行线，仅起装饰作用。在内图廓外四角处注有坐标值，并在内图廓线内侧，每隔 10 cm 绘有 5 mm 的短线，表示坐标格网线的位置。在图幅内绘有每隔 10 cm 的坐标格网交叉点。

内图廓以内的内容是地形图的主体信息，包括坐标格网或经纬网、地物符号、地貌符号和注记。比例尺大于 1:10 万只绘制坐标格网。

外图廓以外的内容是为了充分反映地形图特性和用图的方便而布置在外图廓以外的各种说明、注记，统称为说明资料。在外图廓以外，还有一些内容，如图示比例尺、三北方向、坡度尺等，是为了便于在地形图上进行量算而设置的各种图解，称为量图图解。

在内、外图廓间注记坐标格网线的坐标或图廓角点的经纬度。

在内图廓和分度带之间的注记为高斯平面直角坐标系的坐标值（以 km 为单位），由此形成该平面直角坐标系的公里格网。

4. 投影方式、坐标系统、高程系统

每幅地形图测绘完成后，都要在图上标注本图的投影方式、坐标系统和高程系统，以备

146

日后使用时参考。地形图都是采用正投影的方式完成。

坐标系统指该幅图所采用的坐标系统，包括：1980 国家大地坐标系、城市坐标系、独立平面直角坐标系。

高程系统指本图所采用的高程基准。

以上内容均应标注在地形图外图廓右下方。

5. 成图方法（和测绘单位）

地形图成图的方法主要有三种：航空摄影成图、平板仪测量成图和野外数字测量成图。成图方法应标注在外图廓右下方。

此外，地形图还应标注测绘单位、成图日期等，供日后用图时参考。

4.1.5 地形图图式

地形是地物和地貌的总称。地物是地面上的各种固定性的物体。由于其种类繁多，国家测绘总局颁发了《地形图图式》统一了地形图的规格要求、地物、地貌符号和注记，供测图和识图时使用。

1. 地物符号

地形图上表示地物类别、形状、大小及位置的符号称为地物符号。根据地物形状大小和描绘方法的不同，地物符号可分为比例符号、非比例符号、半比例符号、地物注记四种。

（1）比例符号。能将地物的形状、大小和位置按比例尺缩小绘在图上以表达轮廓特征的符号。这类符号一般是用实线或点线表示其外围轮廓，如房屋、湖泊、森林、农田等。

147

（2）非比例符号。一些具有特殊意义的地物，轮廓较小，不能按比例尺缩小绘在图上时，就采用统一尺寸、用规定的符号来表示，如三角点、水准点、烟囱、消防栓等。这类符号在图上只能表示地物的中心位置，不能表示其形状和大小。

（3）半比例符号。一些呈线状延伸的地物，其长度能按比例缩绘，而宽度不能按比例缩绘，需用一定的符号表示，称为半比例符号，也称线状符号，如铁路、公路、围墙、通信线等。半比例符号只能表示地物的位置（符号的中心线）和长度，不能表示宽度。

需要指出的是，比例符号与半比例符号的使用界限是相对的。如公路、铁路等地物，在 1:500 ~ 1:2 000 比例尺地形图上是用比例符号绘出的，但在 1:5 000 比例尺以上的地形图上是按半比例符号绘出的。同样的情况也出现在比例符号与非比例符号之间。总之，测图比例尺越大，用比例符号描绘的地物越多；比例尺越小，用非比例符号表示的地物越多。

（4）地物注记。当用上述三种地物符号不能清楚地表达地物的某些特定属性时，如建筑物的结构及层数、河流的名称及流向、控制点的点号及农作物、森林种类等，可采用文字、数字来说明各地物的此类属性及名称。这种用文字、数字或特有符号对地物属性加以说明的地物符号，称为地物注记。单个的注记符号既不表示位置，也不表示大小，仅起注解说明的作用。

地物注记可分为地理名称注记、说明文字注记、数字注记三类。

在地形图上如何表示某个具体地物，即采用何种类型的地物符号，主要由测图比例尺和地物自身的实际大小而定，一般而言，测图比例尺越大，采用依比例符号描绘的地物就越多；

反之，就越少。随着比例尺的增大，说明文字注记和数字注记的数量也相应增多。

表 4-3   地物符号

编号	符号名称	图例	编号	符号名称	图例
1	坚固房屋 4-房屋层数	竖4 1.5	11	灌木林	
2	普通房屋 2-房屋层数	2 1.5	12	菜地	
3	窑洞 1. 住人的 2. 不住人的 3. 地面下的		13	高压线	
4	台阶		14	低压线	
5	花圃		15	电杆	
6	草地		16	电线架	
7	经济作物地	蔗	17	砖、石及混凝土围墙	
8	水生经济作物地	藕	18	土围墙	
9	水稻田				
10	旱地		19	栅栏、栏杆	

编号	符号名称	图例	编号	符号名称	图例
20	篱笆	1.0 ... 10.0	31	水塔	2.0 / 3.0 ... 1.0 / 1.2
21	活树篱笆	3.5　0.5　10.0 ... 1.0　0.8	32	烟囱	3.5 / 1.0
22	沟渠 1. 有堤岸的 2. 一般的 3. 有沟堑的	(图例) 2 ... 0.3 　3	33	气象站（台）	3.0 / 4.0 / 1.2
23	公路	0.3 沥 砾 0.3	34	消火栓	1.5 / 1.5 ... 2.0
24	简易公路	8.0　2.0	35	阀门	1.5 / 1.5 ... 2.0
25	大车路	0.15 碎石 0.3	36	水龙头	3.5 ... 2.0 / 1.2
26	小路	4.0　1.0 0.3	37	钻孔	30 ⊙ 1.0
27	三角点 凤凰山—点名 394.468 高程	凤凰山 / 394.468 / 3.0	38	路灯	1.5 / 1.0
28	图根点 1. 埋石的 2. 不埋石的	1　2.0 ⊡ N16 / 84.46　2　1.5 ⊕ 25 / 62.74 / 2.5	39	独立树 1. 阔叶 2. 针叶	1　3.0 / 1.5 / 0.7　2　3.0 / 0.7
29	水准点	2.0 ⊗ II 京石 5 / 32.804	40	岗亭、岗楼	90° / 3.0 / 1.5
30	旗杆	1.5 / 4.0 ♩ 1.0 / 1.0	41	等高线 1. 首曲线 2. 计曲线 3. 间曲线	0.15 ~ 87 1 / 0.3 ~ 85 2 / 0.15 ~ 6.0 ~ 3 / 1.0

（续表）

编号	符号名称	图例	编号	符号名称	图例
42	示坡线		45	陡崖 1. 土质的 2. 石质的	 
43	高程点及其注记	0.5·163.2	46	冲沟	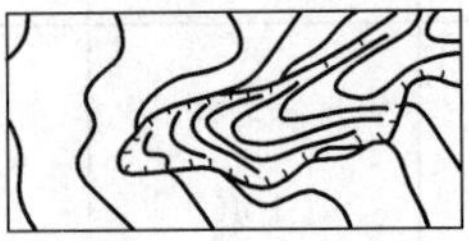
44	滑坡	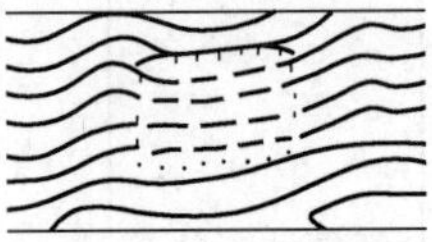			

2. 地貌符号

地貌是指地面高低起伏的自然形态。地貌形态多种多样，对于一个地区可按其起伏的变化分成以下四种地形类型：地势起伏小，地面倾斜角一般在 2°以下，比高一般不超过 200 m 的，称为平地；地面高低变化大，倾斜角一般在 2°~6°，比高不超过 150 m 的，称为丘陵地；高低变化悬殊，倾斜角一般为 6°~25°，比高一般在 150 m 以上的，称为山地；绝大多数倾斜角超过 25°的，称为高山地。

图上表示地貌的方法有多种，大、中比例尺地形图主要采用等高线法。对特殊地貌将采用特殊符号表示。

（1）等高线的定义。等高线是地面上相同高程的相邻各点连成的闭合曲线，也就是设想水准面与地表面相交形成的闭合曲线。

如图 4-3 所示，设想有一座高出水面的小山，与某一静止的水面相交形成的水涯线为一闭合曲线，曲线的形状随小山与水面相交的位置而定，曲线上各点的高程相等。例如，当水面高为 50 m 时，曲线上任一点的高程均为 50 m；若水位继续升高至 51 m、52 m，则水涯线的高程分别为 51 m、52 m。将这些水涯线垂直投影到水平面 H 上，并按一定的比例尺缩绘在图纸上，这就将小山用等高线表示在地形图上了。这些等高线的形状和高程，客观地显示了小山的空间形态。

相邻等高线之间的高差称为等高距或等高线间隔，常以 A 表示。图 4-3 中的等高距是 1 m。在同一幅地形图上，等高距是相同的。相邻等高线之间的水平距离称为等高线平距，常以 d 表示。由于同一幅地形图中等高距是相同的，所以等高线平距 d 的大小与地面的坡度有关。等高线平距越小，则地面坡度越大；平距越大，则坡度越小；平距相等，则坡度相同。由此可见，根据地形图上等高线的疏密可判定地面坡度的缓陡。

对于同一比例尺测图，选择等高距过小，会成倍地增加测绘工作量。对于山区，有时会因等高线过密而影响地形图的清晰。等高距的选择，应该根据地形类型和比例尺大小，并按照相应的规范执行。表 4-4 为大比例尺地形图的基本等高距参考值。

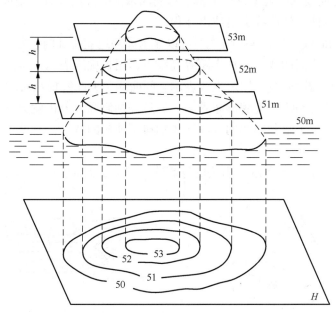

图 4-3　等高线的定义

表 4-4　　　　　　　　　　　　　　大比例尺地形图的基本等高距　　　　　　　　　　　　　　单位：m

比例尺	平地	丘陵地	山地	比例尺	平地	丘陵地	山地
1:500	0.5	0.5	1	1:2 000	0.5	1	2，2.5
1:1 000	0.5	1	1	1:5 000	1	2，2.5	2.5，5

（2）等高线的特征。通过研究等高线表示地貌的规律性，可以归纳出等高线的特征，它对于地貌的测绘和等高线的勾画，以及正确使用地形图都有很大帮助。

① 同一条等高线上各点的高程相等。

② 等高线是闭合曲线，不能中断，如果不在同一幅图内闭合，则必定在相邻的其他图幅内闭合。

③ 等高线只有在绝壁或悬崖处才会重合或相交。

④ 等高线经过山脊或山谷时改变方向，因此山脊线与山谷线应与改变方向处的等高线的切线垂直相交，如图 4-4 所示。

⑤ 在同一幅地形图上，等高线间隔是相同的。倾斜平面的等高线是一组间距相等且平行的直线。

（3）等高线的分类。地形图中的等高线主要有首曲线和计曲线，有时也用间曲线和助曲线。

① 首曲线。首曲线也称基本等高线，是指从高程基准面起算，按规定的基本等高距描绘的等高线称为首曲线，用宽度为 0.15 mm 的细实线表示。

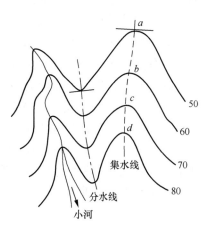

图 4-4　山脊线、山谷线与等高线关系

② 计曲线。计曲线从高程基准面起算，每隔四条基本等高线有一条加粗的等高线，称为计曲线。为了读图方便，计曲线上也注出高程。

③ 间曲线和助曲线。当基本等高线不足以显示局部地貌特征时，按二分之一基本等高距所加绘的等高线，称为间曲线（又称半距等高线），用长虚线表示。按四分之一基本等高距所加绘的等高线，称为助曲线，用短虚线表示。间曲线和助曲线描绘时均可不闭合。

（4）典型地貌的等高线。地貌形态繁多，通过仔细研究和分析就会发现它们是由几种典型的地貌综合而成的。了解和熟悉用等高线表示典型地貌的特征，有助于识读、应用和测绘地形图。

① 山头和洼地。图 4-5 所示为山头的等高线，图 4-6 所示为洼地的等高线。

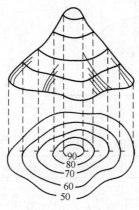

图 4-5　山头等高线

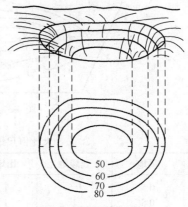

图 4-6　洼地等高线

山头与洼地的等高线都是一组闭合曲线，但它们的高程注记不同。内圈等高线的高程注记大于外圈者为山头；反之，小于外圈者为洼地。

也可以用坡线表示山头或洼地。示坡线是垂直于等高线的短线，用以指示坡度下降的方向（见图 4-5、图 4-6）。

② 山脊和山谷。山的最高部分为山顶，有尖顶、圆顶、平顶等形态，尖峭的山顶称为山峰。山顶向一个方向延伸的凸棱部分称为山脊。山脊的最高点连线称为山脊线。山脊等高线表现为一组凸向低处的曲线（见图 4-7）。

相邻山脊之间的凹部是山谷。山谷中最低点的连线称为山谷线，如图 4-8 所示，山谷等高线表现为一组凸向高处的曲线。

在山脊上，雨水会以山脊线为分界线而流向山脊的两侧，所以山脊线又称为分水线。在山谷中，雨水由两侧山坡汇集到谷底，然后沿山谷线流出，所以山谷线又称为集水线（图 4-8）。山脊线和山谷线合称为地性线。

③ 鞍部。鞍部是相邻两山头之间呈马鞍形的低凹部位（图 4-9 中的 S 处）。它的左右两侧的等高线是对称的两组山脊线和两组山谷线。鞍部等高线的特点是在一圈大的闭合曲线内，套有两组小的闭合曲线。

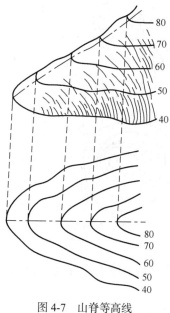

图 4-7　山脊等高线

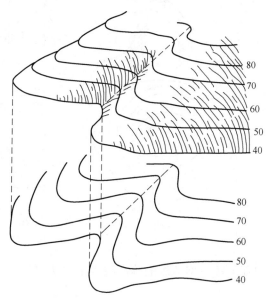

图 4-8　山谷等高线

④ 陡崖和悬崖。陡崖是坡度在 70° 以上或为 90° 的陡峭崖壁，若用等高线表示将非常密集或重合为一条线，因此采用陡崖符号来表示，如图 4-10（a）、（b）所示。

悬崖是上部突出，下部凹进的陡崖。上部的等高线投影到水平面时，与下部的等高线相交，下部凹进的等高线用虚线表示，如图 4-10（c）所示。

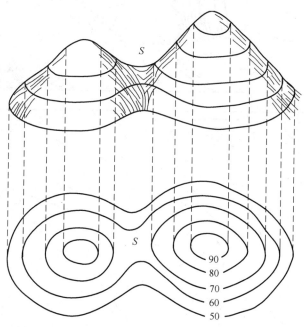

图 4-9　鞍部

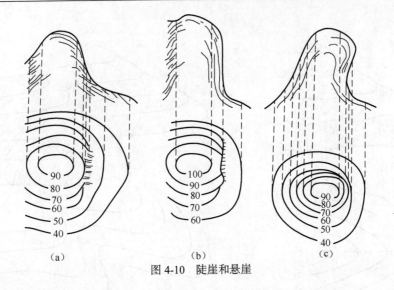

图 4-10　陡崖和悬崖

　　识别上述典型地貌的等高线表示方法以后，进而能够认识地形图上用等高线表示的复杂地貌。

　　图 4-11 所示为某地区综合地貌，读者可将两图参照阅读。

154

图 4-11　某地区地貌图

4.2　大比例尺地形图的测绘

地形图测绘包括控制测量和碎部测量两个阶段的工作。当待测区控制测量工作实施完成后，便可进行地形图测绘的碎部测量阶段的工作。碎部测量的工作任务是以控制点为基础，测定地物、地貌的平面位置和高程，并将所测碎部特征点绘制成地形图。

地物平面形状可用其轮廓点（交点和拐点）和中心点来表示，这些点被称为地物的特征点（又称碎部点）。地貌尽管形态复杂，但可将其归结为许多不同方向、不同坡度的平面交合而成的几何体，其平面交线就是方向变化线和坡度变化线，这些方向变化线和坡度变化线上的方向和坡度变换点称为地貌特征点或地性点。无论地物还是地貌，其形态都是由一些特征点，即碎部点的点位所决定。所以，碎部测量的实质就是测绘出测区内各地物和地貌碎部点的平面位置和高程。碎部测量工作包括两个过程：一是测定碎部点的平面位置和高程；二是利用地形图图示符号在图上按事先确定的比例绘制出各种地物和地貌，最终形成地形图。地形图测绘方法主要有解析测图法和数字测图法。

4.2.1　解析测图法

解析测图法常用的是经纬仪平板测图法（即传统的白纸测图法），将经纬仪安置在控制点（主要是图根点）上建立测站，测定碎部点（地物、地貌特征点）的位置，并按规定的比例尺将所测点展绘到图纸上，再依据各测点间的关系进行连线，描绘地物（或地貌）于图纸上，加注对应的地物（或地貌）符号，经整饰得到地形图。

1.　测图纸的准备

地形原图的图纸宜选用厚度为 0.07～0.10 mm，伸缩率小于 0.2‰ 的聚酯薄膜纸。聚酯薄膜纸的毛面为正面，薄膜坚韧耐湿，弄脏后沾水可洗，便于野外作业，也便于图纸整饰，但此薄膜纸易燃、易折。

2.　绘制坐标方格网并展绘控制点

绘制 10 cm × 10 cm 的坐标格网。对角线方向各方格的角点应在一条直线上，偏离不应大于 0.2 mm；再检查各个方格的对角线长度容许误差为±0.2 mm。

根据控制点直角坐标数值，将控制点展绘在图纸上；注记点号和高程。将图上各相邻控制点之间的距离与已知的边长相比较，其最大误差在图纸上不得超过 0.3 mm。

3.　碎部点的测绘方法

（1）极坐标法。极坐标法是地形测图中测定碎部点的一种主要方法。经纬仪图解极坐标法是指用经纬仪直接测定各碎部点相对起始方向（已知控制边）的角度、视距和垂直角，计算出平距和高程，绘图员根据所测水平角、距离，利用量角器展点工具将碎部点展绘在图纸上。经纬仪解析坐标法则是将所测得的数据，依据测站控制点的坐标计算出碎部点的坐标，采用展点法将碎部点按比例尺绘在图纸上，如图 4-12 所示。

极坐标法适用于通视条件良好的开阔地区，每一测站所能测绘的范围较大，且各碎部点都是独立测定的，不会产生累积误差，相互间不会发生影响，若有测错的点便于查找、改正，不影响全局。但该法由于须逐点竖立标尺，故工作量和劳动量较大，对于难以到达的碎部点，用此法困难较大。

155

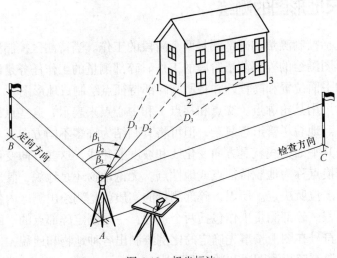

图 4-12　极坐标法

（2）距离交会法。对于隐蔽地区，尤其是居民区内通视
条件不好的少数地物的测绘，采用距离交会比较方便。如图
4-13 所示，在测站上用极坐标法直接测定测站控制范围内的
房屋可见点的平面位置，并量取房屋的长（或宽）尺寸，按
几何作图方法绘出可见房屋轮廓，再利用已测房屋投影点推
求其背后看不到的房屋。在已测点 A、B 处分别向 P、Q 点
丈量其距离，然后在图上按测图比例尺用两脚规截取图上长
度，分别以 A、B 的投影点为圆心，相应各点至圆心的图上
长度为半径画弧，取两相应弧线的交点，即得所求碎部点的
图上位置。

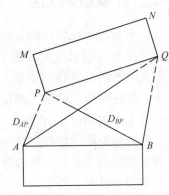

图 4-13　距离交会法

（3）方向交会法。方向交会法适用于通视条件良好、特征
点目标明显但距离较远或不便于测距的情况。其方法是：在两相邻控制点上分别建立测站，
并对同一地面特征点进行照准，在图纸上描绘其对应方向线，则相应的两方向的交点即为所
测特征点在图上的平面位置。应用方向交会法时要注意，交会角应在 30°～150° 范围内，
以保证点位的准确性，同时最好有第三个方向做检核。

该方法的优点是可以不测距离而求得碎部点的位置，若使用恰当，可减少立尺点数量，
提高作业速度。

4.2.2　数字测图法

数字测图法是对采集到的地面碎部点坐标数据进行计算机处理，利用数字测绘成图软件，
编辑生成以数字形式储存在计算机存储介质上的地形图的方法。

数字测图的基本思想是将地面上的地形和地理要素（或称模拟量）转换为数字量，然后
由电子计算机对其进行处理，得到内容丰富的电子地图，需要时由图形输出设备（如显示器、
绘图仪）输出地形图或各种专题图图形。将模拟量转换为数字这一过程通常称为数据采集。
目前数据采集方法主要有野外地面数据采集法、航片数据采集法、原图数字化法。

数字测图的作业过程都必须包括数据采集、数据处理和图形输出三个基本阶段。

目前，数据采集主要有全站仪野外数据采集、GPS-RTK 数据采集等几种方法。

数据处理阶段是指在数据采集以后到图形输出之前对图形数据的各种处理。数据处理主要包括数据传输、数据预处理、数据转换、数据计算、图形生成、图形编辑与整饰、图形信息的管理与应用等。数据预处理包括坐标变换、各种数据资料的匹配、测图比例尺的统一、不同结构数据的转换等。数据转换内容很多，如将野外采集到的带简码的数据文件或无码数据文件转换为带绘图编码的数据文件，供自动绘图使用；将 Auto CAD 的图形数据文件转换为 GIS 的交换文件。数据计算主要是针对地貌关系的，当数据输入到计算机后，为建立数字地面模型绘制等高线，需要进行插值模型建立、插值计算、等高线光滑处理三个过程的工作。在计算过程中，需要为计算机输入必要的数据，如插值等高距、光滑的拟合步距等。必要时需对插值模型进行修改，其余的工作都由计算机自动完成。数据计算还包括对房屋类呈直角拐弯的地物进行误差调整，消除非直角化误差等。

经过数据处理后，可产生平面图形数据文件和数字地面模型文件。要想得到一幅规范的地形图，还要对数据处理后生产的"原始"图形进行修改、编辑、整理；需要加上汉字注记、高程注记，并填充各种面状地物符号；要进行测区图形拼接、图形分幅和图廓整饰等。数据处理还包括对图形信息的全息保存、管理、使用等。

数字测图方法已超出非测绘专业的知识范围，其具体的操作过程暂不介绍。

4.3　大比例尺地形图的应用

157

4.3.1　地形图的基本应用

4.3.1.1　确定点的平面直角坐标

确定点的平面直角坐标的步骤如下。

（1）在纸质地形图上获得点的平面直角坐标。如图 4-14 所示，若要求图上 A 点的坐标，可通过 A 点做坐标网的平行线 mn、pq，然后再用测图比例尺量取 mA 和 pA 的长度，则 A 点的坐标为

$$x_A = x_0 + mA \times M$$
$$y_A = y_0 + pA \times M$$

（4 – 2）

式中，x_0、y_0 为 A 点所在方格西南角点的坐标；

mA、pA 为图上量取的长度（单位：mm）；

M 为比例尺分母。

（2）若考虑图纸伸缩的影响，为了提高精度，若坐标网的理论长度为 $L = 10\,\text{cm}$，则 A 点的坐标计算式为

$$x_A = x_0 + \frac{mA}{mn} \times 10 \times M$$
$$y_A = y_0 + \frac{pA}{pq} \times 10 \times M$$

（4 – 3）

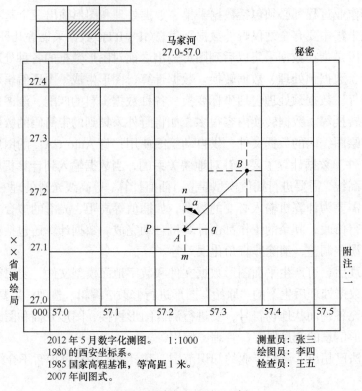

图 4-14　确定点的平面坐标

式中，x_0、y_0 为 A 点所在方格西南角点的坐标；mA、pA、mn、pq 为图上量取的长度（单位：mm）；M 为比例尺分母。

（3）在电子地形图上获得点的平面直角坐标。随着计算机在测量中的应用，电子地图应运而生，并且越来越普遍地被人们使用。在电子地形图图上确定点的平面坐标则不需要做以上计算，直接用鼠标捕捉所求点即可直接在屏幕上显示。很多专业软件也都提供了专门的查询功能，都可以直接从图上获取所需坐标以及其他的信息，且电子地形图不会产生变形，获得的坐标精度较高。

4.3.1.2　确定两点间的水平距离

1．图解法

如图 4-14 所示，若要求 AB 间的水平距离 D_{AB}，可用测图比例尺在图上直接量取，即直接量出 AB 的图上距离 d，再乘以比例尺分母 M，得：

$$D_{AB} = dM \tag{4-4}$$

2．解析法

如图 4-14 所示，首先根据式（4-2）计算出 A、B 两点的坐标，再用式（4-5）计算出 A、B 两点间的距离。

$$D_{AB} = \sqrt{(x_B - x_A)^2 + (y_B - y_A)^2} \tag{4-5}$$

一般情况下，解析法精度相对高一点，但图解法更简单，如果在电子地形图上，直接选择某直线便可直接查得其水平距离以及其他的信息，操作简单且能满足精度要求。

4.3.1.3　确定直线的坐标方位角

1. 图解法

如图 4-14 所示，若要求直线 *AB* 的方位角，可先通过 *A* 点作纵坐标轴的平行线，再从图上直接量取直线 *AB* 的方位角，如图中的 α 角度值可直接用量角器量取。

2. 解析法

解析法可精确确定直线 *AB* 的方位角。首先解析计算出 *A*、*B* 的坐标后，再用坐标反算求出直线 *AB* 的方位角。

$$\alpha_{AB} = \arctan \frac{y_B - y_A}{x_B - x_A} \tag{4-6}$$

 注意

由式（4-6）计算出来的是直线的象限角，需要根据直线的坐标增量正确判断直线所在的象限，然后根据同一象限内象限角与方位角的关系将象限角转换为方位角。

4.3.1.4　确定点的高程

如图 4-15 所示，所求 *A* 点恰好位于某等高线上，则该点高程值与所在等高线的高程相同，即 *A* 点高程为 61 m。

若所求点不在等高线上，如 *B* 点，则应根据比例内插法确定该点的高程。在图 4-15 中，欲求 *B* 点高程，首先过 *B* 点作相邻两条等高线的近似公垂线，与等高线分别交于 *m*、*n* 两点，在图 4-15 上量取 *mn* 和 *mB* 的长度，则 *B* 点高程为

$$H_B = H_m + \frac{mB}{mn} \times h_{mn} \tag{4-7}$$

式中，H_m 为 *m* 点的高程；h_{mn} 为 *m*、*n* 两点的高差即等高距，图 4-15 中为 1 m。

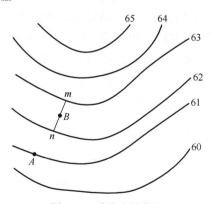

图 4-15　确定点的高程

实际工作中，在图上求某点的高程，通常是用目估确定的。

4.3.1.5　确定图上直线的坡度

直线的坡度是直线两端点的高差 *h* 与水平距离 *D* 之比，用 *i* 表示。

$$i = \frac{h}{D} = \tan \alpha \tag{4-8}$$

建筑工程中的坡度一般用百分率或千分率表示，如 $i = 4\%$。式（4-8）中的 α 表示地面上的两点连线相对于水平线的倾角。如果直线两端点间的各等高线平距相近，求得的坡度基本上符合实际坡度；如果直线两端间的各等高线平距不等，则求得的坡度只是直线端点之间的平均坡度。

如图 4-14 所示，欲求 A、B 两点间的坡度，则必须先求出两点的水平距离和高程，再根据两点之间的水平距离 AB，计算两点间的平均坡度。具体的计算公式为

$$i = \frac{h_{AB}}{D_{AB}} = \frac{H_B - H_A}{D_{AB}} \tag{4-9}$$

式中，h_{AB} 为 A、B 两点间的高差；D_{AB} 为 A、B 两点间的直线水平距离。

按式（4-9）得的是两点间的平均坡度，当直线跨越多条等高线，且地面坡度一致、无高低起伏时，所求出的坡度值就表示这条直线的地面坡度值。当直线跨越多条等高线，且相邻等高线之间的平距不等，即地面坡度不一致时，所求出的坡度值就不能完全表示这条直线的地面坡度值。

4.3.1.6　确定地形图上任意区域的面积

在工程建设中，常需要在地形图上量测一定区域范围内的面积。量测面积的方法较多，常用到的方法有图解几何法、解析法和求积仪法等。在地形图上量算面积是地形图应用的一项重要内容。

1. 图解几何法

当所量测的图形为多边形时，可将多边形分解为几个三角形、梯形或平行四边形，如图 4-16（a）所示，用比例尺量出这些图形的边长。按几何公式算出各分块图形的面积，然后求出多边形的总面积。

当所量测的图形为曲线连接时，如图 4-16（b）所示，则先在透明纸上绘制好毫米方格网，然后将其覆盖在待量测的地形图上，数出完整方格网的个数；然后估量非整方格的面积相当于多少个整方格（一般将两个非整方格看作一个整方格计算），得到总的方格数 n；再根据比例尺确定每个方格所代表的图形面积 S，则得到区域的总面积 $S_总 = nS$。

也可以采用平行线法计算曲线区域面积，如图 4-16（c）所示，将绘有间距 d=1 mm 或 2 mm 的平行线组的透明纸或透明膜片覆盖在待量测的图形上，则所量图形面积等于若干个等高梯形的面积之和。此法可以克服方格网膜片边缘方格凑整太多的缺点。图 4-16（c）中平行虚线是梯形的中线。量测出各梯形的中线长度，则图形面积为

$$S = d(ab + cd + ef + \cdots + yz)$$

式中，d 为平行线间距。

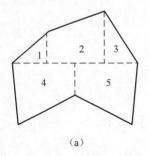
(a)

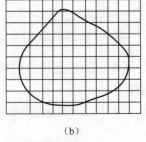
(b)

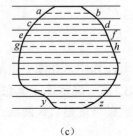
(c)

图 4-16　区域面积的计算

2. 坐标解析法

坐标解析法是根据已知几何图形各顶点坐标值进行面积计算的方法。当图形边界为闭合多边形，且各顶点的平面坐标已经在地形图上量出或已经在实地测量，则可以利用多边形各顶点的坐标，用坐标解析法计算出图块区域面积。

在图 4-17 中，1、2、3、4 为多边形的顶点时，其平面坐标已知，分别为 1 (x_1, y_1)、2 (x_2, y_2)、3 (x_3, y_3)、4 (x_4, y_4)，则该多边形的每一条边及其向 y 轴的坐标投影线（图中虚线）和 y 轴都可以组成一个梯形，多边形的面积 A 就是这些梯形面积的和，可计算出图形的区域面积为

$$A = \frac{1}{2}\left[(x_1 + x_2)(y_2 - y_1) + (x_2 + x_3)(y_3 - y_2) - (x_3 + x_4)(y_3 - y_4) - (x_4 + x_1)(y_4 - y_1)\right]$$

$$= \frac{1}{2}\left[x_1(y_2 - y_4) + x_2(y_3 - y_1) + x_3(y_4 - y_2) + x_4(y_1 - y_3)\right]$$

对于任意的 n 边形，可以写出按坐标计算面积的通用公式为

$$A = \frac{1}{2}\sum_{i=1}^{n} x_i(y_{i-1} - y_{i+1}) \qquad (4\text{-}10)$$

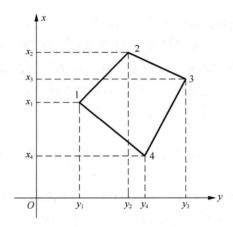

图 4-17　坐标解析法面积量算

4.3.2　地形图在工程中的应用

4.3.2.1　按限制的坡度选定最短线路

在山地、丘陵地区进行道路、管线、渠道等工程设计时，都要求线路在不超过某一限制坡度的条件下，选择一条最短路线或等坡度线。

如图 4-18 所示，欲从低处的 A 点到高地 B 点需要选择一条公路线，要求其坡度不大于限制坡度 i。

设 b' 等高距 h，等高线间的平距的图上值为 d，地形图的测图比例尺分母为 M，根据坡度的定义有：$i = \dfrac{h}{dM}$，由此求得：$d = \dfrac{h}{iM}$。

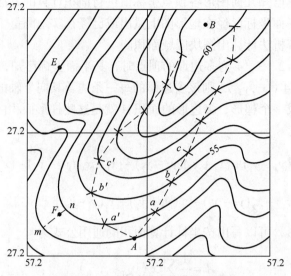

图 4-18　按限制的坡度选定最短线路

在图 4-18 中，设计用的地形图比例尺为 1:1000，等高距为 1 m。为了满足限制坡度不大于 $i = 3.3\%$ 的要求，根据公式可以计算出该线路经过相邻等高线之间的最小水平距离 $d = 0.03\,\text{m}$。于是，在地形图上以 A 点为圆心，以 3 cm 为半径，用两脚规画弧交 54 m 等高线于点 a、a'，再分别以点 a、a' 为圆心，以 3 cm 为半径画弧，交 55 m 等高线于点 b、b'，依此类推，直到 B 点为止。然后连接 A、a、b、$\cdots$、B 和 A、a'、b'、$\cdots$、B，便在图上得到符合限制坡度 $i = 3.3\%$ 的两条路线。

同时考虑其他因素，如少占农田，建筑费用最少，避开塌方或崩裂地带等，从中选取一条作为设计线路的最佳方案。

如遇等高线之间的平距大于 3 cm，以 3 cm 为半径的圆弧将不会与等高线相交。这说明坡度小于限制坡度。在这种情况下，路线方向可按最短距离绘出。

4.3.2.2　按一定方向绘制纵断面图

在各种线路工程设计中，为了进行填挖方量的概算，以及合理地确定线路的纵坡，都需要了解沿线路方向的地面起伏情况，为此，常需利用地形图绘制沿指定方向的纵断面图。

如图 4-19 所示，在地形图上作 A、B 两点的连线，与各等高线相交，各交点的高程即为交点所在等高线的高程，而各交点的平距可在图上用比例尺量得。在毫米方格纸上画出两条相互垂直的轴线，以横轴 AB 表示平距，以垂直于横轴的纵轴表示高程，在地形图上量取 A 点至各交点及地形特征点的平距，并把它们分别转绘在横轴上，以相应的高程作为纵坐标，得到各交点在断面上的位置。连接这些点，即得到 AB 方向的断面图。为了更明显地表示地面的高低起伏情况，断面图上的高程比例尺一般比平距比例尺大 5~20 倍。

对地形图中某些特殊点的高程量算，如断面过山脊、山顶或山谷处的高程变化点的高程，一般用比例内插法求得，然后绘制断面图。

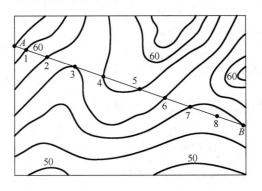

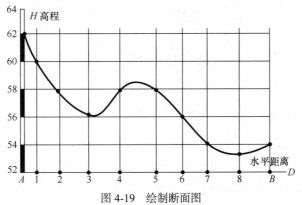

图 4-19　绘制断面图

4.3.2.3　确定汇水面积

修筑道路时有时要跨越河流或山谷，这时就必须建桥梁或涵洞；兴修水库时则必须筑坝拦水。而桥梁、涵洞孔径的大小，水坝的设计位置与坝高，水库的蓄水量等，都要根据汇集于这个地区的水流量来确定。汇集水流量的面积称为汇水面积。

由于雨水是沿山脊线（分水线）向两侧山坡分流，所以汇水面积的边界线是由一系列的山脊线连接而成的。如图 4-20 所示，一条公路经过山谷，拟在 P 处架桥或修涵洞，其孔径大小应根据流经该处的流水量决定，而流水量又与山谷的汇水面积有关。由山脊线和公路上的线段所围成的封闭区域 A—B—C—D—E—F—G—H—I 的面积，就是这个山谷的汇水面积。量测该面积的大小，再结合气象水文资料，便可进一步确定流经公路 P 处的水量，从而对桥梁或涵洞的孔径设计提供依据。

确定汇水面积的边界线时，应注意以下几点：

① 边界线（除公路段 AB 段外）应与山脊线一致，且与等高线垂直；

② 边界线是经过一系列山脊线、山头和鞍部的曲线，并与河谷的指定断面（公路或水坝的中心线）闭合。

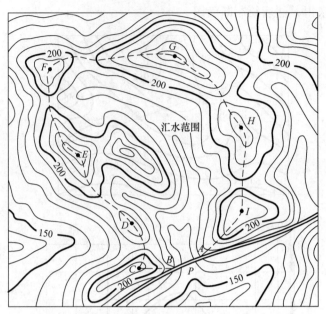

图 4-20　确定汇水面积

4.3.2.4　计算土方量

在建筑工程中，除了要进行合理的平面布置外，往往还要对原地貌进行必要的改造，以便改造后的场地适于布置各类建筑物，适于地面排水，并满足交通运输和敷设地下管线的需要等。工程建设初期总是需要对施工场地按竖向规划进行平整；工程接近收尾时，配合绿化还需要进行一次场地平整。在场地平整施工之中，常需估算土（石）方的工程量，即利用地形图按照场地平整的平衡原则来计算总填、挖土（石）方量，并制定出合理的土（石）方调配方案。通常使用的土方量计算方法有方格网法与断面法。

1. 方格网法

方格网法适用于高低起伏较小，地面坡度变化均匀的场地。如图 4-21 所示，欲将该地区平整成地面高度相同的平坦场地，具体步骤如下。

（1）绘制方格网。在地形图上拟建工程的区域范围内，直接绘制出 2 cm × 2 cm 的方格网，如图 4-21 所示，图中每个小方格边对应的实地距离为 2 cm × M（M 为比例尺的分母）。图 4-21 的比例尺为 1:1000，方格网的边长为 20 m × 20 m，并进行编号，其方格网横线从上到下依次编为 A、B、C、D 等行号，其方格网纵线从左至右顺次编号为 1、2、3、4、5 等列号。则各方格点的编号用相应的行、列号表示，如 A_1、A_2 等，并标注在各方格点左下角。

（2）计算方格格点的地面高程。依据方格网各格点在等高线的位置，利用比例内插的方法计算出各点的实地高程，并标注在各方格点的右上角。

（3）计算设计高程。根据各个方格点的地面高程，分别求出每个方格的平均高程 H_i（i 为 1、2、3、…，表示方格的个数），将各个方格的平均高程求和并除以方格总数 n，即得设计高程 $H_{设}$。

本例中，先将每一小方格顶点高程加起来除以 4，得到每一小方格的平均高程，再把各小方格的平均高程加起来除以小方格总数即得设计高程。经计算，其场地平整时的设计高程约为 33.4 m，并将计算出的设计高程标在各方格点的右下角。

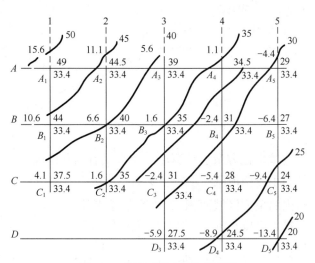

图 4-21　场地平整土石方量计算

（4）计算各方格点的填、挖厚度（即填挖数）。根据场地的设计高程及各方格点的实地高程，计算出各方格点处的填高或挖深的尺寸，即各点的填挖数。

填挖数=地面点的实地高程–场地的设计高程

式中，填挖数为正时，表示该点为挖方点；填挖数为负时，表示该点为填方点。并将计算出的各点填挖数填写在各方格点的左上角。

（5）计算方格零点位置并绘制零位线。计算出各方格点的填挖数后，即可求每条方格边上的零点（即不需填也不需挖的点）。这种点只存在于由挖方点和填方点构成的方格边上。求出场地中的零点后，将相邻的零点顺次连接起来，即得零位线（即场地上的填挖边界线）。零点和零位线是计算填挖方量和施工的重要依据。

在方格边上计算零点位置，可按图解几何法，依据等高线内插原理来求取。如图 4-22 所示，A_4 为挖方点，B_4 为填方点，在 A_4、B_4 方格边上必存在零点 O。设零点 O 与 A_4 点的距离为 x，则其与 B_4 点距离为 $20-x$，由此得到关系式：

$$\frac{x}{h_1}=\frac{20-x}{h_2}$$

式中，h_1、h_2 为方格点的填挖数，且按此式计算零点位置时不带符号。则有

$$x=\frac{h_1}{h_1+h_2}\times 20=\frac{1.1}{1.1+2.4}\times 20 \text{ m}=6.3 \text{ m}$$

即 A_4、B_4 方格边上的零点 O 距离 A_4 为 6.3 m。

用同样的方法计算出其他各方格边的零点，并顺次相连，即得整个场地的零位线，用虚线绘出（见图 4-21）。

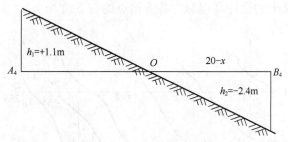

图 4-22 比例内插法确定零点

（6）计算各小方格的填、挖方量。计算填、挖方量有两种情况：一种为整个小方格全为填（或挖）方；另一种为小方格内既有填方，又有挖方。其计算方法如下。

首先计算出各方格内的填方区域面积 $A_填$ 及挖方区域面积 $A_挖$。

整个方格全为填或挖（单位：m^3），则土石方量为

$$V_填 = \frac{1}{4}(h_1 + h_2 + h_3 + h_4) \times A_填 \quad 或 \quad V_挖 = \frac{1}{4}(h_1 + h_2 + h_3 + h_4) \times A_挖$$

方格中既有填方，又有挖方，则土石方量分别为

$$V_填 = \frac{1}{4}(h_1 + h_2 + 0 + 0) \times A_填 \quad （h_1、h_2 \text{为方格中填方点的填挖数}）$$

$$V_挖 = \frac{1}{4}(h_3 + h_4 + 0 + 0) \times A_挖 \quad （h_3、h_4 \text{为方格中挖方点的填挖数}）$$

（7）计算总、填挖方量。用步骤（6）介绍的方法计算出各个小方格的填、挖方量后，分别汇总以计算总的填、挖方量。一般说来，场地的总填方量和总挖方量两者应基本相等，但由于计算中多使用近似公式，故两者之间可略有出入。如相差较大时，说明计算中有差错，应查明原因，重新计算。

2. 断面法

在地形起伏变化较大的地区，或者如道路、管线等线状建设场地，则宜采用断面法来计算填、挖土方量。

如图 4-23 所示，ABCD 是某建设场地的边界线，拟按设计高程 48 m 对建设场地进行平整，现采用断面法计算填方和挖方的土方量。根据建设场地边界线 ABCD 内的地形情况，每隔一定间距（图 4-23 为图上距离 2 cm）绘一垂直于场地左、右边界线 AD 和 BC 的断面图。图 4-24 为 A—B、I—I 的断面图。由于设计高程定为 48 m，在每个断面图上，凡低于 48 m 的地面与 48 m 设计等高线所围成的面积即为该断面的填方面积，如图 4-24 中的填方面积；凡高于 48 m 的地面与 48 m 设计等高线所围成的面积即为该断面的挖方面积，如图 4-24 中的挖方面积。

分别计算出每一断面的总填、挖土方面积后，然后将相邻两断面的总填（挖）土方面积相加后取平均值，再乘上相邻两断面间距 L，即可计算出相邻两断面间的填、挖土方量。

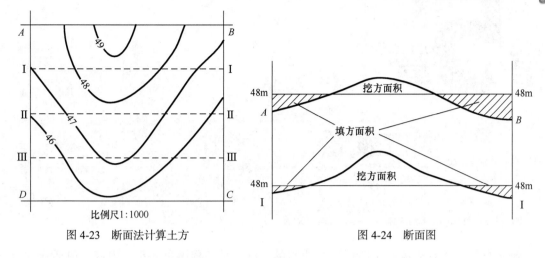

图 4-23　断面法计算土方　　　　　　图 4-24　断面图

【思考与练习】

1. 名词解释

（1）等高线；（2）等高距；（3）地物；（4）地貌。

2. 简答题

（1）比例尺精度是如何定义的？有何作用？

（2）等高线有哪些特性？

（3）测绘地形图前如何选择地形图的比例尺？

（4）地形图比例尺有哪些表示方法？如何确定比例尺的大小？

（5）等高线如何表示地貌的起伏变化？

第**5**章

施工测量

施工测量是指在工程施工阶段进行的测量工作，是工程测量的重要内容，包括施工控制网的建立、建筑物的放样、竣工测量和施工期间的变形观测等。

知识目标

- ☐ 掌握工程施工测量的基本工作程序；
- ☐ 掌握建筑施工测量方法；
- ☐ 熟悉变形监测工作方法。

技能目标

- ☐ 能够依据施工对象编写合理可行的施工测量方案；
- ☐ 能进行施工测量、变形监测和竣工测量。

5.1 施工测量概述

施工测量（也称测设或放样）的目的是将图纸上设计的建（构）筑物的平面位置和高低位置标定在施工现场，并在施工过程中指导施工，使工程严格按照设计的要求进行建设。

施工测量与地形图测绘都是研究和确定地面上点位的相互关系。测图是地面上先有一些点，然后测出它们之间的关系；而放样是先从设计图纸上算得点位之间的距离、方向和高差，再通过测量工作把点位测设到地面上。因此，距离测量、角度测量、高程测量也是施工测量的基本内容。

5.1.1 施工测量的主要内容

施工测量贯穿于整个施工过程中。从场地平整、建筑物定位、基础施工，到建筑物构件安装等，都需要进行施工测量，以使建筑物、构筑物各部分的尺寸、位置符合设计要求。其主要包括如下内容。

（1）收集资料、制订方案。施工测量前，应收集有关测量资料，熟悉施工设计图纸，明确施工要求，制定施工测量方案。

（2）建立施工控制网。大中型的施工项目，应先建立场区控制网，再分别建立建筑物施工控制网；小规模或精度高的独立施工项目，可直接布设建筑物施工控制网。

（3）建筑物、构筑物的详细测设。施工细部放样的主要内容包括：

① 放样依据的选择，即放样已知点的选择；

② 选择放样方法；

③ 计算放样元素，即根据已选定的放样方法和已知点坐标和高程以及设计坐标和高程，计算出需要测设的水平角值、边长值和高差值，这些元素称为放样元素；

④ 实地施工放样，标定轴线位置及细部点位置。

（4）检查、验收。每道施工工序完工之后，都要通过测量检查工程各部位的实际位置及高程是否与设计要求相符合。

（5）竣工测量。在建筑物和构筑物竣工验收时，为获得工程建成后的各建筑物和构筑物以及地下管网的平面位置和高程等资料而进行的测量工作。

（6）变形观测。随着施工的进展，测定建筑物在平面和高程方面产生的位移和沉降，收集整理各种变形资料，作为鉴定工程质量和验证工程设计、施工是否合理的依据。

5.1.2　施工测量的特点

施工测量的主要特点包括：

（1）精度要求较测图高。测图的精度取决于测图比例尺大小，而施工测量的精度则与建筑物的大小、结构形式、建筑材料以及放样点的位置有关。例如，高层建筑测设的精度要求高于低层建筑；钢筋混凝土结构的工程测设精度高于砖混结构工程；钢架结构的测设精度要求更高。再如，建筑物本身的细部点测设精度比建筑物主轴线点的测设精度要求高。这是因为建筑物主轴线测设误差只影响到建筑物的微小偏移，而对建筑物各部分之间的位置和尺寸在设计上有严格要求，破坏了相对位置和尺寸就会造成工程事故。

（2）与施工密不可分。施工测量是设计与施工之间的桥梁，贯穿于整个施工过程中，是施工的重要组成部分。放样的结果是实地上的标桩，它们是施工的依据，标桩定在哪里，庞大的施工队伍就在哪里进行挖土、浇捣混凝土、吊装构件等一系列工作，如果放样出错并没有及时发现纠正，将会造成极大的损失。当工地上有多个工作面同时开工时，正确的放样是保证它们衔接成整体的重要条件。施工测量的进度与精度直接影响着施工的进度和施工质量。这就要求施工测量人员在放样前应熟悉建筑物总体布置和各个建筑物的结构设计图，并要检查和校核设计图上轴线间的距离和各部位高程注记。在施工过程中对主要部位的测设一定要进行校核，检查无误后方可施工。多数工程建成后，为便于管理、维修以及续扩建，还必须编绘竣工总平面图。有些高大和特殊建筑物，例如，高层楼房、水库大坝等，在施工期间和建成以后还要进行变形观测，以便控制施工进度，积累资料，掌握规律，为工程严格按设计要求施工、维护和使用提供保障。

（3）现场干扰大。施工场地上工种多、交叉作业频繁，并要填、挖大量土石方，地面变动很大，又有车辆等机械振动，因此各种测量标志必须埋设稳固且在不易破坏的位置。解决办法是采用二级布设方式，即设置基准网和定线网。基准网远离现场，定线网布设于现场，当定线网密度不够或者现场受到破坏时，可用基准网增设或恢复之。定线网的密度应尽可能满足一次安置仪器就可测设的要求。

5.1.3 施工测量的工作原则

由于施工测量的要求精度较高，施工现场各种建筑物的分布面广，且往往同时开工兴建，所以为了保证各建筑物测设的平面位置和高程都有相同的精度并且符合设计要求，施工测量和测绘地形图一样，也必须遵循"由整体到局部、先控制后碎部"的原则组织实施。对于大中型工程的施工测量，要先在施工区域内布设施工控制网，而且要求布设成两级，即首级控制网和加密控制网。首级控制点相对固定，布设在施工场地周围不受施工干扰、地质条件良好的地方。加密控制点直接用于测设建筑物的轴线和细部点。不论是平面控制还是高程控制，在测设细部点时要求一站到位，减少误差的累计。

此外，施工测量责任重大，稍有差错就会酿成工程事故，造成重大损失。因此，必须加强外业和内业的检核工作。检核是测量工作的灵魂。

5.1.4 施工测量的精度要求

工程建筑物的建筑限差是指建筑物竣工之后实际位置相对于设计位置的极限偏差。通常对其偏差的规定是随工程的性质、规模、建筑材料、施工方法等因素而改变。施工测量按精度要求从高到低排列为：钢结构、钢筋混凝土结构、砖混结构、土石方工程等；按施工方法分，预制件装配式施工方法较现浇施工方法的精度要求高一些，钢结构用高强度螺栓连接的比用电焊连接的精度要求高。此外，由于建筑物、构筑物的各部位相对位置关系的精度要求较高，因而工程的细部放样精度要求往往高于整体放样精度。

对一般工程，混凝土柱、梁、墙的施工总误差允许值为 10～30 mm；对高层建筑物轴线的倾斜度要求高为 1/2000～1/1000；安装连续生产设备的中心线，其横向偏差不应超过 1 mm；对于钢结构的工业厂房，柱间距离偏差要求不超过 2 mm；钢结构施工的总误差随施工方法不同，允许误差为 1～8 mm；土石方的施工误差允许达 10 cm；对特殊要求的工程项目，其设计图纸及设计总说明均有明确的建筑限差要求。

但相当多的工程施工规范中没有具体的测量精度的规定，这时先要在施工测量、施工、加工制造等几个方面之间对建筑限差进行误差分配，然后方可确定施工测量工作应具有的精度。

若设计允许的总误差为 Δ，允许测量工作的误差为 Δ_1，允许施工产生的误差为 Δ_2，允许加工制造产生的误差为 Δ_3（如果还有其他重要的误差因素，则再增加项数），且假定各工种产生的误差相互独立，按照误差传播定律，则有：

$$\Delta^2 = \Delta_1^2 + \Delta_2^2 + \Delta_3^2 \tag{5-1}$$

式中，只有 Δ 是已知的（即设计时所确定的建筑限差），其他各项都是待定量。

通常，在精度分配处理中，一般先采用"等影响原则""忽略不计原则"处理，然后把计算结果与实际作业条件对照，或凭经验进行调整（即不等影响）后再计算。如此反复，直到误差分配比较合理为止。

现在，测量仪器与方法已发展得相当成熟，一般来说它能提供相当高的精度为建筑施工服务。但测量工作的时间和成本会随精度要求提高而增加。在多数工地上，测量工作的成本很低，所以恰当地规定精度要求的目的不是为了降低测量工作的成本，而是为了提高工作效率。

关于具体工程的具体精度要求，如施工规范中有规定，则参照执行；如果没有规定则由设计、测量、施工以及构件制作几方人员合作，共同协商决定误差分配。

关于建筑物施工放样、轴线投测和标高传递的偏差，《工程测量规范》（GB 50026—2007）要求不应超过表 5-1 的规定。

表 5-1　　　　　　建筑物施工放样、轴线投测和标高传递的允许偏差

项目	内容		允许偏差/mm
基础桩位放样	单排桩或群桩中的边桩		±10
	群桩		±20
各施工层上放线	外廊主轴线长度 L/m	$L \leqslant 30$	±5
		$30 < L \leqslant 60$	±10
		$60 < L \leqslant 90$	±15
		$30 < L$	±20
	细部轴线		±2
	承重墙、梁、柱边线		±3
	非承重墙边线		±3
	门窗洞口线		±3
轴线竖向投测	每　层		3
	总高 H/m	$H \leqslant 30$	5
		$30 < H \leqslant 60$	10
		$60 < H \leqslant 90$	15
		$90 < H \leqslant 120$	20
		$120 < H \leqslant 150$	25
		$150 < H$	30

（续表）

项目	内容		允许偏差/mm
标高竖向传递	每层		±3
	总高 H/m	$H \leqslant 30$	±5
		$30 < H \leqslant 60$	±10
		$60 < H \leqslant 90$	±15
		$90 < H \leqslant 120$	±20
		$120 < H \leqslant 150$	±25
		$150 < H$	±30

必须指出，各工种虽有分工，但都是为了保证工程最终质量而工作的，因此，必须注意相互支持、相互配合。在保证工程的几何尺寸及位置的精度方面，测量人员能够发挥较大的作用。测量人员应该尽量为施工人员创造有利的施工条件，并及时提供验收测量的数据，使施工人员及时了解施工误差的大小及其位置，从而有助于他们改进施工方法，提高施工质量。

5.2　场区控制测量

在工程建设勘测阶段已建立了测图控制网，但是由于它是为测图而建立的，不可能考虑建筑物的总体布置，更未考虑到施工的要求，因此其控制点的分布、密度、精度都难以满足施工测量的要求。此外，平整场地时控制点大多受到破坏，因此在施工之前，必须建立专门的施工控制网。专门为工程施工而布设的控制网称为施工控制网，施工控制网可以作为施工放样和变形监测的依据。施工控制测量分为施工平面控制测量和施工高程控制测量。平面控制网点用来测设点的平面位置，高程控制网点用来测设点的高程。

5.2.1　一般规定

场区控制测量的一般规定包括：

① 场区控制网应充分利用勘察阶段的已有平面和高程控制网。原有平面控制网的边长，应投影到测区的主施工高程面上，并进行复测检查。精度满足施工要求时，可作为场区控制网使用。否则，应重新建立场区控制网。

② 新建立的场区平面控制网宜布设为独立网。控制网的观测数据，不得进行高斯投影改化，可将观测边长归算到测区的主施工高程面上。

③ 新建场区控制网可利用原控制网中的点组（由三个或三个以上的点组成）进行定位。小规模场区控制网，也可选用原控制网中一个点的坐标和一个边的方位进行定位。

④ 建筑物施工控制网应根据场区控制网进行定位、定向和起算；控制网的坐标轴，应与工程设计所采用的主副轴线一致；建筑物的 ±0 高程面应根据场区水准点测设。

⑤ 控制网点应根据场区的地形条件及设计总平面图和施工总布置图布设，并满足建筑物施工测设的需要。大中型的施工项目的场区控制网一般布设成矩形控制网，即建筑方格网；对于地形平坦，但通视比较困难的地区，则可采用 GPS 与全站仪相结合布设的导线网；对于

线状工程（公路与管线）多采用 GPS 与全站仪相结合所布的导线网；对施工范围相对较小的民用建筑，也可采用建筑基线（或规划红线）作为控制。

⑥ 场区平面控制网应根据工程规模和工程需要分级布设。对于建筑场地大于 1 km² 的工程项目或重要工业区，应建立一级或一级以上精度等级的平面控制网；对于场地面积小于 1 km² 的工程项目或一般性建筑区，可建立二级精度的平面控制网。

⑦ 场区平面控制网相对于勘察阶段控制点的定位精度不应大于 5 cm。

⑧ 各施工控制网点位，应选在通视良好、质地坚硬、便于施测、利于长期保存的地点，并应埋设标石。标石的埋设深度，应根据地冻线和场地设计标高确定。对于建筑方格网点应埋设顶面为标志板的标石。

5.2.2　施工控制网布设

1. 建筑物施工控制网建立的主要技术要求及相关规定

（1）建筑物施工平面控制网的主要技术要求。建筑物施工控制网应根据建筑物的设计形式和特点，布设成十字轴线或矩形控制网。民用建筑物施工控制网也可根据建筑红线定位。

建筑物施工平面控制网是建筑物施工放样的基本控制，应根据建筑物的分布、结构、高度和机械设备传动的连接方式、生产工艺的连续程度，分别布设一级或二级控制网。其主要技术要求应符合表 5-2 的规定。

表 5-2　　　　　　　　建筑物施工平面控制网的主要技术要求

等级	边长相对中误差	测角中误差
一级	≤1/30 000	$7''/\sqrt{n}$
二级	≤1/15 000	$15''/\sqrt{n}$

注：n 为建筑物结构的跨数。

（2）建筑物施工平面控制网建立的相关规定。在建立建筑物施工平面控制网时，应符合下列规定：

① 施工平面控制点应选在通视良好、利于长期保存、便于施工放样的地方。

② 施工平面控制网加密的指示桩宜选在建筑物行列线或主要设备中心线方向上。

③ 主要的控制网点和主要设备中心线端点应埋设固定标桩。

④ 控制网轴线起始点的定位误差不应大于 2 cm；两建筑物（厂房）间有联动关系时，不应大于 1 cm，定位点不得少于 3 个。

⑤ 水平角观测的测回数应根据表 5-2 中测角中误差的大小按表 5-3 选定。

表 5-3　　　　　　　　　　水平角观测的测回数

仪器等级	测角中误差				
	2.5″	3.5″	4.0″	5″	10″
1″级	4	3	2	—	—
2″级	6	5	4	3	1
6″级	—	—	—	4	3

⑥ 矩形网的角度闭合差不应大于测角中误差的 4 倍。

⑦ 边长测量宜采用电磁波（全站仪）测距的方法，其主要技术要求应符合表 5-4 的规定。

表 5-4 电磁波测距的主要技术要求

平面控制网等级	仪器型号	观测次数		总测回数	一测回读数较差/mm	单程各测回较差/mm	往返较差/mm
		往	返				
三等	≤5 mm 级仪器	1	1	6	≤5	≤7	≤2（a+b×D）
	≤10 mm 级仪器			8	≤10	≤15	
四等	≤5 mm 级仪器	1	1	4	≤5	≤7	
	≤10 mm 级仪器			6	≤10	≤15	
一级	≤10 mm 级仪器			2	≤10	≤15	—
二、三级	≤10 mm 级仪器			1	≤10	≤15	

注：1. 测距的 5 mm 级仪器和 10 mm 级仪器，是指当测距长度为 1km 时，仪器的标称精度 m_D 分别为 5 mm 和 10 mm 的电磁波测距仪器（$m_D = a+b×D$），在本规范的后续引用中均采用此形式；

2. 测回是指照准目标一次，读数 2–4 次的过程；

3. 根据具体情况，边长测距可采取不同时间段测量代替往返观测；

4. 计算测距往返较差的限差时，a、b 分别为相应等级所使用仪器标称的固定误差和比例误差。

⑧ 当采用钢尺量距时，一级网的边长应两测回测定；二级网的边长应一测回测定。长度应进行温度、坡度和尺长改正。钢尺量距的主要技术要求应符合表 5-5 的规定。

表 5-5 普通钢尺量距的主要技术要求

等级	边长量距较差相对误差	作业尺数	量距总次数	定线最大偏差/mm	尺段高差较差	读定次数	估读值要求/mm	温度读数值要求/C°	同尺各次或同段各尺的较差/mm
二级	1/20 000	1～2	2	50	≤10	3	0.5	0.5	≤2
三级	1/10 000	1～2	2	70	≤10	2	0.5	0.5	≤3

注：当检定钢尺时，其丈量的相对误差不应大于 1/100 000。

⑨ 矩形网应按平差结果进行实地修正，调整到设计位置。当增设轴线时，可采用现场改点法进行配赋调整；点位修正后，应进行矩形网角度的检测。其配赋调整及角度检测的方法参见 5.2.3.1 节建筑方格网的介绍。

⑩ 另外，在施工时，若有外部的围护结构，在建筑物的围护结构封闭前，应根据施工需要将建筑物外部控制转移（或引测）至内部。其内部的控制点，宜设置在浇筑完成的预埋件上或预埋的测量标板上。引测的投点误差，一级不应超过 2 mm，二级不应超过 3 mm。

2. 施工测量控制网的特点

（1）控制的范围小，控制点的密度大，精度要求高。在工程建设施工场区，由于拟建的各种建（构）筑物的分布错综复杂，没有稠密的控制点，无法满足施工放样需要，也会给后期的施工测量工作带来困难，故要求施工控制点的密度较大。

施工控制网的精度是从满足工程放样的要求确定的。施工控制网的主要作用是放样建筑物的轴线，这些轴线位置的偏差都有一定的限制，其精度要求是相当高的。例如工业建筑施工控制网在 200 m 的边长上，其相对精度应达到 1/20 000 的要求。

（2）施工控制网的点位布置有特殊要求。施工控制网是为工程施工服务的，为保证后期施工测量工作应用方便，一些工程对点位的埋设有一定的要求。例如在工业建筑场地，要求施工控制网点连线与施工坐标系的坐标轴平行或垂直，其坐标值尽量为米的整倍数，以利于施工放样的计算工作。

在施工过程中，需经常依据控制点进行轴线点位的投测、放样。施工控制点的使用极为频繁，这对控制点的稳定性、使用时的方便性以及点位在施工期间保存的可能性等，提出了比较高的要求。

（3）控制网的坐标系与施工坐标系一致。施工坐标系，就是以建筑物的主要轴线作为坐标轴而建立起来的局部直角坐标系统。在设计者所设计的施工总平面图上，建筑物的平面位置是用施工坐标系的坐标来表示的。例如工业建筑场地采用主要车间或主要生产设备的轴线作为坐标轴，以此建立施工直角坐标系。所以在设计施工控制网时，总是尽可能将这些主要轴线作为控制网的一条边，或施工控制网的坐标轴常取平行或垂直于建筑物的主轴线。当施工控制网与测图控制网联系时，应利用公式进行坐标换算，以方便后期的施工测量工作。其换算方法如下：如图 5-1 所示，设 x—O—y 为测图坐标系，A—Q—B 为施工坐标系，则 P 点在两个系统内的坐标 x_P、y_P 和 A_P、B_P 的关系式为

$$x_P = x_Q + A_P \cos \alpha - B_P \sin \alpha \tag{5-2}$$

$$y_P = y_Q + A_P \sin \alpha + B_P \cos \alpha \tag{5-3}$$

或在已知 x_P、y_P 时，求 A_P、B_P 的关系式为

$$A_P = (x_P - x_Q) \cos \alpha + (y_P - y_Q) \sin \alpha \tag{5-4}$$

$$B_P = -(x_P - x_Q) \sin \alpha + (y_P - y_Q) \cos \alpha \tag{5-5}$$

式中，x_Q、y_Q 和 α 由设计文件给出或在总平面图上用图解法量取。α 为施工坐标系的纵轴与测图坐标系纵轴的夹角。

3. 施工控制测量方案

测量人员应根据提供的控制点，在充分掌握工程项目的各项基础资料及项目的工程特点、设计者及业主对施工质量的具体要求的基础上，认真、仔细地进行控制测量方案的设计编制。其设计工作包括：相关工程资料的收集、控制测量方法的确定和选择、控制网的布设、应达到的精度的确定等。方案应着重说明控制点的布置方式，控制桩的制作、埋设方法和控制点的测量、保护、复核措施以及测量仪器的选用。控制测量方案应结合工程的结构形式和类型，具有针对性且合理有效。

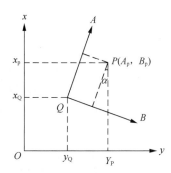

图 5-1　施工与测量坐标系的关系

（1）选点。选择控制点位置时，首先应考虑以下因素：便于使用、保护；尽可能处在施工影响范围之外，且能便于进行施工放样测量。然后参照施

175

工平面布置图，并估计未来控制点位的通视条件情况，在通视良好的位置进行图上选点。点位要坚固，不能设在重型设备基础上，如散装水泥罐和塔吊基础等。

根据控制方式和图上选点位置进行施工现场实地选点，该项工作决定未来控制点是否便于使用，因此应慎重选择。首先要考虑地质情况及控制点与拟建的建（构）筑物的位置关系。控制点应埋设在原状土上，尽量位于施工影响区范围之外。为便于使用，可在一些受影响区增加临时控制点，使用临时控制点时应增加校核条件。

图 5-2 为某工程控制网的初步布设方案，共有 4 条主轴线，20 个长期控制点（单编号点），增设 13 个临时控制点（双编号点）。由于 2～7 号点所处位置较空旷，在此处增加了 4 个备用点。参照施工平面布置图后（见图 5-3），发现 2、3、4 号点位于拟建宿舍及办公区，于是取消了 2、3、4、3-1 号点。选点时应认真地根据施工平面图检查其他控制点，并根据情况进行调整，至此图上选点完成。

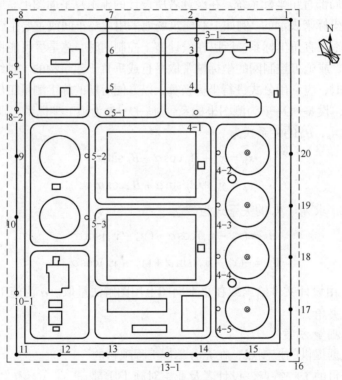

图 5-2　某工程场区控制网布设方案

测量人员应根据图上选点结果，在现场进行实地踏勘，调整不合理的控制点位置，并最终确定控制点的位置和数量。

（2）控制桩制作。测量控制桩一般用钢筋混凝土制作，并将直径为 20～30 mm、顶端呈半球形刻有"十"字形或孔形标志的耐腐蚀金属棒垂直埋入其中，外露 20～30 mm，如图 5-4 所示。控制桩可预制也可现浇，长度应满足两个条件：一是埋入最大冻土深度以下 500 mm；二是上部与地面接近。如某地的最大冻土深度为 1.2 m，则控制桩的高度不应小于 1.2+0.5=1.7 m。

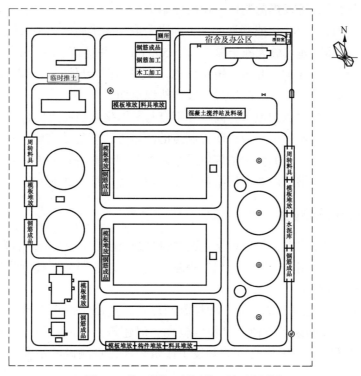

图 5-3　某工程施工场区施工平面布置图

177

需要在墙上设置水准点时，应专门制作，预先埋设，待墙体稳定后，再进行测量，不应在墙面上画线作为墙面水准点，如图 5-5 所示。

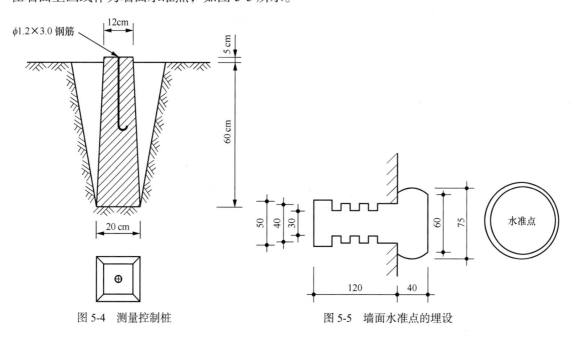

图 5-4　测量控制桩　　　　　图 5-5　墙面水准点的埋设

（3）埋设。布设严格与建（构）筑物轴线平行、垂直或重合的控制网比较困难，需要预先测设出控制点的位置，提前挖好基坑，而且若边测设、边浇筑或埋设，很难保证桩位准确。而导线点选位比较灵活，可以提前制作、埋设控制桩。

控制桩要垂直埋设在原状土或基岩上，否则应采取加固措施。为最大限度地减小控制桩在土壤中的变形，底部应埋入最大冻土深度以下 500 mm，并浇筑 100 mm 厚的扩大基础。控制桩周围应加栏杆或矮墙保护，并设立警示标志，如采用钢卷尺测量，砌筑墙体时应留出尺道，以便于测量。埋好控制桩后，应经过一段自然稳定期。

为便于使用，减少控制点的数量，高程控制点与平面坐标控制点应合并在一起。

（4）复核措施。在方案的最后应说明控制点的测量方法与复核措施。施工测量单位应填写控制桩的建立成果，控制桩的保护措施以及平面控制网、高程控制网和临时水准点的测量成果。控制测量方案应以书面形式上报给业主和监理，待审批后才能实施。

5.2.3 场地平面控制测量

在进行平面控制测量之前，务必对业主提供的原始控制点（或高等级控制点）进行复核；确认无误后，才能按照编制的方案，依据工程测量规范要求进行施工控制测量工作。

5.2.3.1 建筑方格网

建筑方格网是建筑场地中常用的一种控制网形式，适用于按正方形或矩形布置的建筑群或大型建筑场地。该网使用方便，且精度较高。但建筑方格网必须按照建筑总平面图进行设计，其点位易被破坏，因而自身的测设工作量较大，且测设的精度要求高，难度相应较大。

178

1. 建筑方格网的布设要求

建筑方格网的布置，应根据建筑设计总平面图上各建筑物、构筑物、道路及各种管线的布设情况，结合现场的地形情况拟定。布置时应先选定方格网主轴线，再布置方格网。其布设形式多为正方形或矩形。当场区面积较大时，常分两级布设。首级可采用"十"字形、"口"字形或"田"字形，然后再加密方格网。当场区面积不大时，尽量布置成全面方格网。

布网时，方格网的主轴线应布设在场区的中部，并与主要建筑物的基本轴线平行，方格网点之间应能长期通视。方格网的折角应为 90°。方格网的边长一般为 100～200 m；矩形方格网的边长可视建筑物的大小和分布而定，为了便于使用，边长尽可能为 50 m 或其整倍数。方格网的各边应保证通视、便于测距和测角，桩标应能长期保存。图 5-6 所示为某建筑场区所设计布设的建筑方格网，其中 *MON* 和 *COD* 为方格网的主轴线。

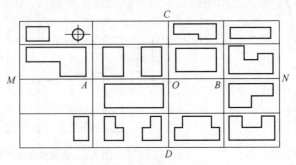

图 5-6　建筑方格网的布设

建筑方格网的建立，应符合下列规定：

① 建筑方格网测量的主要技术要求应符合表 5-6 的规定。

表 5-6　　　　　　　　　　　　　建筑方格网的主要技术要求

等级	边长/m	测角中误差/（″）	边长相对中误差
一级	100～300	5	≤1/30 000
二级	100～300	8	≤1/20 000

② 方格网点的布设应与建构筑物的设计轴线平行，并构成正方形或矩形格网。

③ 方格网的测设方法可采用布网法或轴线法。当采用布网法时，宜增测方格网的对角线；当采用轴线法时，长轴线的定位点不得少于 3 个，点位偏离直线应在 180° ± 5″以内，格网直角偏差应在 90° ± 5″以内，轴线交角的测角中误差不应大于 2.5″。

④ 方格网的水平角观测可采用方向观测法，其技术要求应符合表 5-7 的规定。

表 5-7　　　　　　　　　　　　　水平角观测的主要技术要求

等级	仪器型号	测角中误差/（″）	测回数	半测回归零差/（″）	一测回内 2C 互差/（″）	各测回方向较差 /（″）
一级	1″级	5	2	≤6	≤9	≤6
	2″级	5	3	≤8	≤13	≤9
二级	2″级	8	2	≤12	≤18	≤12
	6″级	8	4	≤18	－	≤24

⑤ 方格网的边长宜采用电磁波测距仪器往返观测各一测回，并应进行气象和仪器加、乘常数改正。

⑥ 观测数据经平差处理后，应将测量坐标与设计坐标进行比较，确定归化数据，并在标石标志板上将点位归化至设计位置。

⑦ 点位归化后，必须进行角度和边长的复测检查。对于角度偏差值，一级方格网不应大于 90° ± 8″，二级方格网不应大于 90° ± 12″；对于距离偏差值，一级方格网不应大于 $D/25\,000$，二级方格网不应大于 $D/15\,000$。D 为方格网的边长。

2．建筑方格网测设

建筑方格网的主轴线是建筑方格网扩展的基础。当场区很大时，主轴线很长，一般只测设其中的一段，如图 5-7 中的 AOB 段。主轴线的定位点称为主点。主点的施工坐标一般由设计单位给出，也可在总平面图上用图解法求得一点的施工坐标后，再按主轴线的长度推算其他主点的施工坐标。

当施工坐标系与国家测量坐标系不统一时，在方格网测设之前，应把主点的施工坐标换算为测量坐标，以便求算测设数据。然后利用原勘测设计阶段所建立的高等级测图控制点将建筑方格网测设在施工场区上，建立施工控制网的第一级施工场区控制网。

具体步骤的测设方法如下。

（1）建筑方格网主轴线点的测设。如图 5-7 所示，MN、CD 为建筑方格网的主轴线，它是建筑方格网扩展的基础，其中 A、B 是主轴线 MN 上的两主点，一般先在实地测设主轴线中的一段 AOB，其测设方法如图 5-8 所示。根据测量控制点的分布情况，采用极坐标法测设方格网各主点。

① 计算测设数据。根据勘测阶段的测量控制点 1、2、3 的坐标及设计的方格网主点 A、O、B 的坐标，反算测设数据 r_1、r_2、r_3 和 θ_1、θ_2、θ_3。

② 测设主点。分别在控制点 1、2、3 上安置经纬仪，按极坐标法测设出三个主点的定位点 A'、O'、B'，并用大木桩标定，如图 5-9 所示。

③ 检查三个定位点的直线性。安置经纬仪于 O'，测量 $\angle A'O'B'$，若观测角值 β 与 $180°$ 之差大于 $\pm 5''$，则应调整。

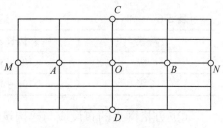

图 5-7　建筑方格网主轴线主点

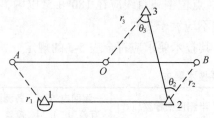

图 5-8　建筑方格网主轴线主点测设

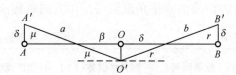

图 5-9　方格网主轴线调整

④ 调整三个定位点的位置。先根据三个主点之间的距离 a、b 按下式计算出点位改正数 δ，即

$$\delta = \frac{ab}{a+b}\left(90° - \frac{\beta}{2}\right)'' \frac{1}{\rho''}$$

若 $a = b$ 时，则得

$$\delta = \frac{a}{2}\left(90° - \frac{\beta}{2}\right)'' \frac{1}{\rho''}$$

式中，$\rho'' = 206\ 265''$。

然后将定位点按 δ 值移动调整到 A、O、B，再检查再调整，直至误差在允许范围内为止。

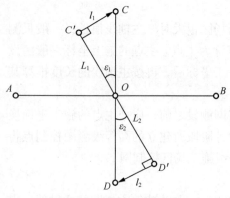

图 5-10　方格网短主轴线的测设

⑤ 调整三个定位点之间的距离。先检查 A、O 及 O、B 间的距离，其检查结果与设计长度之差的相对误差不应大于 $1/10\ 000$，若检查超限，则应以 O 点为准，按设计长度调整 A、B 两点，最终定出三主点 A、O、B 的位置。

然后，按图 5-10 所示方法，测设主轴线 COD。在 O 点安置经纬仪，照准 A 点，分别向左、向右转 $90°$，定出轴线方向，并根据设计的 C、O 及 O、D 的距离用标桩在地上定出两主点的概略位置 C'、D'。然后精确测量出 $\angle AOC'$ 和 $\angle AOD'$，分别算出其与 $90°$ 的差值 ε_1、ε_2，并计算出调整值 l_1、l_2，计算式为

$$l = L \times \frac{\varepsilon}{\rho}$$

式中，L 为 $C'O$ 或 OD' 的距离。

将 C' 沿垂直于 $C'O$ 方向移动 l_1 距离得 C 点，将 D' 沿垂直于 OD' 方向移动 l_2 距离得 D 点。点位改正后，应检查两主轴线的交角及主点间的距离，均应在规定限差之内。

实际上建筑方格网主轴线点的测设也可以用全站仪按极坐标法进行测设，具体测设步骤参照点的平面位置的测设中的相关内容。

（2）方格网各交点的测设。主轴线测设好后，分别在各主点上安置经纬仪，均以 O 点为后视方向，向左、向右精确地测设出 $90°$ 方向线，即形成"田"字形方格网。然后在各交点上安置经纬仪，进行角度测量，看其是否为 $90°$，并测量各相邻点间的距离，看其是否等于设计边长，进行检核，其精度均应满足限差要求。

最后以基本方格网点为基础，加密方格网中其余各点，完成场区控制网布设。

5.2.3.2　建筑基线

建筑基线布置也是根据建筑物的分布、场地的地形和原有控制点的状况而选定的。建筑基线应靠近主要建筑物，并与其轴线平行或垂直，以便采用直角坐标法或极坐标法进行测设，建筑基线主点间应相互通视，边长为 $100 \sim 300$ m，其测设精度应满足施工放样的要求，通常可在总平面图上设计，其形式一般有三点"一"字形、三点"L"字形、四点"T"字形和五点"十"字形等几种形式，如图 5-11 所示。为了便于检查建筑基线点有无变动，布置的基线点数不应少于三个。

181

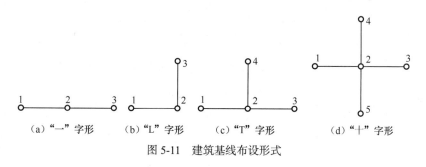

（a)"一"字形　　　　（b)"L"字形　　　　（c)"T"字形　　　　（d)"十"字形

图 5-11　建筑基线布设形式

建筑基线测设有以下几种方法。

1. 根据已有测量控制点测设基线主点

其测设方法与建筑方格网主轴线的主点测设相同。在建筑总平面图上依据施工坐标系及建筑物的分布情况，设计好建筑基线，并利用图解方法计算出各主点的施工坐标，然后将其转化为各自对应的测量坐标，再根据场地上已有的勘测控制点，选用适当的放样方法进行测设。最为常用的是极坐标法，实地测设出点位后，应对测设结果进检校，以正确定出建筑基线的主点位置。具体测设时，也可用全站仪进行。

2. 根据建筑红线测设基线

在城市建筑区，建筑用地的边界一般由城市规划部门在现场直接标定，如图 5-12 中的 1、2、3 点即为地面标定的边界点，其连线 12 和 23 通常是正交的直线，称为"建筑红线"。通常，所设计的建筑基线与建筑红线平行或垂直，因而可根据红线用平行推移法来测设建筑基

线 OA、OB。在地面用木桩标定出基线主点 A、O、B 后，应安置仪器于 O 点，测量角度 $\angle AOB$，看其是否为 90°，其差值不应超过 ±24″。若未超限，再测量 OA、OB 的距离，看其是否等于设计数据，其差值的相对误差不应大于 1/10 000。若误差超限，需检查推移平行线时的测设数据。若误差在允许范围内，则可适当调整 A、B 点的位置，测设好基线主点。

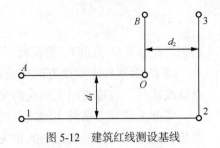

图 5-12　建筑红线测设基线

另外，当采用导线及导线网作为场区控制网时，导线边长应大致相等，相邻边的长度之比不宜超过 1:3，其主要技术要求应符合表 5-8 的规定。

表 5-8　　　　　　　　　　场区导线测量的主要技术要求

等级	导线长度/km	平均边长/m	测角中误差/（″）	测距相对中误差	测回数		方位角闭合差/（″）	导线全长相对闭合差
					2″级仪器	6″级仪器		
一级	2.0	100～300	5	1/30 000	3	–	$10\sqrt{n}$	≤1/15 000
二级	1.0	100～200	8	1/14 000	2	4	$16\sqrt{n}$	≤1/10 000

若采用三角形网作为场区控制网，其主要技术要求应符合表 5-9 的规定。

表 5-9　　　　　　　　　　场区三角形网测量的主要技术要求

等级	边长/m	测角中误差/（″）	测边相对中误差	最弱边边长相对中误差	测　回　数		三角形最大闭合差/（″）
					2″级仪器	6″级仪器	
一级	300～500	5	≤1/40 000	≤1/20 000	3	–	15
二级	100～300	8	≤1/20 000	≤1/10 000	2	4	24

若采用 GPS 网作为场区控制网，其主要技术要求应符合表 5-10 的规定。

表 5-10　　　　　　　　　　场区 GPS 网测量的主要技术要求

等级	边长/m	固定误差 A/mm	比例误差系数 B/mm·km^{-1}	边长相对中误差
一级	300～500	≤5	≤5	≤1/40 000
二级	100～300			≤1/20 000

5.2.4　施工场地高程控制测量

至于，施工场地的高程控制网，其在点位分布和密度方面应完全满足施工时的需要。在施工期间，要求在建筑物近旁的不同高度上都必须布设临时水准点，其密度应保证放样时只设一个测站，便可将高程传递到建筑物的施工层面上。场地上的水准点应布设在土质坚硬、不受施工干扰且便于长期使用的地方。施工场地上相邻水准点的间距，应小于 1 km。各水准点距离建筑物、构筑物不应小于 25 m；距离基坑回填边线不应小于 15 m，以保证各水准点的稳定，从而便于进行高程放样工作。

高程控制网通常也分两级布设，第一级网为布满整个施工场地的基本高程控制网，场区的高程控制网应布设成闭合环线、附合路线或结点网。大中型施工项目的场区高程测量精度，不应低于三等水准。场区水准点可单独布置在场地相对稳定的区域，也可设置在平面控制点的标石上。水准点间距宜小于 1 km，距离建构筑物不宜小于 25 m，距离回填土边线不宜小于 15 m。施工中，当少数高程控制点标石不能保存时，应将其高程引测至稳固的建构筑物上，引测的精度不应低于原高程点的精度等级。在施工场区应布设不少于 3 个基本高程水准点。二级网是根据各施工阶段放样需要而布设的加密网。加密网可按四、五等水准测量或图根水准测量要求进行布设，其加密网可按图根水准测量或四等水准测量要求进行布设，其水准点应分布合理且具有足够的密度，以满足建筑施工中高程测设的需要。一般在施工场地上，平面控制点均应联测在高程控制网中，同时兼作高程控制点使用。

建筑物高程控制应符合下列规定。

① 建筑物高程控制应采用水准测量，附合路线闭合差不应低于四等水准的要求。

② 水准点可设置在平面控制网的标桩或外围的固定地物上，也可单独埋设；水准点的个数不应少于 2 个。

③ 当场地高程控制点距离施工建筑物小于 200 m 时，可直接利用。

为了在施工中能方便地进行高程引测，可在建筑场地内每隔一段距离（如 50 m）测设以建筑物底层室内地坪 ±0.000 为标高的水准点。测设时应注意，不同建（构）筑物设计的 ±0.000 其对应的场地高程不一定是相同的，因而必须依据按待施工建筑物的高程设计数据进行测设。

另外，在建筑物施工中，若高程控制点标桩不能保存时，应将其高程引测至稳固的建筑物或构筑物上，引测的精度不应低于四等水准。

5.3 民用建筑施工测量

5.3.1 测量前的准备工作

为了保证施工对象各部位水平位置和高程的准确性，在进行施工测量工作时，必须遵循测量工作的基本原则；要了解工作对象，熟悉图纸，了解设计意图并掌握建筑物各部位的尺寸关系与高程数据；要了解施工过程及每项工程施工测量的精度要求；同时，测量人员还需认真工作、仔细测设，保证施工放样的工作质量，最大限度地为工程建设提供服务。

工程开工之前，测量人员应进行必要的施工测量准备工作，这是保证施工测量全过程顺利开展的重要环节。准备工作包括仪器的配备、校核，熟悉、审核图纸，校核起始依据，施工场地的平整，编制施工测量方案等部分。

1. 仪器的配备、校核

测量人员要根据工程性质、规模、难易程度，以满足测量要求和降低成本为原则，准备与工程质量要求相匹配的测量仪器。开工之前，应将所需使用的测量仪器送到授权计量检测单位进行检定，确保仪器合格、可靠。

另外，应根据工程的规模，建立相应的测量工作组，设负责人一名，并配备足够的测量人员，通常高层建筑施工的主要测量人员不应少于 3 人，且不宜频繁调动。

2. 熟悉设计图纸并审核

设计图纸是施工测量工作的主要依据，在测设前、收到图纸之后，要及时组织测量人员学习以熟悉设计图纸，了解施工建筑物与相邻地物的相互关系，以及建筑物的尺寸和施工的要求等，并仔细核对各设计图纸的有关尺寸。进行建筑物施工放样，应具备下列资料：

（1）总平面图。总平面图用于对用地红线桩、定位依据和定位条件、建（构）筑物群的几何关系进行坐标、尺寸、距离校核，检验其是否正确、合理；检查首层室内地坪设计高程、室外设计高程及有关坡度是否对应、合理。

（2）建筑物的设计与说明。

（3）建筑物的轴线平面图。它用于检查建筑物各轴线的间距、角度、几何关系是否正确，建筑物的平、立、剖面及节点图的轴线及几何尺寸是否正确，各层相对高程与平面图有关部分是否对应。从建筑物的轴线平面图中，可以查取建筑物的总尺寸，以及内部各定位轴线之间的关系尺寸，这是施工测设的基本资料。

（4）建筑物的基础平面图。从建筑物的基础平面图上，可以查取基础边线与定位轴线的平面尺寸，这是测设基础轴线的必要数据。

（5）建筑物及设备的基础图。从建筑物及设备的基础详图中，可以查取基础立面尺寸和设计标高，这是基础高程测设的依据。

（6）土方的开挖图。

（7）建筑物的立面图和剖面图。从建筑物的立面图和剖面图中，可以查取基础、地坪、门窗、楼板、屋架和屋面等设计高程，这是高程测设的主要依据。

（8）建筑物的结构图。它用于核对层高、结构尺寸，包括板、墙厚度、梁、柱断面及跨度。以轴线图为准，核对基础、非标准层及标准层之间的轴线关系。对照建筑、结构施工图，核对两者相关部位的轴线、尺寸、高程是否相应。

（9）管网图。

（10）场区控制点坐标、高程及点位分布图。

3. 校核起始数据

工程测量规范规定：放样前，应对建筑物施工平面控制网和高程控制点进行检核。即施工测量人员在施工放样前，应对业主提供的平面、高程控制桩的坐标、距离、夹角、高程等进行校核，以判定其提供的起始数据资料是否无误，能否与设计图纸对应。复测校核施工控制点的目的，是为了防止和避免点位变化给施工放样带来错误。

4. 现场踏勘

全面了解现场情况，对施工场地上的平面控制点和水准点进行检核。

5. 施工场地测量

平整和清理施工场地，以便进行测设工作。

（1）施工场地测量应包括：场地平整、临时水电管线敷设、施工道路、暂设建（构）筑物以及物料、机具场地的划分等施工准备的测量工作。

（2）场地平整测量应根据总体竖向设计和施工方案的有关要求进行，宜采用方格网法。平坦地区宜采用 20 m × 20 m 方格网；地形起伏地区宜采用 10 m × 10 m 方格网。

（3）方格网的点位可依据红线桩点或原有建（构）筑物进行测设，高程可按允许闭合差为 $\pm10\sqrt{n}$（mm）（n 为测站数）水准测量精度要求测定。

（4）施工道路、临时水电管线与暂设建（构）筑物的平面、高程位置，应根据场区测量控制点与施工现场总平面图进行测设。

（5）依据现状地形图、地下管线图，对场地内需要保留的原有地下建（构）筑物、地下管网与树木的树冠范围等进行现场标定。

（6）施工场地测量中，应做好原始记录，及时整理有关数据和资料，并绘制成有关图表，归档保存。

6. 编制施工测量方案

根据设计图纸、相关规范和经批准的施工组织设计编制切实可行的施工测量方案。施工测量是引导工程顺利进行的先导性工作，施工测量方案是预控质量、全面指导测量放线工作的依据，因此，工程开工之前编制完整的施工测量方案是非常必要的。

（1）施工测量方案的编制依据。施工测量方案的编制依据一般包括以下几个方面：

① 施工测量规范和规程。如《工程测量规范》《城市测量规范》《建筑法》《测绘法》，以及工程建设相关质量标准等。

② 规划局或业主提供的有关原有场地上的控制点资料。如城市控制点、红线桩点、水准点等已知起始点。

③ 施工用的整套图纸及相关的工程建设合同。

（2）施工测量方案的基本内容。施工测量方案一般包括以下基本内容：

① 工程概况。对场地位置、面积、地形，工程总体布局、建筑面积、层数与高度，结构、装饰类型，工期与施工方案要点，工程特点及特殊施工要求等做简要、概括性的说明。

② 施工测量的基本要求。说明建筑物与红线的关系，阐明定位条件，对施工测量的精度提出具体要求。

③ 场地准备测量。根据设计总平面图与施工现场平面布置图，确定拆迁范围。标出需要保留的地下管线、地下建（构）筑物与名贵树木树冠的范围。测设出临时设施的位置与场地平整高程。

④ 校测起始依据。对施工放线的起始依据和原有地上、地下建（构）筑物进行复核。

⑤ 测设场区施工控制网。根据场区情况、设计要求、施工特点，本着便于施工、控制全面、长期保留的原则，确定并测设场区平面控制网和高程控制网。控制测量方案可以单独编制。

⑥ 建筑定位与基础施工测量。制定建筑物的主要轴线控制桩、护坡桩的测设与监测方法，说明基础开挖与 ±0.000 以下各层的施工测量方法。

⑦ ±0.000 以上部分施工测量。确定首层、非标准层与标准层的轴线控制方法和高程传递方法。

⑧ 特殊工程的施工测量。说明高层钢结构、高耸建（构）筑物（如电视发射塔、水塔、烟囱等）、体育馆等特殊工程的施工测量方法。该项应根据实际情况取舍，如工程中有以上内容，应重点说明。

⑨ 装饰与安装测量。根据会议室、大厅、外饰面、玻璃幕墙等室内外装饰及各种管线、电梯、旋转餐厅的特点，确定装饰与安装工程的测量方法。

⑩ 竣工测量与变形观测。制定竣工图的绘制步骤、手段和竣工测量的计划、方法。根据设计与施工要求确定与本工程相适应的变形观测内容、方法与精度。

⑪ 验线制度。明确各分项工程的测量验线内容、验线方法，并制定验线制度。

⑫ 施工测量工作的组织与管理。

施工测量方案由施工方进行编制，编好后应填写施工组织设计（方案）报审表，并同施工组织设计一起报送建设监理单位审查、审批，经监理单位批准后方可实施。

【案例】

林锦花园项目测量方案
目 录

一、工程概况

林锦花园小区位于某某市某某区，规划可用土地面积 10.6 万平方米，总建筑面积 24.5 万平方米，其中住宅建筑面积 19.7 万平方米，配套公共服务设施面积 1.8 万平方米，地下车库等建筑面积约 3.1 万平方米。工程为一类住宅建筑，住宅楼结构总高度在 70 米左右，主体结构采用钢筋混凝土剪力墙结构，基础采用钻孔灌注桩基础。本工程 ±0.000 米相当于大沽高程 +3.800 米。本标段建设的 2 栋、3 栋、14 栋地下一层，地上 18 层，建筑屋高度（室外地面至主要屋面板板顶）52.65 米。

二、编制依据

1. 本工程的建筑、结构等施工设计图纸；
2. 建设单位或设计、规划单位提供的测量基准控制点；
3. 《工程测量规范》（GB 50026—2007）；
4. 《建筑变形测量规范》（JGJ 8—2007）。

三、人员及仪器配备

1. 人员配备

由于本工程测量工作量大，测量精度要求高，为确保工程优质高效地完成，工程需配备测量工程师 1 名、测量工 2 名、协助人员 2 名。测量工程师和测量工需持证上岗。

2. 仪器配备

仪器设备配备如表 5-11 所示。

表 5-11　　　　　　　　　　仪器设备配备表

仪器名称	数量	精度	用途
全站仪	1 台	$\pm 2''$；$2\,mm + 2 \times 10^{-6} \times D$	平面控制网的测量、轴线的放样
水准仪	2 台	$\pm 1\,mm$	高程控制点的引测
激光垂准仪	1 台	—	垂直引测
钢卷尺	2 把	—	距离测量
对讲机	5 只	—	人员联络
计算器	3 只	—	内外业计算

仪器设备均应有检定证书，并在使用有效期内。除上述主要设备，还应配备常用的辅助材料，如木桩、油漆、钉子等。

四、控制测量方案

1. 测量准备工作

建设单位或规划设计单位提供的原始数据的检验：内业复核其数据的准确性、与当地坐标系的转换关系；外业查勘点位分布及实际位置，实测基准点点位之间的相互符合性。

本工程如果建设单位未提供已知的控制点或界址点坐标，也可以利用周边已有的道路中心线，通过图上解析得出的坐标（图纸上的坐标均为图上解析坐标），通过复核鑫盛路与永胜道的中心交叉点 J19 点和永胜道与机场延长线路的 J18 点以及建明道与机场延长线路的 J12 点的解析点，建立本工程定位控制的基准控制点。

2．平面测量控制网的建立

因小区场地面积大，为便于施工测量放线，同时兼顾与外界的联系，根据设计总平面布置图，同时考虑到测量控制点又要尽量避开打桩、开挖、井点抽水和大型施工机械行走的影响，并且相邻点间要求通视良好，视线离开障碍物一定距离的要求，本期工程的控制网点拟沿马路周边布置，共在施工小区内部布置平面及高程测量控制网点 3 个（平面控制点与高程控制点共桩布置）：KZD1、KZD2、KZD3 应在小区的道路绿线内建立 3 个测量控制点，它们与道路中心的交叉点 J12、J18、J19 连接成一个闭合导线。控制点布置位置如图 5-13 所示。

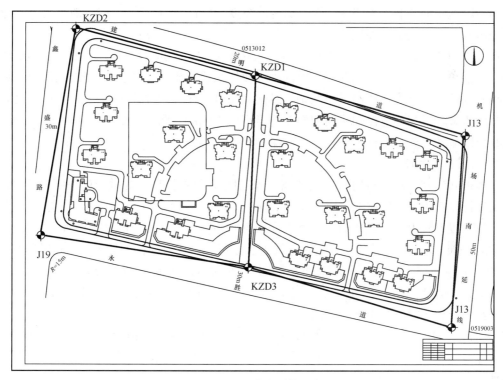

图 5-13　施工控制网布置图

平面与高程控制点 KZD1、KZD2、KZD3 的埋设要求如图 5-14 所示。

混凝土深度要求埋至冻土层下 50 cm，控制点的混凝土凝固稳定后，按《工程测量规范》一级导线的精度要求进行测设，经平差计算后得出控制点的精确坐标。

3．高程控制网的建立

高程点控制桩通常与平面控制桩共桩埋设，在平面控制桩的混凝土柱里同时埋设一根顶端打磨成半圆形的 $\phi 25$ 的钢筋，待混凝土凝固稳定后，按《工程测量规范》三等水准测量的精度要求进行测设，经平差计算后得出高程控制点的精确高程数值。

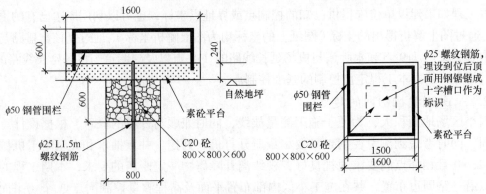

图 5-14　控制点砼标识施工图

五、建筑物的定位放样方案

1. 地下室及±0.000 m 层的定位放样

本标段施工的 2 栋、3 栋住宅楼，结构总高度 52 m，地下室仅 1 层，地上 18 层。地下部分施工的定位放线采用外控法。

在已知测量控制点 KZD1 上架设全站仪，后视 KZD2，同时复核 KZD3 点的角度、距离，在测量限差范围内，可直接利用全站仪的坐标放样法或极坐标放样法直接放出施工楼层的部分轴线控制桩。通常先放样出横向两条、纵向两条轴线作为主要控制轴线，再依次用钢尺内分出其他所有轴线，住宅楼轴线间的偏差不能高于 10 mm。两条主要纵横向轴线的控制桩延伸到开挖区域外，并打木桩（外控点）并保护好。

2. 埋设"内控点"

当楼板施工±0.000 m 层时，应在±0.000 m 层埋设"内控点"。"内控点"由一组浇筑在底板的测量控制点组成，是控制上层轴线的依据。"内控点"通常平行于主轴线布置，且彼此能互相通视，投点到上层后也能通视，所以在布置时不仅要考虑底层的平面布置，也要核查上层结构的图纸，防止"内控点"布置在上层无法预留孔洞或有结构的位置。本标段的 2 栋、3 栋 E 户型的住宅楼，"内控点"布置方案如图 5-15 所示，共布置"内控点"4 个，分别是图中的 NK-1、NK-2、NK-3、NK-4 点，它们离 F 轴 1.000 m，在上层的结构施工中，每一层仍然可以互相通视，且不会影响墙体的施工。

"内控点"用 100×100×3 的钢板下焊锚爪埋制作而成，钢板上打上洋冲眼作为控制点的中心。"内控点"点位上方的每一层楼板应有预留孔，预留孔可用 ϕ150 的钢管或 PVC 管预埋。

"内控点"混凝土稳定后，与"外控点"联测，确定"内控点"的坐标。±0.000 m 层向上每层的放样均用"内控点"作为控制点来测放。具体方法如图 5-16 所示。

将激光垂准仪在±0.000 m 层对中"内控点"架设好，在上方预留孔上安置接收板，接收板用透明的有机玻璃，有机玻璃上预先画好十字线，如图 5-17 所示，十字线的中心对准激光投射的光斑。

每个"内控点"投射完成后，应在本层相互复核，距离与角度在误差范围内方可使用。如果四点之间的距离或角度超出误差范围，就必须重新投点，投点时为提高投点精度，可以将激光垂准仪依次在 0°、90°、180°、270°四个方向上投射，取四个方向投射光斑的连线中心作为本层控制点的中心。

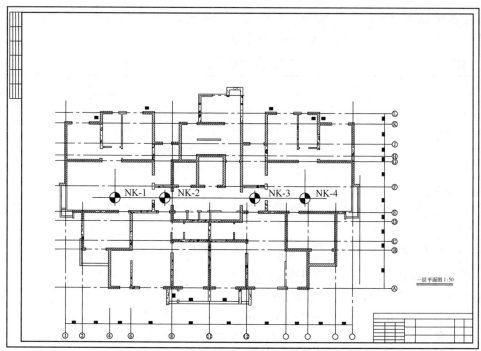

图 5-15　内部控制点布置图

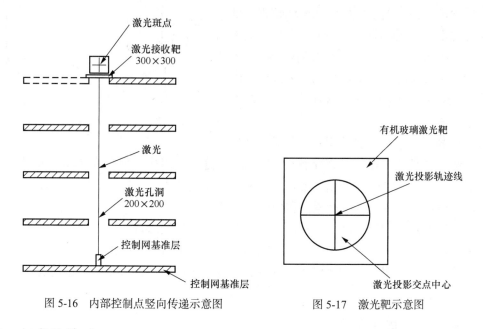

图 5-16　内部控制点竖向传递示意图　　　图 5-17　激光靶示意图

3. 标高的引测

采用水准仪配合铟钢尺、钢卷尺，将高程控制网点的标高引测到建筑物的底层墙面上，并在底层墙面上+0.500 m 的地方弹上墨线。依同样的方法将标高点再引测到 0.000 m 层的"内控点"上。平面"内控点"的个别铁板上可以加烧一个半圆的球形高点，作为建筑物内部标高控制的基准点。

±0.000 m 上方的每一层标高控制，都可以依据该点标高引出，采用水准仪配合钢卷尺进行测量时，要在钢卷尺底端悬挂一标准配重块，配重块的重量与检测钢尺时所使用的拉力相

同（通常为 10 kg），同时要进行温度、尺长改正。根据《工程测量规范》的规定，标高引测应满足表 5-12 限差要求，方可进入下道工序的施工。

表 5-12　　　　　　　　　　　　标高引测的限差要求

高度	允许误差/mm
每层	3
$H \leqslant 30\ m$	5
$30\ m < H \leqslant 60\ m$	8
$60\ m < H \leqslant 100\ m$	10

六、沉降观测

根据《工程测量规范》及施工图纸的要求，工业与民用建筑在施工期间就应该进行沉降观测，以监测建筑物的安全。

本工程要求在建筑物的主要墙角及沿外墙每隔 10 ~ 15 m 处或每隔 2 ~ 3 m 要在柱基处浇制一沉降观测点，如图 5-18 所示，并每增加 1 ~ 2 层观测一次，建筑物封顶后，每 3 个月观测一次，总观测次数不应少于 5 次，直至各点沉降速率小于 0.02 mm/日，才能终止观测。

依此规定，在 2 栋、3 栋住宅楼墙角拐弯处和柱子上埋设 6 个沉降观测点，沉降点上方应无妨碍立尺的障碍物。沉降点应突出墙体 5 ~ 8 cm，以防墙面贴装饰层时将沉降点粉刷入内部而无法观测。沉降点埋设方法如图 5-18 所示，圆头离地面约 30cm 高。

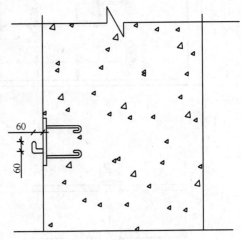

图 5-18　沉降观测点示意图

沉降点的观测应在一层的模板拆除后就开始观测，观测方法是：将控制网高程点与沉降观测点连测，组成一闭合水准环，观测时按《工程测量规范》二等水准测量的精度要求进行测设，做到定人、定路线、定仪器设备，沉降点的首次高程值取两次往返观测所得高程值的平均值。

施工中应在建筑物每升高 2 层观测一次，并及时整理测绘成果，绘制沉降观测站曲线，如发现观测值异常，应及时查明原因，排除测量误差因素后，及时汇报监理单位与开发方。

竣工移交时，应将沉降观测成果一并移交给建设单位，由建设单位根据情况移交地方测绘部门继续观测。

5.3.2　多层建筑施工测量

5.3.2.1　民用建筑施工测量概述

民用建筑一般指住宅、学校用房、办公楼、医院、商店、宾馆饭店等建筑物。有低层、多层、小高层和高层建筑之分。由于类型不同，其测量方法和精度要求也就不同，但施工测量工作程序基本相同，一般为建筑物定位、放线、基础工程施工测量、墙体工程施工测量等几步。

在施工场地上布设好施工测量控制网后，即可按照经过审批的施工测量方案，进行施工放样工作，将建筑物的位置、基础、墙、柱、门、窗、楼板、顶盖等基本结构的位置依次测设出来，并设置标志，作为施工的依据。

5.3.2.2　建筑物平面位置定位

平面位置定位是指将建筑物外轮廓轴线交点的位置（见图 5-23 中的 E、F、G 等点）测设在施工场地上。它是进行建筑物基础测设和细部放线的依据。

建筑定位方法主要有下面几种方法。

1. 根据与现有建筑物的关系定位

图 5-19 为某拟建的建筑物的建筑总平面图。通过对图纸及资料的准确识读，可知拟建的建筑物与左侧已有建筑物是对称的，且两建筑物的相应轴线相互平行且尺寸相同，两建筑物外墙皮间距为 18.00 m，拟建的建筑物的底层室内地坪±0.000 的绝对高程为 42.500 m，据此可确定出拟建的建筑物的平面定位测设方案及相应测设方法的各点测设数据。

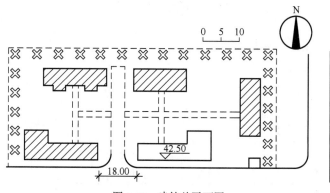

图 5-19　建筑总平面图

191

然后，通过查看该拟建建筑物底层平面图（见图 5-20），从中可查得建筑物的总长、总宽尺寸和内部各定位轴线尺寸，据此可得到建筑物细部放样的基础数据。

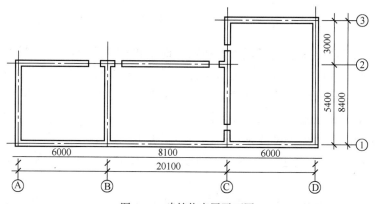

图 5-20　建筑物底层平面图

从该建筑物的基础布置平面图（见图 5-21），确定出基础轴线的测设数据。

从基础剖面图（见图 5-22）给出的基础剖面的尺寸（边线至中轴线的距离）及其设计标高（基础与设计底层室内地坪 ±0.000 的高差），确定出基础开挖边线的位置及基坑底面的高度位置，得到基础开挖与施工的依据。

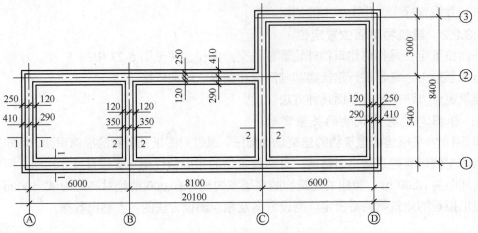

图 5-21　建筑物基础平面图

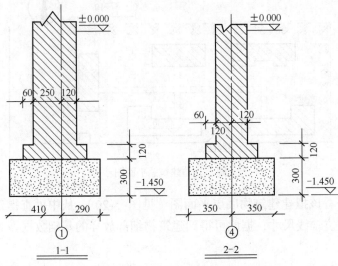

图 5-22　基础剖面图

通过现场实地踏勘，搞清施工现场上地物、地貌和测量控制点分布情况，以及与施工测设相关的一些问题。此时，应对场地上的原有控制点进行校核，以确定控制点的现场位置。

资料搞清楚后，即可依据施工进度计划，结合现场地形和施工控制网布置情况，编制详细的施工测设方案，在方案中应依据建筑限差的要求，确定出建筑测设的精度标准，并绘制测设草图。所绘制测设草图应将计算数据标注在图中（见图 5-23）。

图 5-23 的测设草图所描述的方案，就是根据现有场地上建筑物的相互关系予以定位的。具体测设步骤如下：

（1）首先沿已有建筑物的东、西两墙面各向外测设距离 3.000 m，定出 m、n 两点作为拟建的建筑物的建筑基线。然后，在 m 点安置经纬仪，后视 n 点，按照测设已知水平距离的方法，在此方向上依据图中标注的尺寸，依次测设出 a、b、c、d 四个基线点，并在相应位置打上木桩，桩上钉小钉以标识测设点的中心位置。

（2）在 a、c、d 三点分别安置经纬仪，采用直角坐标放样方法，在实地依次测设出 E、F、G、H、I、J 等建筑物各轴线的交点，并打木桩，钉小钉以标识各点中心位置。

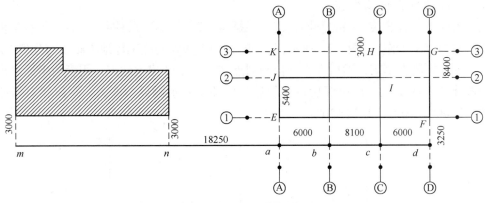

图 5-23 建筑物平面定位及轴线测设草图

（3）用钢尺测量各轴线间的距离进行校验，其相对误差一般不应超过 1/3 000；若建筑物的规模较大，则一般不应超过 1/5 000。同时，在 E、F、G、K 四角点安置经纬仪，检测各个直角，其测量值与 90° 之差不应超过 ±30″。若超限，则必须调整，直至达到规定要求。

2. 根据建筑物或道路规划红线定位

建筑物或道路规划红线点是城市规划部门所测设的城市规划用地与建设单位用地的界址线，新建建筑物的设计位置与红线的关系应得到城市规划部门的批准。因此，建筑物的设计位置应以规划红线为依据，这样在建筑物定位时，便可依据规划红线。

如图 5-24 所示，A、BC、MC、EC、D 为城市规划道路红线点，其中 A-BC、EC-D 为直线段，BC 为圆曲线起点，MC 为圆曲线中点，EC 为圆曲线终点，IP 为两直线段的交点，该交角为 90°，M、N、P、Q 为所设计的高层建筑的轴线（外墙中线）的交点，规定 MN 轴离红线 A-BC 距离为 12 m，且与红线平行；NP 轴离红线 EC-D 距离为 15 m。

实地定位时，在红线上从 IP 点得 N′ 点，并测设出 M′ 点，使其与 N′ 的距离等于建筑物的设计长度 MN。然后在这两点上分别安置经纬仪，用直角坐标法测设轴线交点 M、N，使其与红线的距离等于 12 m；同时在各自的直角方向上依据建筑物的设计宽度测设 Q、P 点。最终，再对 M、N、P、Q 点进行校核调整，直至定位点在限差范围内。

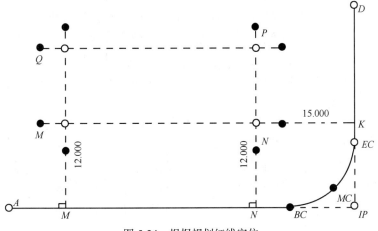

图 5-24 根据规划红线定位

3. 根据建筑方格网定位

建筑场地上若有建筑方格控制网，则可根据拟建建筑物和方格网点坐标，用直角坐标法进行建筑物的定位工作。如图 5-25 所示，拟建建筑物 *PQRS* 的施工场地上布设有建筑方格网，依据图纸设计好测设草图，然后在方格控制网点 *E*、*F* 上各建立站点，用直角坐标法进行测设，完成建筑物的定位。测设好后，必须进行校核，要求测设精度为：距离相对误差小于 1/3 000，与 90° 的偏差不超过 ±30″。

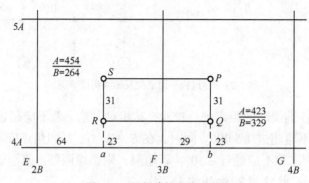

图 5-25　根据建筑方格网定位

4. 根据测量控制点进行定位

若在建筑施工场地上有测量控制点可用，应根据控制点坐标及建筑物轴线定位点的设计坐标，反算出轴线定位点的测设数据，然后在控制点上建站，测设出各轴线定位点，完成建筑物的实地定位。测设完后，务必校核。

5.3.2.3　建筑物细部轴线测设

建筑物平面定位工作完成之后，即可依据定位桩来测设建筑物其他各轴线的位置，以完成民用建筑的细部放线。当各细部放线点测设好后，应在测设位置打木桩（桩上中心处钉小钉），这种桩称为中心桩。据此即可在地面上撒出白灰线以确定基槽开挖边界线。

由于基槽开挖后，定位的轴线角桩及中心桩将被挖掉，为了便于在后期施工中恢复各中心轴线位置，必须把各轴线桩点引测到基槽外的安全地方，并做好相应标志。通常要求在同一轴线上建筑物的两侧各测设两个控制桩，这样可以方便地进行后期地面以上部分的施工放样及轴线投测工作。如果是多层建筑，高度在 50 m 以下时，应在建筑物的外部测设轴线控制桩。根据工程测量规范规定：在施工的建（构）筑物外围，应建立线板或控制桩。线板应注记中心线编号，并测设标高。线板和控制桩应注意保存。必要时，可将控制轴线标示在结构的外表面上。

在施工的建构筑物外围，引测轴线的方法主要有设置龙门桩、龙门板和引测轴线控制桩两种。

1. 龙门板的设置

在一般民用建筑中，为了施工方便，在基槽外一定距离（距离槽边大约 2 m 以外）设置龙门板，如图 5-26 所示。其测设步骤具体如下：

（1）在建筑物四角与内纵、横墙两端基槽开挖边线以外大约 2 m（根据土质情况和挖槽深度确定）的位置钉龙门桩，要求桩钉得竖直、牢固，且其侧面与基槽平行。

（2）在每个龙门桩上测设 ±0.000 标高线；若遇现场条件不许可，也可测设比 ±0.000 高（或低）一定数值的标高线。但同一建筑物最好只选一个标高。若地形起伏较大必须选两个标高时，需要标注详细、清楚，以免在施工中使用时发生错误。

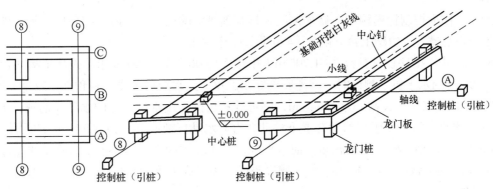

图 5-26 龙门桩、龙门板的钉设

（3）依据桩上测设的标高线来钉龙门板，使龙门板顶面标高与 ±0.000 标高线平齐。龙门板顶面标高测设的允许误差为 ±5 mm。

（4）根据轴线角桩，用经纬仪将墙、柱的轴线投到龙门板顶面上，并钉上小钉，称为轴线钉。其投点允许误差为 ±5 mm。

（5）检查龙门板顶面轴线钉的间距，其相对误差不应超过 1/3 000。经校核合格后，以轴线钉为准，将墙宽、基槽宽度标在龙门板上，最后根据基槽上口宽度，拉线撒出基础开挖白灰线。

2．轴线控制桩的设置

在基槽外各轴线的延长线上测设的轴线控制桩（也称引桩），也可作为开槽后各阶段施工中确定轴线位置的依据，如图 5-27 所示。在多层建筑的施工中，引桩是进行上部各楼层轴线投测的依据。

195

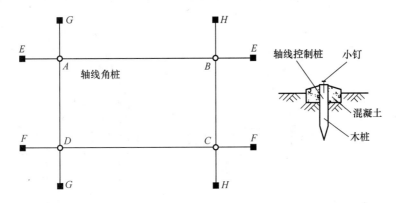

图 5-27 轴线控制桩的设置

引桩一般钉设在基槽开挖边线外 2～4 m 的地方，在多层建筑施工中，为便于向上投点，应在较远的地方测定，如附近有固定建筑物，最好把轴线引测到建筑物上。

5.3.2.4 基础部分施工测量

当完成建筑物轴线的定位和放线后，便可按照基础平面图上的设计尺寸，利用龙门板上所标示的基槽宽度，在地面上撒出白灰线，由施工者进行基础开挖，并实施基础测量工作。

1．基槽（或基坑）抄平

基槽开挖到接近基底设计标高时，为了控制开挖深度，可用水准仪根据地面上 ±0.000 标志点（或龙门板）在基槽壁上测设一些比槽底设计高程高 0.3～0.5 m 的水平小木桩，如图

5-28 所示，作为控制挖槽深度、修平槽底和打基础垫层的依据。一般应在各槽壁拐角处、深度变化处和基槽直线边壁上每间隔 3～4 m 测设一个水平桩。

图 5-28 中，槽底设计标高为–1.700 m（相对于±0.00 位置），现要求测设出比槽底设计标高高 0.500 m 的水平桩。测设时，首先安置好水准仪，立水准尺于龙门板顶面（或 ±0.000 的标志桩上），读取后视读数 a 为 0.546 m，则可计算出待测设水平桩点的水准尺前视读数 b 为 1.746 m。此时，将尺立于基槽壁并上下移动，直至水准仪视线读数为 1.746 m，即可沿尺底部在基槽壁上打小木桩，同法施测其他水平桩，完成基槽抄平工作。水平桩测设的允许误差为 ± 10 mm。清槽后，可依据水平桩在槽底测设出顶面高程恰为垫层设计标高的木桩，用以控制垫层的施工高度。

所挖基槽呈深坑状的称为基坑。若基坑过深，用一般方法不能直接测定坑底位置时，可用悬挂的钢尺代替水准尺，用两次传递的方法来测设基坑设计标高，以监控基坑抄平。

2. 基础垫层上墙体中线的测设

基础垫层打好后，可根据龙门板上的轴线钉或轴线控制桩，用经纬仪或拉绳挂垂球的方法，把轴线投测到垫层上，如图 5-29 所示。然后用墨线弹出墙中心线和基础边线（俗称撂底），以作为砌筑基础的依据，务必严格校核后方可进行基础的砌筑施工。

若是混凝土基础，在基础垫层上弹好线后，应支设基础模板，此时，应每隔几米测设一个与模板顶相平的高程桩，或在垫层上标出垫层到模板顶部的上返数，这样模板工可根据高程桩或上返数支设模板。模板支设完后应进行必要的复核，不合格部位应重新支设。

立柱的放样与其相类似，但在支设立柱模板时，还应严格控制模板的垂直度，超过 5 m 的立柱，垂直度不能大于 8 mm；5 m 以下的立柱，垂直度不能大于 6 mm。

196

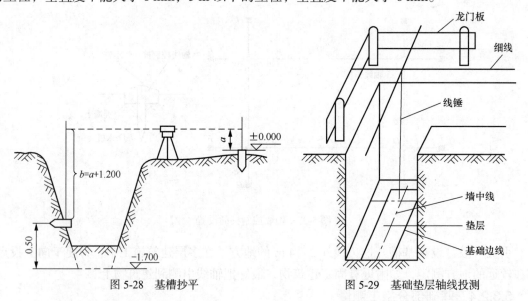

图 5-28　基槽抄平　　　　　图 5-29　基础垫层轴线投测

3. 基础标高的控制

房屋条形基础墙（±0.000 以下部分）的高度是用基础皮数杆来控制的。基础皮数杆是一根木（或铝合金）制的直杆，如图 5-30 所示，事先在杆上按照设计尺寸，将砖、灰缝厚度画出，并标明 ±0.000 和防潮层等的位置。设立基础皮数杆时，先在立杆处打木桩，并在木桩侧面定出一条高于垫层标高某一数值的水平线，然后将皮数杆上高度与其相同的水平线与之对齐，且将皮数杆与木桩钉在一起，作为基础墙高度施工的依据。

基础施工完后，应检查基础面的标高是否符合设计要求（也可检查防潮层）。一般用水准仪测出基础面上若干点的高程与设计高程相比较，允许误差为 ±10 mm。

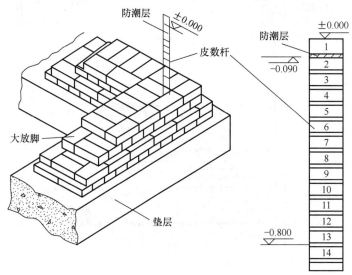

图 5-30　基础墙标高测设

5.3.2.5　主体部分施工测量

房屋墙体施工中的测设工作，主要包括墙体的轴线恢复和墙体各部位的标高控制。

1. 墙体轴线恢复

基础工程完工后，应检查龙门板（或轴线控制桩），以防碰动移位。检查无误后，便可利用龙门板或引桩将建筑物轴线测设到基础或防潮层等部位的侧面，并用红三角"▼"标示，如图 5-31 所示。以此确定出建筑物上部墙体的轴线位置，施工人员可照此进行墙体的砌筑，也可作为向上投测轴线的依据。

在砌筑墙体施工中，应先在基础顶面上投测墙体中心轴线，并据此弹出纵、横墙边线，定出门、窗和其他洞口的位置，且应将这些线也弹设到基础的侧面位置，保证整面墙在一个立面上。

2. 墙体皮数杆的设置

在墙体砌筑过程中，为保证墙体垂直、直

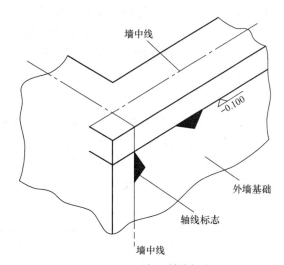

图 5-31　基础侧面轴线标志

顺、灰缝均匀，测量人员应采取必要的测量措施。墙体垂直是后续装饰工程施工的基础，因此，通常应在地梁或立柱上弹出水平和垂直砌筑边线，或采用设置皮数杆来控制。墙体皮数杆的制作方法与基础皮数杆制作相同。它是根据每楼层的竖向设计数据事先画好的直尺杆，杆上画出每皮砖及灰缝的厚度，并标有墙体上窗台、门窗洞口、过梁、雨篷、圈梁、楼板等构件高度位置的专用杆，如图 5-32 所示。在施工中，用皮数杆可以控制墙身各部件的高度位置，并保证每皮砖和灰缝厚度均匀，且都处于同一水平面上。

197

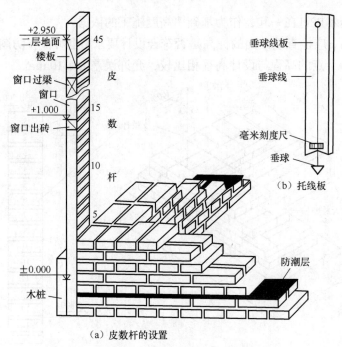

（a）皮数杆的设置

图 5-32　墙体各部件标高的控制

皮数杆立在建筑物拐角处和隔墙处，如图 5-32 所示。立皮数杆时，应先在地面上打木桩，并测出 ±0.000 标高位置，画水平线作为标记；然后把皮数杆上的 ±0.000 线与木桩上的该水平线对齐，钉牢。钉好后，应用水准仪对其进行检测，并用垂球来校正其竖直度。

为了施工方便，采用里脚手架砌砖时，皮数杆应立在墙外侧；若采用外脚手架时，皮数杆立在墙内侧。若是砌筑框架或钢筋混凝土柱子之间的间隔墙时，每层皮数杆可直接画在构件上，而不必另立皮数杆。

3. 墙体各部位标高控制

当墙体砌筑到 1.2 m 时，应在墙体上测设出高于室内地坪 0.500 m 的标高线，用来控制层高，并作为设置门、窗、过梁高度的依据；同时也作为室内装饰施工时，控制地面标高、墙裙、踢脚线、窗台等的依据。在楼板施工时，还应在墙体上测设出比楼板底标高低 10 cm 的标高线，以作为吊装楼板（或现浇楼板）板面平整及楼板板底抹面施工找平的依据，同时在抹好找平层的墙顶面上弹出墙的中心线及楼板安装的位置线，以作为楼板吊装的依据。

楼板安装完毕后，应将底层轴线引测到上层楼面上，作为上层楼的墙体轴线。还应测设出控制墙体其他部位标高的标高线，以指导施工。

5.3.3　高层建筑施工测量

由于高层建筑的层数多、高度高、结构复杂、设备及装修标准高，特别是高速电梯的安装要求最高，因此，在施工过程中对建筑各部位的水平位置、垂直度及轴线位置尺寸、标高等的测设精度要求均十分严格。总体的建筑限差有严格的规定，对质量检测的允许偏差也有严格要求。

另外，由于高层建筑工程量大，多设地下工程，且分期施工，工期长，施工现场变化大，因而，为保证工程的整体和局部施工的精度，进行高层建筑施工测量之前，必须谨慎地制订测设方案，选用适当的仪器，并拟出各种控制和检测的措施以确保放样精度。

高层建筑一般用桩基础，主体结构为现浇框架结构工程，而且平面、立面造型新颖又复杂多变，因而其测设方法与一般建筑既有相似之处，又有独特的地方，按测设方案实施时，务必精密计算，严格操作、校核，方可保证施工测量精度达到规定的建筑限差要求。

5.3.3.1 施工控制网的布设

高层建筑施工控制网，其平面控制一般布被设成建筑方格网这样不仅较为实用、方便，而且可以保证精度，也便于自检。布设方格网须从整个施工过程考虑，以应用于打桩、挖土、浇筑基础垫层及其他施工工序中的轴线测设等施工活动中。由于打桩、挖土对控制网的影响较大，除了经常进行控制网点的复测校核之外，最好随着施工的进行，将控制网延伸到施工影响区之外。而且，须及时将控制轴线投测到相应的建筑面层上，这样便可根据投测的控制轴线，进行柱轴线等细部放样，以备绑扎钢筋、立模板和浇筑混凝土之用。为了将高层建筑的空间位置测设到实地，同时简化设计点位的坐标计算，以便于在现场进行细部放样。布设的控制网轴系应严格平行于建筑物的主轴线或道路的中心线，且必须与建筑总平面图相配合，以便在施工过程中能够保存最多数量的方格控制点。

建筑方格网的实施流程与一般建筑场地上控制网的实施过程一样，首先在建筑总平面图上设计，然后依据高等级测图点将其测设到现场，最后进行校核调整以确保精度。

高层建筑施工中，高程的测设工作量在整个测量工作中占的比例很大，且是施工测量中的重要部分。正确而周密地在现场布置好水准高程控制点，能在很大程度上使立面布置、管道敷设和建筑施工得以顺利进行，施工场地上的高程控制须达到施工质量对其要求。其高程控制点必须与国家水准点或城市水准点联测。场区的外部水准点的高程系统应与城市水准点的高程系统统一，因为要由城市向建筑场区敷设许多管道和电缆等。

一般施工场区的高程控制用三、四等水准测量方法进行施测，且应把建筑方格网的方格点纳入到高程系统中，以保证高程控制点密度，满足工程建设高程测设工作所需。所建网型为附合水准或闭合水准。

5.3.3.2 高层建（构）筑物主要轴线的定位和放线

在软土地基区，高层建筑的基础常使用桩基，桩基的作用在于将上部建筑结构的荷载传递到土层深处承载力较大的持力层中。桩基一般分为预制桩和灌注桩两种，通常采用钢管桩或钢筋混凝土方桩。高层建筑的基坑较深，多有地下层，且位于市区，施工场地不宽畅；其建筑定位大都是根据建筑方格网或建筑红线进行。

由于高层建筑的上部荷载主要由桩承受，所以对桩位的定位精度要求较高，一般规定：进行基础桩位放样，若是单排桩或群桩中的边桩，其施工放样的允许偏差不得超过 ±10 mm；若为群桩，其施工放样的允许偏差不得超过 ±20 mm。具体要求参见表 5-1 的相关规定。故在定桩位时须依据施工控制网，先定出控制轴线，控制轴线测设好后，务必进行校核，检查无误后，再按设计的桩位图标示尺寸依据控制轴线逐一定出桩位，完成桩位的测设工作。

1. 主要轴线定位

高层建筑的施工控制网一般都有一条或两条主轴线。因此，进行建筑物轴线定位时，可按照建筑物柱列线（或轮廓线）与主控制轴线的关系，依据场地上的施工控制轴线逐一定出建筑物的柱列线（或轮廓线）。

对于目前一些几何图形复杂的建筑物，可以使用全站仪进行建筑物的定位。具体做法是：通过图纸将设计要素如轮廓点坐标、曲线半径、圆心坐标及施工控制网点的坐标等识读清楚，

并计算各自的测设元素，然后在控制点上安置全站仪建立测站，采用极坐标法完成各点的实地测设。将所有建筑物轮廓点定出后再行检查，以确保测设工作满足设计要求。

总之，根据施工场地的具体条件和建筑物几何图形的繁简情况，可以选择最合适的方法完成高层建筑物的轴线（或轮廓线）定位。

2. 桩基位置测设

建筑物的轴线定好之后，即可依据轴线来测设各桩位或柱列轴线上的桩位。

由于，桩的排列随建筑物形状、基础结构的不同而异。最简单的排列形式是格网形状，此时只要根据定位轴线精确地测设出格网的四个角点，再进行加密，即可测设出其他各桩位。

若基础是由若干个承台和基础梁连接而成的。承台下面是群桩；基础梁下面有的是单排桩，有的是双排桩。承台下的群桩的排列有时也会不同。测设时一般是按照"先整体、后局部，先外廓、后内部"的顺序进行。

测设出的桩位均用小木桩标示其位置，且应在木桩上用中心钉标示桩的中心位置，以供校核。其校核方法一般是：根据轴线重新在桩顶上测设出桩的设计位置，并用油漆标明，然后量出桩中心与设计位置的纵、横向两个偏差分量 δ_x、δ_y，若其偏差值在允许范围内，即可进行下一工序的施工。

桩的平面位置测设好后，即可进行桩的灌注施工，此时需进行桩的灌入深度的测设。一般是根据施工场地上已测设的 ±0.000 标高，测定桩位的地面标高，依据桩顶设计标高、设计桩长，计算出各桩应灌入的深度，再进行测设。同时，还应利用经纬仪来控制桩的垂直度。

5.3.3.3 高层建筑物的轴线投测

高层建筑物的基础工程完成后，为保证后期施工中各层的相应轴线能处于同一竖直面内，应进行建筑物各楼层轴线投测工作。在轴线投测前，为保证投测精度，首先须向基础平面引测轴线控制点。因为，在采用流水作业法施工中，当第一层柱子施工好后，马上开始围护墙的砌筑，这样原有的轴线控制标桩与基础之间的通视即被阻断，因此为了轴线投测的需要，必须在基础面上直接标定出各轴线标志。

1. 经纬仪引桩投测法（即外控法）

当施工场地比较宽阔时，可采用经纬仪引桩投测法进行轴线的投测，按此方法分别在建筑物纵轴、横轴线控制桩（或轴线引桩）上安置经纬仪（或全站仪），就可将建筑物的主轴线点投测到上部同一楼层面上，各轴线投测点的连线就是该层楼面上的主轴线，据此再依据该楼层的平面图中的尺寸测设出层面上的其他轴线。最后进行检测，确保投测精度。

2. 内控法投测轴线

在建筑物密集的建筑区，由于施工场地狭小，无法在建筑物轴线以外位置安置仪器时，可采用内控法进行轴线投测。投测之前，必须在建筑物基础面上布设室内轴线控制点（即内控点），然后依据垂准线原理将各轴线点向建筑物上部各层进行投测，以作为各层轴线测设的依据。

首先，利用轴线控制桩在基础平面上测设出主轴线，然后选择适当的间距（间距约为 0.5 ~ 0.8 m）测设与建筑物主轴线平行的辅助轴线，以建立室内辅助轴线的控制点。室内轴线控制点的布置视建筑物平面形状而定，对一般形状不复杂的建筑物，可布设成"L"形或矩形，内控点应设在建筑物角点柱子附近，间距的选择应能使点位保持垂直通视（不受梁等构件的影响）和水平通视（不受柱子等影响），且使各内控点连线与建筑主轴线平行。

内控点的测设，应在基础工程完成后进行。先根据建筑物施工控制网点，校测建筑轴线控制桩的桩位，看其是否移位变动，若无变化，依据轴线控制桩点，将轴线内控点测设到基础平面上，并埋设标志，一般是预埋一块小铁皮，上面划十字丝，交点上冲一小孔，作为轴线投测的依据。为了将基础层上的轴线点投测到各层楼面上，在内控点的垂直方向上的各层楼面预留约 300 mm × 300 mm 的传递孔（也叫垂准孔）。并在孔周围用砂浆做成 20 mm 高的防水斜坡，以防投点时施工用水通过此孔流落到下方的仪器上。其投测仪器一般用激光铅垂仪。

激光铅垂仪是一种专用的铅直定位仪器，适用于高层建筑物、烟囱及高塔架的铅直定位测量。由于高层建筑越建越高，用大垂球和经纬仪投测轴线的传统方法已越来越不能适应工程建设的需要，利用激光铅垂仪投测轴线，使用较方便，且精度高、速度快。

激光铅垂仪是将激光束导至铅垂方向，用于竖向准直的一种仪器，激光光源通常为氦氖激光器。在该仪器上装有高灵敏度的水准管，借以将仪器发射的激光束导至铅垂方向。使用时，将激光铅垂仪安置在底层辅助轴线的预埋标志上，当激光束指向铅垂方向时，只需在相应楼层的垂准孔上设置接收靶即可将轴线从底层传至高层。

激光铅垂仪的型号有很多，其原理都是相同的。由于激光的方向性好、发散角小、亮度高等特点，激光铅垂仪在高层建筑的施工中得到了广泛的应用。

激光铅垂仪的基本构造主要由氦氖激光管、精密竖轴、发射望远镜、水准器、基座、激光电源及接收屏等部分组成。

激光器通过两组固定螺钉固定在套筒内。激光铅垂仪的竖轴是空心筒轴，两端有螺扣，上、下两端分别与发射望远镜和氦氖激光器套筒相连接，二者位置可对调，构成向上或向下发射激光束的铅垂仪。仪器上设置有两个互成 90° 的管水准器，并配有专用激光电源。图 5-33 为苏州一光仪器有限公司生产的 DZJ$_2$ 型激光铅垂仪基本结构。

201

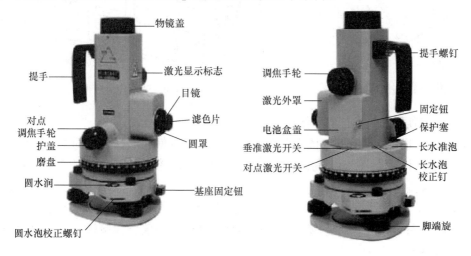

图 5-33   DZJ$_2$ 型激光铅垂仪

下面以一个实际例子介绍激光垂准仪在高层建筑施工中的应用。图 5-34 所示为投测点位平面布置图，图 5-35 所示为高层建筑轴线投测图。具体投测步骤如下。

（1）在首层轴线控制点上安置激光铅垂仪，精确对中。

（2）在上层施工楼面预留孔处，放置激光接受靶。

（3）打开铅垂仪激光开关，会有一束激光从望远镜物镜中射出，投射到接受靶上，成红色光斑。

（4）移动接受靶使靶心与红色光斑重合，固定接受靶，并在预留孔四周做出标记，此时，靶心位置即为轴线控制点在该层楼面上的投测点。

（5）再依据内控点与轴线的间距，在楼层面上恢复出轴线点，将各轴线点依次相连即为建筑物主轴线，再根据主轴线在楼面上测设其他轴线，完成轴线的传递工作。

（6）轴线投测时，要控制并检校轴线向上投测的竖直偏差值，规定：在本层内不得超过 ±5 mm，整栋楼的累积偏差不超过 ±20 mm；还要用钢尺精确丈量投测轴线点之间的距离，并与设计的轴线距离相比较，其相对误差不得低于 1/10 000。否则，必须重新投测，直至达到精度要求。

用铅垂仪对高层较适用，内控的精度要高，受天气的影响较小，但实际应用的效果来看，应于每 10 层布设一次控制网。

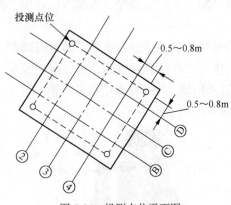

图 5-34　投测点位平面图

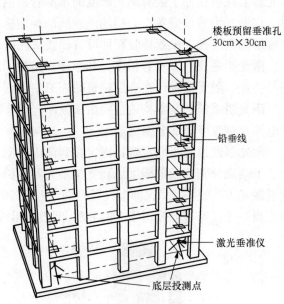

图 5-35　高层建筑轴线投测图

5.3.3.4　高层建筑施工高程传递

高层建筑施工中，要由下层楼面向上层传递高程，以使上层楼板、门窗、室内装修等工程的标高符合设计要求。楼面标高误差不得超过 ±10 mm。传递高程的方法有以下几种。

1. 利用皮数杆传递高程

皮数杆自 ±0.000 标高线起，门窗、楼板、过梁等构件的标高都已标明。底层楼砌筑好后，则可从底层皮数杆一层一层往上接，即可将标高传递到各楼层。在接杆时要注意检查下层皮数杆的位置是否正确。

2. 利用钢尺直接丈量

若标高精度要求较高，可用钢尺沿某一墙角自 ±0.000 标高处起直接丈量，把高程传递上去。然后根据下面传递上来的高程立皮数杆，作为该层墙身砌筑和安装门窗、过梁及室内装修、地坪抹灰时控制标高的依据。

3. 悬吊钢尺法（水准仪高程传递法）

根据高层建筑物的具体情况也可用水准仪高程传递法进行高程传递，不过此时需用钢尺代替水准尺作为数据读取的工具，从下向上传递高程。如图 5-36 所示，由地面已知高程点 A，

向建筑物楼面 B 传递高程，先从楼面上（或楼梯间）悬挂一支钢尺，钢尺下端挂重锤。观测时，为了使钢尺稳定，可将重锤浸于一盛满油的容器中。然后在地面及楼面上各安置一台水准仪，按水准测量方法同时读取 a_1、b_1 及 a_2 读数，则可计算出楼面 B 上设计标高为 H_B 的测设数据 $b_2 = H_A + a_1 - b_1 + a_2 - H_B$。据此可按照测设已知高程的方法测设出楼面 B 的标高位置。

4．全站仪天顶测高法

如图 5-37 所示，利用高层建筑中的传递孔（或电梯井等），在底层高程控制点上安置全站仪，置平望远镜（显示屏上显示垂直角为 0° 或天顶距为 90°），然后将望远镜指向天顶方向（天顶距为 0° 或垂直角为 90°），在需要传递高程的层面传递孔上安置反射棱镜，即可测得仪器横轴至棱镜横轴的垂直距离，加仪器高，减棱镜常数（棱镜面至棱镜横轴的间距），就可以算得两层面间的高差。据此即可计算出测量层面的标高，最后与设计标高相比较，进行调整即可。

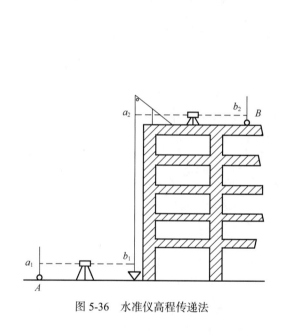

图 5-36 水准仪高程传递法

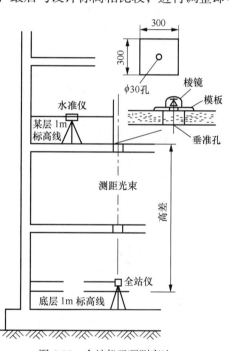

图 5-37 全站仪天顶测高法

203

5.4 工业建筑施工测量

工业建筑主要指工业企业的生产性建筑，如厂房、运输设施、动力设施、仓库等，其主体是生产厂房。一般厂房多是金属结构及装配式钢筋混凝土结构单层厂房。其放样的内容与民用建筑大致相似，主要包括厂房矩形控制网的测设、柱列轴线测设、基础施工测量、构件安装测量及设备安装测量等。

5.4.1 编制厂房矩形控制网测设方案

工业建筑同民用建筑一样，在施工之前，必须做好测设前的准备工作，如熟悉设计图纸、现场踏勘等，然后结合施工进度计划，制订出可行的测设方案，并绘制测设草图。

厂房矩形控制网的放样方案，是根据厂区平面图、厂区控制网和现场地形情况等资料制

定的。在确定主轴线点及矩形控制网的位置时，必须保证控制点能长期保存，且要避开地上和地下管线，并与建筑物基础开挖边线保持 1.5 ~ 4 m 的距离。距离指示桩的间距一般等于柱子间距的整数倍，但应不超过所用钢尺的长度。图 5-38 所示为某工业建筑厂区平面图及厂区方格网。为进行厂区内合成车间的施工，可布设如图 5-39 所示的厂房矩形控制网 *PQRS* 的测设草图，其四个角点的设计位置距离厂房轴线向外 4 m，由此可计算出四个控制点的设计坐标，并计算出各点测设数据且标注于测设草图上。

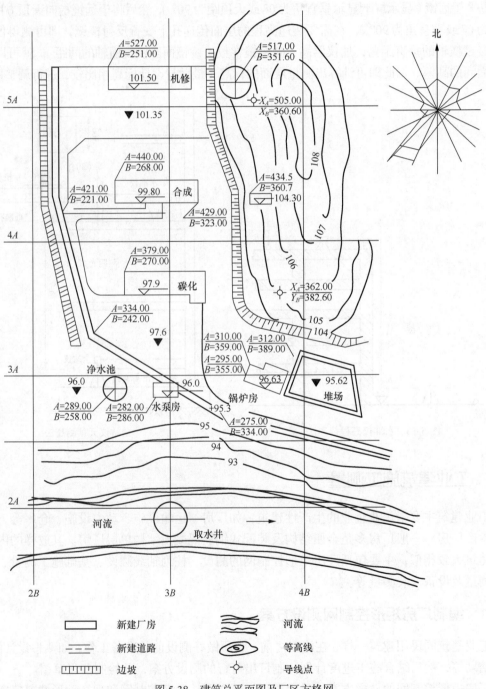

图 5-38　建筑总平面图及厂区方格网

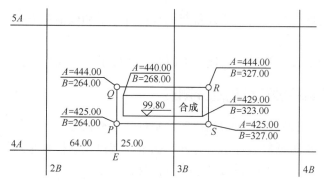

图 5-39 合成车间矩形控制网测设草图

5.4.2 厂房控制网的测设

1. 单一厂房控制网的测设

对于中小型厂房而言，一般直接设计建立一个由四边围成的矩形控制网即可满足后期测设需要，如图 5-39 所示。

实地测设时，可依据厂区建筑方格网，按照直角坐标法进行。P、Q、R、S 是布设在基坑开挖边线以外 4 m 的厂房矩形控制网的四个角桩，控制网的边与厂房轴线相平行。根据放样数据，从建筑方格网的（$4A$，$2B$）点起，按照测设已知水平距离的方法，在方格轴线上定出 E 点，使其与方格点的距离为 64.00 m；然后将经纬仪安置在 E 点，后视方格点（$4A$，$2B$），按照测设已知水平角度的方法，测设出直角方向边，并在此方向上按照测设已知水平距离的方法定出 P 点，使其与 E 点的距离为 25.00 m；继续在此方向上定出 Q 点，使 Q 点与 P 点的距离为 19.00 m，在地面用大木桩标定；同法测设出 R、S 点，完成厂房控制网的测设。最后校核，先实测 $\angle P$ 和 $\angle S$，其与 90° 的差不应超过 ±10″；精密测量 PS 的距离，其相对误差不应超过 1/20 000 ~ 1/10 000（中型厂房应不超过 1/20 000，角度偏差不应超过 ±7″）。

厂房控制网的角桩测设好后，即可测设各矩形边上的距离指示桩，均应打上木桩，并用小钉表示出桩的中心位置。测设距离指标桩的容许偏差一般为 ± 5 mm。

2. 大型工业厂房矩形控制网的测设

对于大型或设备基础复杂的厂房，由于施测精度要求较高，为了保证后期测设的精度，其矩形厂房控制网的建立一般分两步进行。首先，依据厂区建筑方格网精确测设出厂房控制网的主、辅轴线，当校核达到精度要求后，再根据主轴线测设厂房矩形控制网，并测设各边上的距离指标桩，一般距离指标桩位于厂房柱列轴线或主要设备中心线方向上。最终应检核，大型厂房的主轴线的测设精度为边长的相对误差不应超过 1/30 000，角度偏差不应超过 ±5″。

3. 厂房改建或扩建时的控制测量

旧厂房进行改建或扩建前，最好能找到原有厂房施工时的控制点，作为扩建与改建时进行控制测量的依据；但原有控制点必须与已有的吊车轨道及主要设备中心线联测，将实测结果提交设计部门。

若原厂房控制点已不存在，应按下列不同情况，恢复厂房控制网。

（1）厂房内有吊车轨道时，应以原有吊车轨道的中心线为依据。

（2）扩建与改建的厂房内的主要设备与原有设备有联动或衔接关系时，应以原有设备中心线为依据。

（3）厂房内无重要设备及吊车轨道，以原有厂房柱子中心线为依据。

5.4.3 厂房外轮廓轴线及柱列轴线测设

厂房矩形控制网测设好后，应根据矩形控制桩和距离指标桩，用钢尺沿矩形控制网各边按照柱列轴线间距或跨距逐段放样出厂房外轮廓轴线端点及各柱列轴线端点（即各柱子中心线与矩形边的交点）的位置，并设置轴线控制桩且在桩顶钉小钉，作为厂房细部轴线及柱基放样和厂房构件安装的依据。如图 5-40 所示，A、C、1、6 点为外轮廓轴线端点；B、2、3、4、5 点为柱列轴线端点。测设时，用两台经纬仪分别安置于外轮廓轴线端点（如 A、1 点）上，分别后视对应端点（A、1 点）即可交会出厂房的外轮廓轴线角桩点 E、F、G、H，并应打上角桩标志。

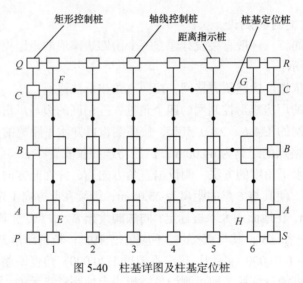

图 5-40 柱基详图及柱基定位桩

5.4.4 厂房柱基础施工测量

5.4.4.1 混凝土杯形基础施工测量

许多厂房都采用预制牛腿柱，柱基础用杯口榫接，这样，对杯口的位置、标高和几何尺寸要求比较严格，因此要认真测设杯口的位置和高程，用以指导施工人员进行杯形基础模板支设和柱子的安装。

1. 柱基定位放线

采用与测设外轮廓轴线角点桩相同的方法，依据轴线控制桩交会出柱列轴线上各柱基的中心位置。然后在离柱基开挖边线 0.5～1.0 m 处的轴线方向上定出四个柱基定位桩，钉上小钉以标示柱轴线中心线，供修坑立模之用，如图 5-41 所示；在桩上拉细线绳，并用特制的"T"形尺，按基础详图的尺寸和基坑放坡宽度 a，进行柱基及开挖边线的放线，用灰线标示出基坑开挖边线的实地位置，如图 5-42 所示。同法可放出全部柱基。

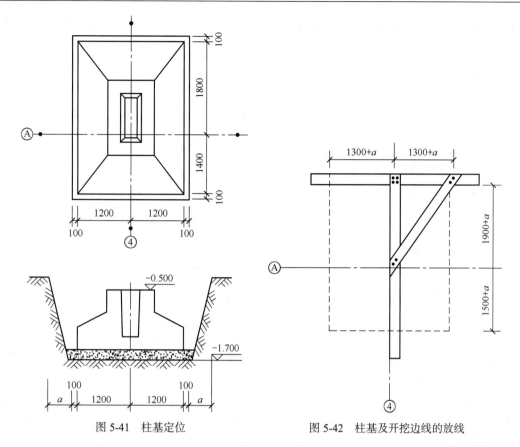

图 5-41　柱基定位　　　　　　　图 5-42　柱基及开挖边线的放线

2. 柱基底抄平

当基坑开挖到一定深度，快要挖到柱基设计标高（一般距基底 0.3~0.5 m）时，应在基坑的四壁或者坑底边沿及中央打入小木桩，如图 5-43 所示，并在木桩上引测同一高程的标高，以便根据标点拉线修整坑底和打垫层。其标高容许误差为 ±5 mm。

3. 基础模板的定位测量

垫层打好后，根据柱基定位桩，用拉线、吊垂球的方法在垫层上放出基础中心线，并按照柱基的设计尺寸弹墨线标出柱基位置，作为柱基立模和布置钢筋的依据。立模时，其模板上口还可由坑边定位桩直接拉线，用吊垂球的方法检查模板的位置是否正确竖直。然后在模板的内壁引测基础面的设计标高，并画线标明，作为浇筑混凝土的依据。在立杯底模板时，应注意使实际浇筑的杯底顶面比原设计的标高略低 3~5 cm，以便拆模后填高、修平杯底。

4. 杯口中线投点与抄平

在柱基拆模之后，根据矩形控制网上柱子中心线端点桩，在杯口顶面投测柱中心线，并绘"▼"标志标明，以备吊装柱子时使用（如图 5-44 所示）。中线投点一般有两种方法：一种是将仪器安置在柱中心线的一个端点，照准另一个端点而将中线投到杯口上；另一种是将仪器置于中线上的适当位置，照准控制网上柱基中心线两端点，采用正倒镜法进行投点。

另外，为了修平杯底，还须在杯口内壁测设某一标高线，用"▼"标志标明，其一般比杯形基础顶面略低 10 cm，且与杯底设计标高的距离为整分米数，以此来修平杯底。

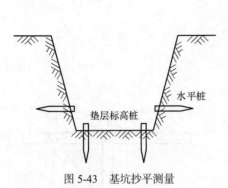

图 5-43　基坑抄平测量

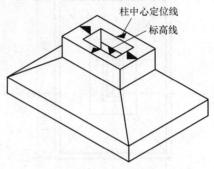

图 5-44　杯口中线及标高线测设

5.4.4.2　钢柱基础施工测量

对于钢结构柱子基础，顶面通常设计为一平面，通过锚栓将钢柱与基础连成整体。施工时应保证基础顶面标高及锚栓位置的准确。钢结构下部支撑面的容许偏差、高度偏差不得超过 ±2 cm，倾斜度不得超过 1/1 000，锚栓位置的容许偏差在支座范围内为 ±5 mm。

钢柱基础定位及基坑底层抄平方法与混凝土杯形基础大致相同，其特点是基坑较深且基础下面有垫层，同时还要预埋与混凝土形成基础整体的地脚螺栓，其施测步骤如下。

1．垫层上钢柱基础中线投点与抄平

垫层混凝土凝结后，应在垫层上投测钢柱基础中线，并根据中线点弹出墨线，绘出地脚螺栓固定架的位置，以作为安置螺栓固定架及根据中线支立模板的依据，如图 5-45 所示。

投测中线时，在基坑旁安置经纬仪，要求视线能看到坑底，然后照准矩形控制网基础中心线的两端点，用正倒镜法将仪器中心导入中心线内，然后投测中线点，并在垫层面上做标志。

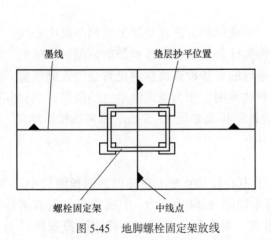

图 5-45　地脚螺栓固定架放线

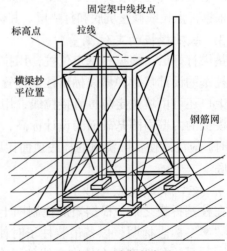

图 5-46　固定架的安置

在垫层上绘出螺栓固定架位置后，即可在固定架外框四个角落测设标高，以便用来检查并修平垫层混凝土面，使其符合设计标高，以便安装固定架。如基础过深，从地面上直接引测基础地面标高标尺不够长时，可采用悬吊钢尺的方法测设。

2. 地脚螺栓固定架中线投点与抄平

（1）固定架的安置

固定架一般是用钢材制作，用以锚定地脚螺栓及其他埋设件。如图 5-46 所示，根据垫层上的柱基中心线和所画固定架的位置线将其安置在垫层上，然后依据垫层上测定的标高点，进行地脚抄平，将高的地方的混凝土打去一些，低的地方垫以小块钢板并与底层钢网焊牢，使其符合设计标高。

（2）固定架抄平

固定架安置好后，测出四根横梁的标高，以检查固定架高度是否符合要求，其容许偏差为 -5 mm（不得高于设计标高）。满足要求后，将固定架与底层钢筋焊牢且加焊支撑钢筋。

（3）中线投点

投点前，应对矩形控制边上的中心端点进行检查，然后根据相应两端点，将中线投测在固定架横梁上，并刻绘标志。其中线投点偏差（相对于中线端点）为 ±（1 ~ 2）mm。

3. 地脚螺栓的安装与标高测量

根据垫层上及固定架上投测的中心点，把地脚螺栓安放在设计位置。为了测定地脚螺栓的标高，在固定架的斜对角处焊两根小角钢（见图 5-46），在其上引测同一数值的标高点，并刻绘标志，其高度应比地脚螺栓的设计标高稍低一些。然后在角钢上两标点处拉一细钢丝，以定出螺栓的安装高度。待螺栓安装好后，测出螺栓第一丝扣的标高。地脚螺栓的高度不应低于其设计标高，容许偏高为 5 ~ 25 mm。

4. 支立模板与浇筑混凝土时的测量工作

钢柱基础支立模板阶段的测量工作与混凝土杯形基础相同。不同之处在于，在浇灌基础混凝土时，为了保证地脚螺栓位置及高度的正确，应进行看守观测，若发现其变动应立即通知施工人员及时处理。

5.4.4.3 混凝土柱子基础及柱身、平台施工测量

当基础、柱身及其上面的各层平台采用现场捣制混凝土的方法进行施工时，为了配合施工一般应进行以下施工测量工作。

1. 基础中线投点及标高测设

当基础混凝土凝固拆模后，即可根据矩形控制网边线上的柱子中心线端点控制桩，将中心线投测在靠近杯底的基础面上，并在露出的钢筋上测设出标高点，以供进行柱身支立模板时确定柱高及对正柱中心之用，如图 5-47 所示。

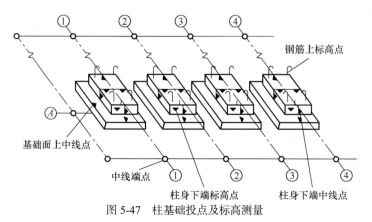

图 5-47 柱基础投点及标高测量

2. 柱身垂直度测量

柱身模板支好后，必须检查柱子的垂直度。若现场通视困难，可采用平行线投点法来检查柱子的垂直度，并将柱身模板校正。其施测过程为：先在柱子模板上端根据外框量出柱子中心点，然后将其与柱身下端中心点相连，并在模板上弹出墨线（见图 5-48）。其次再根据柱中线控制桩 A、B 测设 AB 的平行线 $A'B'$，其间距一般为 $1 \sim 1.5$ m。先在待检查的柱模板上水平横放一把木尺，使其零点对正模板中心线；同时，安置仪器于 B'，照准 A'，然后纵转望远镜仰视木尺，若十字丝正好对准 1 m 或 1.5 m 处，则柱子模板垂直，否则应将模板向左或向右移动，直至十字丝正好对准 1 m 或 1.5 m 处为止。

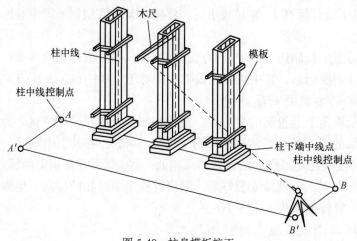

图 5-48　柱身模板校正

210

3. 柱顶及平台模板抄平

柱子模板校正好后，应选择不同行、列的两三根柱子，从柱子下面已测好的标高点，用钢尺沿柱身向上量距，在柱子上端模板上，引测一个高程数据相同的点。然后在平台模板上安置水准仪，用柱上引测的任一标高点做后视，施测柱顶模板的标高，再闭合于另一引测的标高点以资校核。同样，平台模板支好后，也必须检查平台模板的标高和水平情况，方法与柱顶模板抄平相同。

4. 上层标高的引测及柱中心线投点

在第一层柱子与平台混凝土浇筑好后，须将柱子中线及标高引测到第一层平台上，以作为支立第二层柱身模板和第二层平台模板的依据，以此类推。其上层标高的引测可根据柱子下端标高点，用钢尺沿柱身向上量距标点得到，其标高的引测偏差为±mm。而上层柱顶中线的引测，可用经纬仪按轴线投测方法进行，其方法一般是将仪器安置于柱中线控制点上，照准柱子下端的中线点，仰视向柱子上端投点，并做标记（见图 5-49）。若安置位置与柱子间距过短，不便于投点时，可将中线端点 A 用正倒镜法延长至远端的 A' 点，然后安置仪器于 A' 在投点。其纵、横轴线中心线投点偏

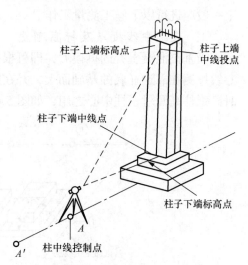

图 5-49　柱子中线及标高引测

差在投点高度 5 m 以内时为±3 mm，5 m 以上时为±5 mm。

5.4.5　厂房预制构件安装测量

装配式单层厂房主要由柱子、梁、吊车轨道、屋架、天窗和屋面板等构件组成。一般工业厂房都采用预制构件在现场安装的方法进行施工。

5.4.5.1　柱子的安装测量

1. 柱子安装前的准备工作

柱子安装前的准备工作主要包括：

（1）对基础中心线及其间距、基础顶面和杯底标高进行复核，符合设计要求后，才可以进行安装工作。

（2）把每根柱子按轴线位置进行编号，并检查柱子的尺寸是否符合图纸的尺寸要求，如柱长、断面尺寸、柱底到牛腿面的尺寸、牛腿面到柱顶的尺寸等，无误后，才可进行弹线。

（3）在柱身的三面，用墨线弹出柱中心线，每个面在中心线上画出上、中、下三点水平标记，并精密量出各标记点间距离。

（4）调整杯底标高、检查牛腿面到柱底的长度，看其是否符合设计要求，如不相符，就要根据实际柱长修整杯底标高，以使柱子吊装后，牛腿面的标高基本符合设计要求。具体做法是：在杯口内壁测设某一标高线（如一般杯口顶面标高为－0.500 m，则在杯口内抄上－0.600 m 的标高线，见图 5-46）。然后根据牛腿面设计标高，用钢尺在柱身上量出±0.00 和某一标高线（如－0.600 m 的标高线）的位置，并涂画红色"▼"标志。分别量出杯口内某一标高线至杯底高度、柱身上某一标高线至柱底高度，并进行比较，以修整杯底，高的地方凿去一些，低的地方用水泥砂浆填平，使柱底与杯底相吻合。

2. 柱子安装时的测量

为保证柱子的平面和高程位置均符合设计要求，且柱身垂直，在预制钢筋混凝土柱吊起插入杯口后，应使柱底三面中线与杯口中线对齐，并用硬木楔或钢楔进行临时固定，如有偏差可用锤敲打楔子拨正。其偏差限值为±5 mm。

钢柱吊装时要求：基础面设计标高加上柱底到牛腿面的高度，应等于牛腿面的设计标高。安放垫板时须用水准仪抄平予以配合，使其符合设计标高。钢柱在基础上就位以后，应使柱中线与基础面上中线对齐。

柱子立稳后，即应观测±0.000 点标高是否符合设计要求，其允许误差为：一般的预制钢筋混凝土柱应不超过±3 mm；钢柱应不超过±2 mm。

3. 柱子垂直校正测量

柱子垂直校正测量，应将两架经纬仪安置在柱子纵、横中心轴线上，且位于距离柱子约为柱高的 1.5 倍的地方，如图 5-50 所示。先照准柱底中线，固定照准部，再逐渐仰视到柱顶，若中线偏离竖丝，表示柱子不垂直，可指挥施工人员用拉绳调节、支撑或敲打楔子等方法使柱子垂直。经校正后，柱的中线与轴线偏差不得大于±5 mm；柱子垂直度容许误差为 $H/1\,000$，当柱高在 10 m 以上时，其最大偏差不得超过±20 mm；柱高在 10 m 以内时，其最大偏差不得超过±10 mm。满足要求后，要立即灌浆，以固定柱子位置。

211

　　在实际工作中，一般是一次把成排的柱子都竖起来，然后再进行垂直校正。这时可把两台经纬仪分别安置在纵、横轴线一侧，偏离中线不得大于 3 m，安置一次仪器即可校正几根柱子。但在这种情况下，柱子上的中心标点或中心墨线必须在同一平面上，否则仪器必须安置在中心线上。

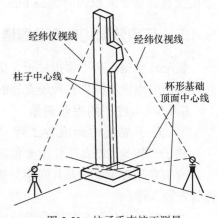

图 5-50　柱子垂直校正测量

5.4.5.2　吊车梁安装测量

　　吊车梁安装，其测量工作主要是测设吊车梁的中线位置和标高位置，以满足设计要求。

　　1．吊车梁安装时的中线测设

　　根据厂房矩形控制网或柱中心轴线端点，在地面上定出吊车梁中心线（即吊车轨道中心线）控制桩，然后用经纬仪将吊车梁中心线投测在每根柱子牛腿上，并弹以墨线，投点误差为 ± 3 mm。吊装时使吊车梁中心线与牛腿上中心线对齐。

　　2．吊车梁安装时的标高测设

　　吊车梁顶面标高，应符合设计要求。根据 ± 0.000 标高线，沿柱子侧面向上量取一段距离，在柱身上定出牛腿面的设计标高点，作为修平牛腿面及加垫板的依据。同时在柱子的上端比梁顶面高 5 ~ 10 cm 处测设一标高点，据此修平梁顶面。梁顶面置平以后，应安置水准仪于吊车梁上，以柱子牛腿上测设的标高点为依据，检测梁面的标高是否符合设计要求，其容许误差应不超过 ±（3 ~ 5）mm。

5.4.5.3　吊车轨道的安装测量

　　吊车轨道安装的测设工作主要是进行轨道中心线和轨顶标高的测量，且应以符合要求。

　　1．在吊车梁上测设轨道中心线

　　（1）用平行线法测定轨道中心线。吊车梁在牛腿上安放好后，第一次投在牛腿上的中心线已被吊车梁所掩盖，所以在梁面上须投测轨道中心线，以便安装吊车轨道。

　　具体测设方法是：先在地面上沿垂直于柱中心线的方向 AB 和 $A'B'$ 各量一段距离 AE 和 $A'E'$，令 $AE = A'E' = l + 1$（l 为柱列中心线到吊车轨道中心线的距离），则 EE' 为与吊车轨道中心线相距 1 m 的平行线（见图 5-51）。然后将经纬仪安置在 E 点，照准 E' 点，固定照准部，将望远镜逐渐仰视以向上投点。这时指挥一人在吊车梁上横放一支 1 m 长的木尺，并使木尺一端在视线上，则另一端即为轨道中心线位置，同时在梁面上画线标记此点位。同法定出轨道中心线的其他各点。用同样方法测设吊车轨道的另一条中心线位置。也可以按照轨道中心线间的间距，根据已定好的一条轨道中心线，用悬空量距的方法定出来。

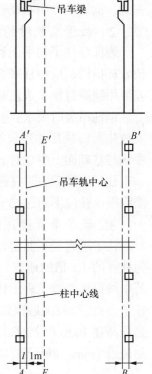

图 5-51　轨道中线测设

（2）根据吊车梁两端投测的中线点测定轨道中心线

根据地面上柱子中心线控制点或厂房矩形控制网点，测设出吊车梁（吊车轨道）中心线点。然后根据此点用经纬仪在厂房两端的吊车梁面上各投一点，两条吊车梁共投测四点，其投点容许误差为±2 mm。再用钢尺丈量两端所投中线点的跨距，看其是否符合设计要求，如超过±5 mm，则以实测长度为准予以调整。将仪器安置于吊车梁一端中线点上，照准另一端点，在梁面上进行中线投点加密，一般每隔 18～24 m 加密一点。若梁面过窄，不能安置三脚架，应采用特殊仪器架来安置仪器。

轨道中心线最好在屋面安装后测设，否则当屋面安装完毕后，应重新检查中心线。在测设吊车梁中心线时，应将其方向引测在墙上或屋架上。

2. 吊车轨道安装时的标高测设

在吊车轨道面上投测好中线点后，应根据中线点弹出墨线，以便安放轨道垫板。在安装轨道垫板时，应根据柱子上端测设的标高点，测设出垫板标高，使其符合设计要求，以便安装轨道。梁面垫板标高测设时的容许误差为±2 mm。

3. 吊车轨道的校核

在吊车梁上安装好吊车轨道以后，必须进行轨道中心线检查测量，以校核其是否成直线；还应进行轨道跨距及轨顶标高的测量，看其是否符合设计要求。检测结果要做记录，以作为竣工验收资料。轨道安装竣工校核测量容许误差应满足以下各项检查的要求。

（1）轨道中心线的检查：安置经纬仪于吊车梁上，照准预先在墙上或屋架上引测的中心线端点，用正倒镜法将仪器中心移至轨道中心线上，而后每隔 18 m 投测一点，检查轨道的中心是否在同一直线上，容许偏差为±2 mm，若超限，则应重新调整轨道，直至达到要求为止。

（2）跨距检查：在两条轨道对称点上，用钢尺精密丈量其跨距尺寸，其实测值与设计值相差不得超过±（3～5）mm，否则应予以调整。轨道安装中心线调整后，应保证轨道安装中心线与吊车梁实际中心线偏差小于±10 mm。

（3）轨顶标高检查：吊车轨道安装好后，必须根据柱子上端测设的标高点（水准点）检查轨顶标高。且在每两轨接头之处各测一点，中间每隔 6 m 测量一点，其容许误差为±2 mm。

5.4.5.4 屋架安装测量

1. 柱顶抄平测量

屋架是搁在柱顶上的，安装之前，必须根据各柱面上的 ±0.000 标高线，利用水准仪或钢尺，在各柱顶部测设相同高程数据的标高点，作为柱顶抄平的依据，以保证屋架安装平齐。

2. 屋架定位测量

安装前，用经纬仪或其他方法在柱顶上测设出屋架的定位轴线，并弹出屋架两端的中心线，作为屋架定位的依据。屋架吊装就位时，应使屋架的中心线与柱顶上的定位线对准，其允许偏差为 ±5 mm。

3. 屋架垂直控制测量

在厂房矩形控制网边线上的轴线控制桩上安置经纬仪，照准柱子上的中心线，固定照准部，然后将望远镜逐渐抬高，观测屋架的中心线是否在同一竖直面内，以此进行屋架的竖直校正。当观测屋架顶有困难时，也可在屋架上横放三把 1 m 长的小木尺进行观测，其中一把安放在屋架上弦中点附近，另外两把分别安放在屋架的两端。使木尺的零刻划正对屋架的几何中心，然后在地面上距屋架中心线 1 m 处安置经纬仪，观测三把尺子的 1 m 刻划是否都在仪器的竖丝上，以此即可判断屋架的垂直度。

也可用悬吊垂球的方法进行屋架垂直度的校正。屋架校至垂直后，即可将屋架用电焊固定。屋架安装的竖直容许误差为屋架高度的 1/250，但不得超过 ±15 mm。

5.4.6 安装测量的主要技术要求

1. 结构安装测量的精度要求

根据工程测量规范的规定，结构安装测量的精度，应分别满足下列要求。

（1）柱子、桁架或梁安装测量的偏差，不应超过表 5-13 的规定。

表 5-13　　　　　　　　　柱子、桁架或梁安装测量的允许偏差

测量内容		允许偏差/mm
钢柱垫板标高		±2
钢柱 ±0 标高检查		±2
混凝土柱（预制）±0 标高检查		±3
柱子垂直度检查	钢柱牛腿	5
	柱高 10 m 以内	10
	柱高 10 m 以上	$H/1\ 000 \leqslant 20$
桁架和实腹梁、桁架和钢架的支承结点间相邻高差的偏差		±5
梁间距		±3
梁面垫板标高		±2

注：H 为柱子高度。

（2）构件预装测量的偏差，不应超过表 5-14 的规定。

表 5-14　　　　　　　　　构件预装测量的允许偏差

测量内容	测量的允许偏差/mm
平台面抄平	±1
纵横中心线的正交度	$±0.8\sqrt{l}$
预装过程中的抄平工作	±2

注：l 为自交点起算的横向中心线长度的米数，长度不足 5 m 时以 5 m 计。

（3）附属构筑物安装测量的偏差，不应超过表 5-15 的规定。

表 5-15　　　　　　　　　附属构筑物安装测量的允许偏差

测量项目	测量的允许偏差/mm
栈桥和斜桥中心线的投点	±2
轨面的标高	±2
轨道跨距的丈量	±2
管道构件中心线的定位	±5
管道标高的测量	±5
管道垂直度的测量	$H/1\ 000$

注：H 为管道垂直部分的长度。

2.　设备安装测量的技术要求

根据工程测量规范，在进行设备安装工作时，其设备安装测量的主要技术要求，应符合下列规定：

（1）设备基础竣工中心线必须进行复测，两次测量的较差不应大于 5 mm。

（2）对于埋设有中心标板的重要设备基础，其中心线应由竣工中心线引测，同一中心标点的偏差不应超过±1 mm。纵横中心线应进行正交度的检查，并调整横向中心线。同一设备基准中心线的平行偏差或同一生产系统的中心线的直线度应在±1 mm 以内。

（3）每组设备基础均应设立临时标高控制点。标高控制点的精度，对于一般的设备基础，其标高偏差应在±2 mm 以内；对于与传动装置有联系的设备基础，其相邻两标高控制点的标高偏差应在±1 mm 以内。

5.5　管道施工测量

在城镇建设中要敷设给水、排水、煤气、通信、输油、输气等各种管道，在各种管道设计、施工中，需进行大量的测量工作。管道工程测量主要包括管道中线测设、管道纵横断面测量、带状地形图测量、管道施工测量和管道竣工测量等。

管道工程多属地下构筑物，在较大的城镇街道及厂矿地区，管道相互穿插、纵横交错。在测量、设计或施工中如果出现差错，往往会造成很大损失，所以，测量工作必须采用城镇或厂矿的统一坐标和高程系统，按照"从整体到局部，先控制后细部"的工作程序和步步有校核的工作方法进行，为设计和施工提供可靠的测量资料及测设标志。

215

5.5.1　管道中线测量

管道中线测量的任务是将初步设计所定出的管道中线位置在实地测设出来，并用桩予以标记。其主要工作内容是测设选定管线的主点（即交点桩，包括转折点、起点及终点桩）、定出里程桩和加桩等。该项工作主要是为管线的最终设计提供基础资料。

1.　管线主点的测设

（1）根据控制点测设管线的主点。若管道规划设计图上已给出管线起点、转折点和终点的设计坐标，且在选定管线现场已布有高等级控制点时，可采用极坐标法或交会法进行各主点测设。

（2）根据地面上已有建筑物测设管线主点。管道规划设计工作一般直接在大比例尺地形图上设计，往往不给出各主点的坐标值，此种情况下，交点桩的测设数据可用图解法或解析法求得。城市管线一般与道路或建筑平行或垂直敷设，当管线规划设计图的比例尺较大，而且管线交点附近又有明显可靠的地物时，可采用图解法，交点桩的测设可按几何关系取得测设数据。如图 5-52 所示，A、B 是原有排水干线上的检查井，新建居民区排水管线交点 Ⅰ、Ⅱ、Ⅲ可依 A、B 两点及 Ⅱ、Ⅲ 点附近的建筑物采用图解法在设计图上量出测设数据。沿原有排水干线 BA 方向由 B 点量出 S 即得到 Ⅰ 点，用 a、b 采用距离交会法测设 Ⅱ 点，用 c、d 采用直角坐标法测设 Ⅲ；交点桩的测设可利用直角坐标法、距离交会法、角度交会法或极坐标法等进行。

为了使测设有检核，应有多余的测设数据作为检核条件。主点测设好以后，应测量主点间距离和测量管线的转折角，并与附近的测量控制点联测，以检查中线测量的成果。为了便于施工时查找主点位置，一般还要做好点的记号。

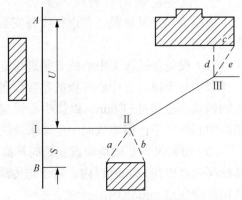

图 5-52　根据已有建筑物测设主点

2. 中桩（里程桩和加桩）的测设

中桩测设是为了测定管线长度和测绘纵横断面图，沿管道中心线由起点测设里程桩和加桩。通常，里程桩的距离设置间隔一般为 20 m，最长不超过 50 m。加桩是在管线穿越重要地物（如道路、原有管道）和地形变化处增设的中线桩。中桩的编号是用管线的起点（桩号为 0+000）到该桩的距离作为该桩的桩号。不同管线中线量距确定里程桩时的里程起算点是不同的，如给水管道以水源作为起点，煤气、热力管道以来气方向为起点，电力、电信线以电源作为起点，排水管道以下游出水口作为起点。

3. 转向角测量

管线工程对转向角的测设有较严格的要求，它直接影响施工质量及管线的正常使用。某些管线的转向角满足定型弯头的转角要求，如给水管道使用的铸铁管弯头转角有 90°、45°、22.5° 等几种类型。如果管线交点之间距离较短，对于管径大于 500 mm 的线路转向角与定型弯头的转角差不应超过 1°，管径小于 500 mm 时可放宽到 2°。即使管线交点间距较大时，其差值也不应过大。排水管线支线与干线交汇处转向角不应大于 90°，否则就会有阻水现象。

4. 绘制管线地形图

管线地形图上应反映出：各交点的位置和桩号，各交点的点之记，各交点的坐标、转向角，各里程桩与加桩的位置和桩号等。如果敷设管道的地区没有大比例尺地形图，或周边沿线地形变化较大时，需要实测管线两侧各 20 m 的带状地形图；若管线通过建筑物密集地区，则需测绘至两侧建筑物处，并用统一的图式表示。

5.5.2 管道纵横断面测量

1. 管道纵断面测量

管道纵断面测量是根据管线附近的水准点，用水准测量方法测出管道中线上各里程桩和加桩点的高程，然后按测得的中桩点高程和其里程（桩号）绘制纵断面图。纵断面图反映沿管线中线的地面起伏情况，是最终设计管道埋深、坡度和计算土方量的重要依据。

为了保证管道全线各桩点高程的测量精度，在进行纵断面测量之前，应沿管道中线方向每隔 1~2 km 设一个固定水准点，每 300 m 左右设置一个临时水准点，并用水准测量方法测量这些水准点的高程，此阶段的水准测量称为基平测量。基平测量是纵断面水准测量基础。

纵断面水准测量可从一个水准点出发，逐段施测中线上各里程桩和加桩的地面高程，然后附合到邻近的水准点上以便校核，允许高差闭合差为 $\pm 12\sqrt{n}$ mm（或 $\pm 40\sqrt{L}$ mm）。

测得管道中线上各里程桩和加桩点的高程后，即可编绘纵断面图。纵断面图是以中线桩的里程为横坐标，以中线桩的地面高程为纵坐标绘制的展绘比例尺、里程（横向）比例尺应与管线带状地形图的比例尺一致，而高程（纵向）比例尺通常比横向大 10 倍。

216

2. 管道横断面测量

管道横断面测量是通过测定各里程桩和加桩处垂直于中线的断面两侧的地面特征点到中线的距离和各点与中桩点间的高差，据此绘制横断面图，供管线设计时计算土石方量和施工时确定开挖边界之用。

横断面测量施测的宽度由管道的直径和埋深来确定，一般每侧为 10～20 m。横断面测量方法与道路横断面测量方法相同。

当横断面方向较宽、地面起伏变化较大时，可用经纬仪视距测量的方法测得距离和高程并绘制横断面图。如果管道两侧平坦、工程面窄、管径较小、埋深较浅时，一般不做横断面测量，可根据纵断面图和开槽的宽度来估算土（石）方量。

5.5.3　管道施工测量

管道施工测量的主要任务是根据工程进度要求，为施工测设各种标志，使施工技术人员便于随时掌握中线方向及高程位置。其主要内容为施工前的测量工作和施工过程中的测量工作。

5.5.3.1　施工前的测量工作

1. 熟悉图纸和现场情况

施工前应收集管道测量所需要的管道平面图、纵横断面图、附属构筑物图等有关资料，认真熟悉施工图纸、施工精度要求、现场情况，找出各主点桩、里程桩和水准点位置并加以检测。拟定测设方案，计算并校核有关测设数据，及对设计图纸进行校核。

通常在施工前，业主应向施工方交桩（即提供控制点资料），施工方的测量人员应及时对各控制桩进行复核，确保测量依据正确无误。

复核无误后，即可根据施工需要布设施工测量控制网，并测得各控制点的坐标，以作为施工测量工作的依据。

2. 恢复中线和施工控制桩的测设

在施工时中桩要被挖掉，为了在施工时控制中线位置，应在不受施工干扰、引测方便、易于保存桩位的地方测设施工控制桩。施工控制桩分中线控制桩和位置控制桩两种。

（1）中线控制桩的测设：一般是在中线的延长线上钉设木桩并做好标记，如图 5-53 所示。

（2）附属构筑物位置控制桩的测设：一般是在垂直于中线方向上钉两个木桩。控制桩要钉在槽口外 0.5 m 左右，与中线的距离最好是整分米数。恢复构筑物时，将两桩用小线连起，则小线与中线的交点即为中心位置。

当管道直线较长时，可在中线一侧测设一条与其平行的轴线，利用该轴线标示恢复中线和构筑物的位置。

3. 加密水准点

施工中为便于引测高程，应在原有水准点之间每 100～150 m 增设临时施工水准点。精度要求应根据工程性质和有关规范规定来定。

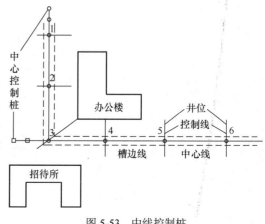

图 5-53　中线控制桩

217

4. 槽口放线

槽口放线的任务是根据设计要求的埋深和土质情况、管径大小等计算出开槽宽度，并在地面上定出槽边线位置，以作为开挖槽边界的依据。

（1）当地面平坦时，如图 5-54（a）所示，槽口宽度 B 的计算方法为

$$B = b + 2m \times h$$

（2）当地面坡度较大，管槽深度小于 2.5 m 时，管道中线两侧槽口宽度不相等，如图 5-54（b）所示。两侧槽口宽度分别为

$$B_1 = b/2 + mh_1, \quad B_2 = b/2 + mh_2$$

（3）当槽深在 2.5 m 以上时，如图 5-54（c）所示。两侧槽口宽度分别为

$$B_1 = b/2 + m_1 h_1 + m_3 h_3, \quad B_2 = b/2 + m_2 h_2 + m_3 h_3$$

式中，B 为管槽开挖宽度；m_i 为槽壁坡度系数（由设计或规范给定）；h_i 为管槽左或右侧开挖深度；B_i 为中线左或右侧槽开挖宽度；C 为槽肩宽度。

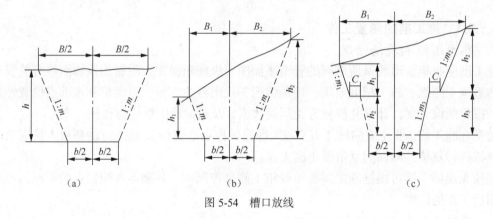

（a）　　　　　　　　（b）　　　　　　　　（c）

图 5-54　槽口放线

5.5.3.2　施工过程中的测量工作

在管道施工过程中主要进行管槽开挖及管道的安装和埋设等工作。因而该阶段的测量工作，主要是根据施工进度反复地进行设计管道中线、高程和坡度的测设。一般有坡度板法和平行轴腰桩法两种常用测设方法。

1. 坡度板法

（1）埋设坡度板。管道施工中的测量任务主要是控制管道中线和管底（或管顶）设计高程。在施工中，通常采用埋设坡度板的方法来控制。如图 5-55 所示，坡度板应根据工程进度要求及时跨槽设置，其埋设间距一般为 10～15 m，如遇检查井、支线等构筑物时应增设坡度板，每块均应编写板号。根据中线控制桩，用经纬仪把管道中心线投测到坡度板上，并钉上小钉作为标记，称为中心钉，用其控制管道中心的平面位置。

当槽深超过 2.5 m 时，应待开挖至距槽底 2 m 左右时，再在槽内埋设坡度板（见图 5-56）。坡度板应埋设牢固，应使其顶面保持水平。用机械开挖时，坡度板应在机械挖完土方后及时埋设。

218

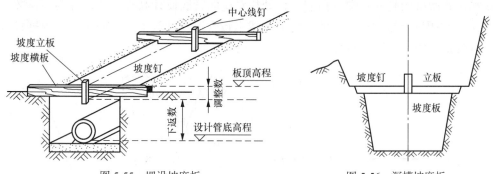

图 5-55　埋设坡度板　　　　　　　　图 5-56　深槽坡度板

（2）测设中线钉。坡度板埋好后，根据中线控制桩，用经纬仪将管道中心线投测至坡度板上，钉上中心钉，并标上里程桩号。施工时，用中线钉的连线可方便地检查和控制管道中心线。依据中心钉挂垂线，可将管线中线投测到槽底，定出管道平面位置。

（3）测设坡度钉。用水准仪测出坡度板顶面高程，板顶高程与该处管道设计高程之差，即为板顶往下开挖的深度。为了控制管道使之符合设计要求，在各坡度板上中线钉的一侧钉一坡度立板，然后从坡度板顶面高程起算，由坡度板向上（或向下）在坡度立板侧面钉一个无头钉或扁头钉，称为坡度钉；使坡度钉的连接与管道设计坡度线平行，并距管底设计高程一整分米数，称为下返数。施工时，利用这条线可方便地检查和控制管道的高程和坡度，以及管槽深度。

每一坡度板向上或向下量的高差调整数可按下式计算出，应使下返数为预先确定的一个整数。

219

高差调整数 =（板顶高程 – 管底设计高程）– 预先确定的下返数

若高差调整数为负值时，从坡度板顶向下量；反之则向上量。

例如，预先确定下返数为 2.5 m，再根据水准点，用水准仪测得 0 + 000 坡度板中心线处的板顶高程为 45.437 m，该桩号的管底设计高程为 42.800 m，那么，从板顶往下量（45.437–42.800）m = 2.637 m，即为管底高程，则此点的高差调整数为 0.137 m。只要从板顶向下量 0.137 m，并用小钉在坡度立板上标明这一点的位置，则由这一点向下量 2.5 m 即为管底高程。坡度钉钉好后，应该对坡度钉高程进行检测。

用同样的方法在这一段管线的其他各坡度板上也定出下返数为 2.5 m 的坡度点，这些点的连线则与管底的坡度线平行。

2. 平行轴腰桩法

当现场条件不便采用坡度板时，若对精度要求较低，可采用平行轴腰桩法测设中线、高程及坡度的施工控制标志。

开挖之前，在管道中线一侧或两侧设置一排或两排平行于管道中线的轴线桩，桩位应落在开挖槽边线以外，如图 5-57 所示。平行轴线离管道中线为 a，各桩间距以 15 ~ 20 m 为宜，在检查井处的轴线桩应与井位相对应。

管槽开挖至一定深度后，为了控制管底高程，以地面上的平行轴线桩为依据，在高于槽底约 1 m 左右的槽坡上，测设一排平行轴线桩相对应的桩，它们与管道中心线的间距为 b，这排桩称为腰桩（又称为水平桩），以作为确定挖槽深度，修平槽底和打基础垫层的依据。用

水准仪测出各腰桩的高程，腰桩高程与该处相对应的管底设计高程之差，即为下返数，如图 5-58 所示。在腰桩上钉一小钉，使小钉的连线平行管道设计坡度线，施工时，根据腰桩可检查和控制管道的中线和管底高程。

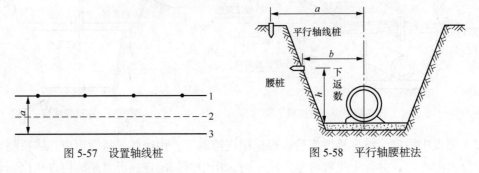

图 5-57　设置轴线桩　　　　　　图 5-58　平行轴腰桩法

5.5.3.3　架空管道的施工测量

架空管道是安装在钢筋混凝土支架或钢支架上的，其施工测量重点是进行管道支架的施工测量。

1. 管架基础施工测量

架空管道基础施工主要是架空管道的支架（或立杆）及其相应基础的施工，为确保施工顺利实施，其施工测量的重点是基础的平面位置及高程。

首先应根据管线中心桩，采用极坐标等方法完成各管架支架基础控制桩的测设工作，即测设出各支架基础中心位置（支架中心桩）。

由于在开挖基础时，管线上每个支架的中心桩将被挖掉，因而在开挖前，需将其位置引测到互相垂直的四个控制桩上（即在基础施工范围外呈十字形埋设四个临时控制桩），如图 5-59 所示。引测时，将经纬仪安装在管线主点上，在Ⅰ、Ⅱ方向上钉出 a、b 两控制桩，然后将经纬仪安置在支架中心点Ⅰ（中心桩），在垂直于管线方向上标定 c、d 两控制桩。地下部分的基础完成以后，即可根据临时控制桩在基础上恢复支架中心Ⅰ的位置及确定开挖边线，进行支架基础施工。

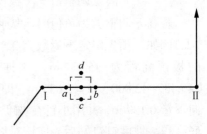

图 5-59　管架基础测量

2. 支架安装测量

安装管道支架时，应配合施工进行柱子垂直校正等测量工作，精度要求均与厂房柱子安装测量相同。

管道支架施工完毕后，应在管道安装前，将管道中心线测设至支架顶面，把高程测设于支架顶面和侧面，以便安装桁架和管道。测设高程时可将钢尺倒垂于支架顶端，用倒尺方法测设支架顶面高程。管道中心线投点和高程测量容许误差均不得超过 ±3 mm。

5.5.4　顶管施工测量

在管道穿越铁路、公路、河流或建筑物时，为了避免因开挖沟槽而影响正常的交通运输和大量拆迁建（构）筑物，多采用顶管施工方法。为此，需要有相应的测量方法为顶管施工服务，顶管施工测量是顶管施工的有力措施。如今，顶管施工技术随着机械化程度的提高已不断发展和被广泛采用，已成为管道施工中的常用方法。

进行顶管施工，首先应在放置顶管的管线一段和两端挖好工作坑，在工作坑内安装导轨（铁轨或方木），并将管材放置在导轨上，用顶镐将管材沿管线中线方向顶进土中，然后一边从管内挖出土方，一边继续顶进，直至贯通。顶管施工测量的主要任务是控制好顶管中线方向、高程和坡度。

5.5.4.1　顶管测量的准备工作

1.　中线桩的测设

中线桩是工作坑放线和测设坡度板中线钉的依据，顶管工作坑开挖前，需将管道中线桩引测在拟开挖工作坑两端，这样便可以依据中心桩进行工作坑长、宽放样并开挖。

测设时应根据设计图纸的要求，根据管道中线控制桩，用经纬仪将顶管中线桩分别引测到工作坑的前后，钉以木桩和大铁钉，以标定顶管的中线位置（见图 5-60）。中线桩钉好后，即可根据它定出工作坑的开挖边界，工作坑的底部尺寸一般为 4 m×6 m。

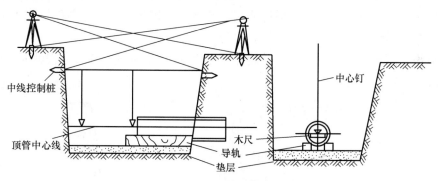

图 5-60　中线桩测设

2.　临时水准点的测设

为了控制管道按设计高程和坡度顶进，应在工作坑内设置临时水准点。一般在坑内顶进起点的一侧钉设一大木桩，使桩顶或桩一侧的小钉的高程与顶管起点的管内底设计高程相同。

3.　导轨的安装

导轨一般安装在土基础或混凝土基础上。基础面的高程及纵坡都应符合设计要求（中线处高程应稍低，以利于排水和防止摩擦管壁）。根据导轨宽度安装导轨，安装时，应依据顶管中线桩及临时水准点检查中心线及高程，检查无误后，将导轨固定。

5.5.4.2　顶进过程中的测量工作

1.　中线测量

如图 5-61 所示，通过顶管的两个中线桩拉一条细线，并在细线上挂两个垂球，然后贴靠两垂球线再拉紧一水平细线，这根水平细线即表明了顶管的中线方向。为了保证中线测量的精度，两垂球间的距离应尽可能远些。这时在管内前端横放一水平尺，其上有刻划和中心钉，尺长等于或略小于管径。顶管时用水准器将尺找平。通过拉入管内的小线与水平尺上的中心钉比较，可知管中心是否有差别，尺上中心钉偏向哪一侧，就说明管道也偏向这个方向。为了及时发现顶进时中线是否有偏差，中线测量以每顶进 0.5 ~ 1.0 m 量一次为宜。其偏差值可直接在水平尺上读出，若左右偏差超过 1.5 m，则需要进行中线校正。

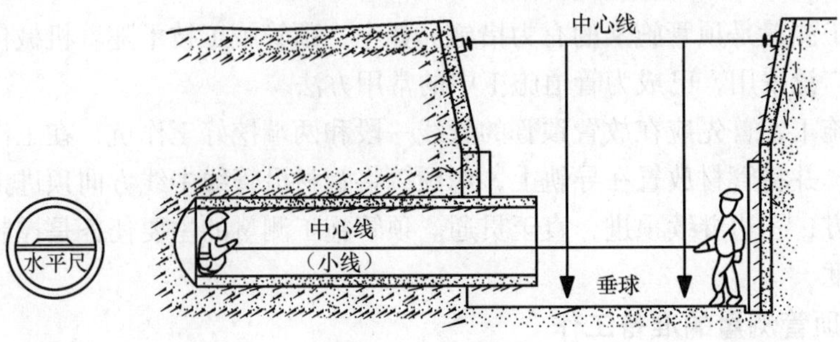

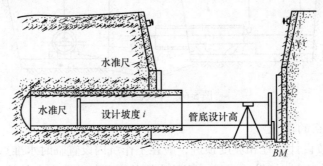

图 5-61　中线测量

这种方法对短距离顶管是可行的,当距离超过 50 m 时,应分段施工,在管线上每隔 100 m 设一工作坑,进行双向对顶施工。在对顶施工时,可采用激光经纬仪和激光水准仪进行导向,从而保证施工质量,加快施工进度。

2. 高程测量

如图 5-62 所示,将水准仪安置在工作坑内,后视临时水准点,前视顶管内待测点,在管内使用一根小于管径的标尺,即可测得待测点的高程。将测得的管底高程与管底设计高程进行比较,即可知道校正顶管坡度的数值。但为了工作方便,一般以工作坑内水准点为依据,按设计纵坡用比高法检验。例如,管道设计坡度为 5‰,每顶进 1.0 m 高程就应升高 5 mm,该点的水准尺上读数就应小 5 mm。

图 5-62　顶管施工高程测量

根据规范规定顶管施工时应达到以下几点要求。

（1）高程偏差:高不得超过设计高程 10 mm,低不得超过设计高程 20 mm。

（2）中线偏差:左右不得超过设计中线 30 mm。

（3）管子错口,一般不得超过 10 mm,对顶时不得超过 30 mm。

5.6　竣工测量

5.6.1　概述

竣工测量指工程建设竣工、验收时所进行的测量工作。它主要是对施工过程中设计有所更改的部分,以及资料不完整无法查对的部分,根据施工控制网进行现场实测,或加以补测。其提交的成果主要包括:竣工测量成果表,竣工总平面图、专业图、断面图,以及细部点坐标和细部点高程坐标明细表等。

竣工总平面图（简称总图）是设计总平面图在施工后实际情况的全面反映，所以设计总平面图不能完全代替竣工总平面图。编绘竣工总平面图的目的在于：在施工过程中可能由于设计时没有考虑到的问题而使设计有所变更，这种临时变更设计的情况必须通过测量反映到竣工总平面图上；以便于日后进行各种设施的维修工作，特别是地下管道等隐蔽工程的检查和维修工作；为建筑场区的扩建提供了原有各项建筑物、构筑物、地上和地下各种管线及交通线路的坐标、高程等资料。

竣工总平面图应根据设计和施工资料进行编绘。当资料不全无法编绘时，应进行实测。新建建筑场区竣工总平面图的编绘，最好是随着工程的陆续竣工相继进行编绘。即一边竣工，一边利用竣工测量成果编绘竣工总平面图。如发现地下管线的位置有问题，可及时到现场变更，使竣工图能真实反映实际情况。边竣工、边编绘的优点是：当场区工程全部竣工时，竣工总平面图也大部分编制完成，既可作为交工验收的资料，又可大大减少实测工作量，从而节约了人力和物力。

竣工总平面图的编绘，包括室外实测和室内资料编辑两方面的内容。在场地总平面图上可反映出场地的边界，表示出实地上现有的全部建（构）筑物的平面位置和高程。它是工程项目的重要技术资料。

竣工总平面图的比例尺宜选用 1:500；坐标系统、高程基准、图幅大小、图上注记、线条规格，应与原设计图一致；图例符号，应采用现行国家标准《总图制图标准》GB/T 50103。总图一般有若干附图和附件，其中最重要的是细部点坐标和高程表，此外还有管线专题图等。总图与一般大比例尺地形图的差别在于要测定许多细部点坐标和高程。特别是对于工业厂区中的永久性建（构）筑物，如正规的生产车间、仓库、办公楼、水塔、烟囱及生产设备装置等，必须施测细部坐标及高程，并注明其结构。

5.6.2　竣工测量的内容

每一个单项工程完成后，必须由施工单位进行竣工测量。提出工程的竣工测量成果，作为编绘竣工总平面图的依据。其内容包括以下各方面。

1. 工业厂房及一般建筑物

其竣工测量的内容包括房角坐标，各种管线进出口的位置和高程，并附房屋编号、结构层数、面积和竣工时间等资料。

2. 铁路和公路等交通线路

其竣工测量的内容包括起止点、转折点、交叉点的坐标，曲线元素、桥涵等构筑物的位置和高程，人行道、绿化带界线等。

3. 地下管网

其竣工测量的内容包括检修井、转折点、起终点的坐标，井盖、井底、沟槽和管顶等的高程，并附注管道及检修井的编号、名称、管径、管材、间距、坡度和流向。

4. 架空管网

其竣工测量的内容包括转折点、结点、交叉点的坐标，支架间距，基础面高程。

5. 特种构筑物

其竣工测量的内容包括沉淀池、污水处理池、烟囱、水塔等的外形、位置及高程。

6. 其他

其竣工测量的内容包括测量控制网点的坐标及高程，绿化环境工程的位置及高程。

5.6.3 竣工总平面图的编绘方法

竣工总平面图上应包括建筑方格网点，水准点、厂房、辅助设施、生活福利设施、架空及地下管线、铁路等建筑物或构筑物的坐标和高程，以及建筑场区内空地和未建区的地形。有关建筑物、构筑物的符号应与设计图例相同，有关地形图的图例应使用国家地形图图式符号。

竣工总图的编绘应收集下列资料：总平面布置图、施工设计图、设计变更文件、施工检测记录、竣工测量资料和其他相关资料。

编绘前，应对所收集的资料进行实地对照检核。不符之处，应实测其位置、高程及尺寸。

竣工总图的编制，应符合下列规定：

（1）地面建（构）筑物，应按实际竣工位置和形状进行编制。

（2）地下管道及隐蔽工程，应根据回填前的实测坐标和高程记录进行编制。

（3）施工中，应根据施工情况和设计变更文件及时编制。

（4）对实测的变更部分，应按实测资料编制。

（5）当平面布置改变超过图上面积 1/3 时，不宜在原施工图上修改和补充，应重新编制。

竣工总图的绘制，应满足下列要求：

（1）应绘出地面的建（构）筑物、道路、铁路、地面排水沟渠、树木及绿化地等。

（2）矩形建（构）筑物的外墙角应注明两个以上点的坐标。

（3）圆形建（构）筑物应注明中心坐标及接地处半径。

（4）主要建筑物应注明室内地坪高程。

（5）道路的起终点、交叉点应注明中心点的坐标和高程；弯道处应注明交角、半径及交点坐标；路面应注明宽度及铺装材料。

（6）铁路中心线的起终点、曲线交点应注明坐标；曲线上应注明曲线的半径、切线长、曲线长、外矢矩、偏角等曲线元素；铁路的起终点、变坡点及曲线的内轨轨面应注明高程。

（7）当不绘制分类专业图时，给水管道、排水管道、动力管道、工艺管道、电力及通信线路等在总图上的绘制，还应符合相关规定。

竣工总平面图的编绘，一般采用建筑坐标系统。其坐标轴应与主要建筑物平行或垂直，图面大小要考虑使用与保管方便。对于工业厂区，一般应从主厂区向外分幅，避免主要车间被分幅切割，并要照顾生产系统的完整性，使之尽可能绘制在一幅图纸上。如果线条过于密集而不醒目，则可采用分类编图，如综合竣工总平面图、交通运输竣工总平面图和管线竣工总平面图等。竣工总平面图一般包括：比例尺 1:1 000 的综合平面图和管线专用平面图，及比例尺为 1:200 ~ 1:500 的独立设备与复杂部件的平面图。对于小型的工业建设项目，最好能编绘一种比例尺为 1:500 的总平面图来代替前两种比例尺为 1:1 000 的平面图。对于大型和联合企业应编绘比例尺为 1:2 000 ~ 1:5 000 的不同颜色绘制的综合总平面图。

如果施工的单位较多或多次转手，造成竣工测量资料不全、图面不完整或与现场情况不符时，只能进行实地施测，这样绘出的平面图，称为实测竣工总平面图。竣工总图的实测，应在已有的施工控制点上进行。当控制点被破坏时，应进行恢复。

对有竣工测量资料的工程，若竣工测量成果与设计值之比差没有超过所规定的建筑允许限差，应按设计值编绘总图，否则应按竣工测量资料编绘。

对于各种地上、地下管线，应用各种不同颜色的墨线绘出其中心位置，注明转折点及井位的坐标、高程及有关注记。在一般没有设计变更的情况下，墨线绘出的竣工位置与按设计原图用铅笔绘的设计位置应重合。在图上按坐标展绘工程竣工点位置时，与在底图上展绘控制点的要求一致，均以坐标格网为依据进行展绘，展点对邻近的方格而言，其容许误差为 ±0.3 mm。

5.6.4 竣工总平面图附件

为了全面反映竣工成果，便于日后的管理、维修、扩建或改建，下列与竣工总平面图有关的一切资料，应分类装订成册，作为总图附件保存。

（1）建筑场地及其附近的测量控制点布置图、坐标与高程一览表；

（2）建筑物和构筑物沉降与变形观测资料；

（3）地下管线竣工纵断面图；

（4）工程定位、放线检查及竣工测量的资料；

（5）设计变更文件及设计变更图；

（6）建筑场地原始地形图等。

5.7 变形监测

变形监测是指对建构筑物及其地基、建筑基坑或一定范围内的岩体及土体的位移、沉降、倾斜、挠度、裂缝和相关影响因素（如地下水、温度、应力应变等）进行监测，并提供变形分析预报的过程。

通过利用专用的仪器和方法对变形体的变形现象进行持续观测、对变形体变形形态进行分析和变形体变形的发展态势进行预测等工作，确定在各种荷载和外力作用下，变形体的形状、大小、及位置变化的空间状态和时间特征，进而掌握监测目标的实际性状，科学、准确、及时地分析和预报其变形状况，对工程的施工和运营管理极为重要。变形监测工作的意义主要表现在两个方面：首先是掌握变形体的稳定性，为安全运行诊断提供必要的信息，以便及时发现问题并采取措施；其次是科学上的意义，包括从根本上理解变形的机理，提高工程设计的理论，进行反馈设计以及建立有效的变形预报模型。变形监测涉及工程测量、工程地质、结构力学、地球物理、计算机科学等诸多学科的知识，它是一项跨学科的研究，并正向边缘学科的方向发展。

建筑物在施工过程和使用期间，因受地基的工程地质条件、地基处理方法、建（构）筑物上部结构荷载等多种因素的综合影响，将引起基础及其四周地层发生变形，另外，建筑物本身因基础变形及其外部荷载与内部应力的作用，也要发生变形。这种变形在一定的范围内，可视为正常现象，但超出某一限度就会影响建筑物的正常使用，会对建筑物的安全产生严重影响，或使建筑物发生不均匀沉降而导致倾斜，或造成建筑物开裂，甚至造成建筑物整体坍塌。因此，为了确保建筑物安全使用以及研究变形的原因和规律，在建筑物施工和运营管理期间需要进行变形观测。

另外，在建筑物密集的城市修建高层建筑、地下车库时，往往要在狭窄的场地上进行深基坑的垂直开挖，这就需要采用支护结构对基坑边坡土体进行支护。由于施工中受许多难以预料因素的影响，在深基坑开挖及施工过程中，边坡土体可能会产生较大变形，造成支护结构失稳或边坡坍塌的严重事故。因此，在深基坑开挖和施工中，也应对支护结构和周边环境进行变形监测。

通过对支护结构及周边环境、建筑物实施变形观测，便可得到相对应的变形数据，因而可分析和监视基坑及周围环境的变形情况，并能对基坑工程的安全性及对周围环境的影响程度有全面的了解，当发现有异常变形时，可以及时分析原因，采取有效措施，以保证工程质量和安全生产。同时也为以后进行建筑物结构和地基基础合理设计积累资料。

5.7.1　建筑物变形监测的内容、方法及技术要求

根据工程测量规范的规定，重要的工程建构筑物在工程设计时，应对变形监测的内容和范围做出统筹安排。首次观测，应获取监测体初始状态的观测数据。

1．建筑物变形监测的内容

高层建筑物的深基坑施工中，变形监测的内容包括：支护结构顶部的水平位移观测；支护结构的垂直位移观测；支护结构倾斜观测；邻近建筑物、道路、地下管网设施的垂直位移、倾斜、裂缝观测等。

建筑物主体结构施工中，监测的主要内容是建筑物的垂直位移、倾斜、挠度和裂缝观测。

对工业与民用建筑，其变形监测项目及监测内容，应根据工程需要按表 5-16 选择。

表 5-16　　　　　　　　　　　　工业与民用建筑变形监测项目

项　目			主要监测内容	备注
场地			垂直位移	建筑施工前
基坑	支护边坡	不降水	垂直位移	回填前
			水平位移	
		降水	垂直位移	降水期
			水平位移	
			地下水位	
	地基		基坑回弹	基坑开挖期
			分层地基土沉降	主体施工期、竣工初期
			地下水位	降水期
建筑物	基础变形		基础沉降	主体施工期、竣工初期
			基础倾斜	
	主体变形		水平位移	竣工初期
			主体倾斜	
			建筑裂缝	发现裂缝初期
			日照变形	竣工后

建筑物变形监测工作要求及时对观测数据进行分析判断，对深基坑和建筑物的变形趋势做出评价，使监测工作起到指导施工人员安全施工和实现信息施工的重要作用。

226

2. 变形监测的方法

变形监测的方法，应根据监测项目的特点、精度要求、变形速率以及监测体的安全性等指标，按表 5-17 选用。也可同时采用多种方法进行监测。

表 5-17　　　　　　　　　　　　变形监测方法的选择

类别	监测方法
水平位移监测	三角形网、极坐标法、交会法、GPS 测量、正倒垂线法、视准线法、引张线法、激光准直法、精密量距、伸缩仪法、多点位移计、倾斜仪等
垂直位移监测	水准测量、液体静力水准测量、电磁波测距三角高程测量等
三维位移监测	全站仪自动跟踪测量法、卫星实时定位测量（GPS-RTK）法、摄影测量法等
主体倾斜	经纬仪投点法、差异沉降法、激光准直法、垂线法、倾斜仪、电垂直梁等
挠度观测	垂线法、差异沉降法、位移计、挠度计等
监测体裂缝	精密量距、伸缩仪、测缝计、位移计、摄影测量等
应力、应变监测	应力计、应变计

3. 变形观测等级划分及精度要求

变形观测的精度要求，取决于该建筑物设计的允许变形值的大小和进行变形观测的目的。若观测的目的是为了使变形值不超过某一允许值从而确保建筑物的安全，则观测的中误差应小于允许变形值的 1/20 ~ 1/10；若观测的目的是为了研究其变形过程及规律，则中误差应比允许变形值小得多。根据工程测量规范的规定，变形监测的等级划分及精度要求，应符合表 5-18 的规定。

227

表 5-18　　　　　　　　　　　　变形监测的等级划分及精度要求

等级	垂直位移监测		水平位移监测	适 用 范 围
	变形观测点的高程中误差/mm	相邻变形观测点的高差中误差/mm	变形观测点的点位中误差/mm	
一等	0.3	0.1	1.5	变形特别敏感的高层建筑、高耸构筑物、工业建筑、重要古建筑、大型坝体、精密工程设施、特大型桥梁、大型直立岩体、大型坝区地壳变形监测等
二等	0.5	0.3	3.0	变形比较敏感的高层建筑、高耸构筑物、工业建筑、古建筑、特大型和大型桥梁、大中型坝体、直立岩体、高边坡、重要工程设施、重大地下工程、危害性较大的滑坡监测等
三等	1.0	0.5	6.0	一般性的高层建筑、多层建筑、工业建筑、高耸构筑物、直立岩体、高边坡、深基坑、一般地下工程、危害性一般的滑坡监测、大型桥梁等
四等	2.0	1.0	12.0	观测精度要求较低的建构筑物、普通滑坡监测、中小型桥梁等

注：1. 变形观测点的高程中误差和点位中误差是指相对于邻近基准点的中误差；

2. 特定方向的位移中误差，可取表中相应等级点位中误差的 $1/\sqrt{2}$ 作为限值；

3. 垂直位移监测可根据需要按变形观测点的高程中误差或相邻变形观测点的高差中误差，确定监测精度等级。

5.7.2　建筑物变形监测工作的一般规定

对建筑工程项目来说，其重要的建构筑物必须进行变形监测工作。为保证建筑物变形监测工作的顺利开展，在开始进行变形监测作业前，应收集相关水文地质、岩土工程资料和设计图纸，并根据岩土工程地质条件、工程类型、工程规模、基础埋深、建筑结构和施工方法等因素，进行变形监测方案设计。

变形监测方案设计工作，应包括监测目的、精度等级、监测方法、监测基准网的精度估算和布设、观测周期、项目预警值、使用的仪器设备等内容。

确定监测方案设计的主要内容，首要工作是确定好各变形监测项目的内容及相应的变形监测网点，以构成满足精度要求的监测基准网和工作稳固的变形监测网。其变形监测网点，宜分为基准点、工作基点和变形观测点。由基准点和工作基点构成监测基准网，监测基准网应每半年复测一次；当对变形监测成果发生怀疑时，应随时检核监测基准网。而变形监测网，应由部分基准点、工作基点和变形观测点构成。变形监测各项工作的监测周期，应根据监测体的变形特征、变形速率、观测精度和工程地质条件等因素综合确定。监测期间，应根据变形量的变化情况适当调整。

变形监测网点的布设应符合下列要求：

（1）基准点，应选在变形影响区域之外稳固可靠的位置。每个工程至少应有 3 个基准点。大型的工程项目，其水平位移基准点应采用观测墩，垂直位移基准点宜采用双金属标或钢管标。

（2）工作基点，应选在比较稳定且便于使用的位置。设立在大型工程施工区域内的水平位移监测工作基点宜采用观测墩，垂直位移监测工作基点可采用钢管标。对通视条件较好的小型工程，可不设立工作基点，在基准点上直接测定变形观测点。

（3）变形观测点，应设立在能反映监测体变形特征的位置或监测断面上。监测断面一般分为：关键断面、重要断面和一般断面。需要时，还应埋设一定数量的应力、应变传感器。

当方案设计完成后，需经技术主管部门及业主审批，方可按监测方案实施。具体实施监测工作时，需做到每期观测前，对所使用的仪器和设备进行自检、校正，并给出详细记录，以保证监测成果的质量。

各期的变形监测，应满足下列要求：

（1）在较短的时间内完成；

（2）采用相同的图形（观测路线）和观测方法；

（3）使用同一仪器和设备；

（4）观测人员相对固定；

（5）记录相关的环境因素，包括荷载、温度、降水、水位等；

（6）采用统一基准处理数据。

每期观测结束后，应及时处理观测数据，当数据处理结果出现下列情况之一时，必须即刻通知建设单位和施工单位采取相应措施：

（1）变形量达到预警值或接近允许值；

（2）变形量出现异常变化；

（3）建（构）筑物的裂缝或地表的裂缝快速扩大。

5.7.3　垂直位移监测

建筑工程项目的基坑及建筑物基础和主体的垂直位移监测应采用精密水准测量的方法进行，监测工作实施之始，首先应建立高精度的垂直位移监测基准网，然后以此为基准，按照设计编制的监测方案，构建垂直位移变形监测网，并利用少量的基准点和工作基点对变形体上设立的垂直位移变形监测点实施沉降监测。

1. 垂直位移监测基准网的建立

垂直位移监测基准网应布设成环形网并采用水准测量方法观测。布设此类监测项目的基准网时，其起始点高程宜采用测区原有高程系统。较小规模的监测工程可采用假定高程系统；较大规模的监测工程宜与国家水准点联测。垂直位移监测基准网由基准点和工作基点构成，基准点是垂直位移监测工作的基本控制点，每项监测工作要求至少设置三个（或以上）基准点，且应选在变形影响区域之外稳固可靠的位置。工作基点应选在比较稳定且方便使用的位置，设立在大型工程施工区域内的工作基点可采用钢管标，通视条件较好的小型工程可不设立工作基点，在基准点上直接测定变形观测点。垂直位移监测基准网在布设时须考虑下列因素：

（1）根据监测精度的要求，应布置成网形最合理、测站数最少的监测环路。如图 5-63 为某建筑场区布设的垂直位移监测基准网与垂直位移监测网。基准点应根据建筑场区的现场情况，设置在明显且通视良好、安全的地方，要求便于进行联测，最好埋设在变形影响范围之外。

（2）在整个垂直位移监测基准网里，应至少埋设三个深度足够的基准点作为监测基准网高程起算点，其工作基点可埋设为一般地下水准点或墙上水准点。工作基点应布设在拟监测的建筑物之间，距离一般为 20～40 m，一般工业与民用建筑物应不小于 15 m，较大型并略有震动的工业建筑物应不小于 25 m，高层建筑物应不小于 30 m。

（3）监测单独建筑物时，至少布设三个基准点，对建筑面积大于 5 000 m² 或高层建筑，则应适当增加基准点的个数。

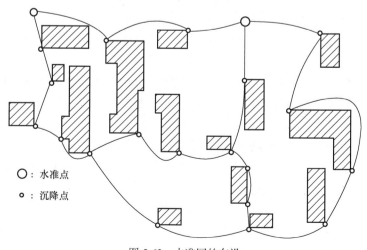

○：水准点

o：沉降点

图 5-63　水准网的布设

监测基准网基准点的埋设，应符合下列规定：

（1）应将标石埋设在变形区以外稳定的原状土层内，或将标志镶嵌在裸露基岩上；

（2）利用稳固的建（构）筑物，设立墙水准点；

（3）当受条件限制时，在变形区内也可埋设深层钢管标或双金属标；

（4）大型水工建筑物的基准点可采用平洞标志；

（5）基准点的标石规格，可根据现场条件和工程需要，按工程测量规范要求进行选择，宜采用双金属标或钢管标。

垂直位移监测基准网的主要技术要求应符合表 5-19 的规定。

表 5-19   垂直位移监测基准网的主要技术要求   单位：mm

等级	相邻基准点高差中误差	每站高差中误差	往返较差、附合或环线闭合差	检测已测高差较差
一等	0.3	0.07	$0.15\sqrt{n}$	$0.2\sqrt{n}$
二等	0.5	0.15	$0.30\sqrt{n}$	$0.4\sqrt{n}$
三等	1.0	0.30	$0.60\sqrt{n}$	$0.8\sqrt{n}$
四等	2.0	0.70	$1.40\sqrt{n}$	$2.0\sqrt{n}$

注：表中 n 为测站数。

垂直位移监测基准网建立好后，即可按照精密水准的观测方法进行观测，以最终取得各工作基点的高程坐标数据，为变形体的垂直位移监测奠定基础。

2. 垂直位移监测网的建立

在建立垂直位移监测基准网的同时，应按照监测方案的要求，在变形监测体上埋设变形监测点，以建立垂直位移监测网。垂直位移监测点又称沉降监测点，是布设在变形体上、用以反映监测体变形特征的点。布设的沉降监测点的位置及数量，应根据基坑支护结构形式、基坑周边环境及建（构）筑物的基础形式、结构特征、荷载大小及地质条件等因素确定。

（1）变形监测点应布置在基坑及建筑物本身沉降变化较显著的地方，并要考虑到在施工期间和竣工后，能便于进行监测的地方。

（2）基坑变形观测点的点位应根据工程规模、基坑深度、支护结构和支护设计要求合理布设。对于普通建筑基坑，其变形观测点点位宜布设在基坑的顶部周边，点位间距以 10～20 m 为宜；对于较高安全监测要求的基坑，其变形观测点点位宜布设在基坑侧壁的顶部和中部；深基坑支护结构的沉降观测点应埋设在锁口梁上，一般间距 10～15 m 埋设一点，在支护结构的阳角处和原有建筑物离基坑很近处应加密设置监测点。

（3）对于开挖面积较大、深度较深的重要建（构）筑物的基坑，应根据需要或设计要求进行基坑回弹观测，其回弹变形观测点宜布设在基坑的中心和基坑中心的纵横轴线上能反映回弹特征的位置；轴线上距离基坑边缘外的 2 倍坑深处，也应设置回弹变形观测点；其回弹观测标志，应埋入基底面下 10～20 cm；其钻孔必须垂直，并应设置保护管；回弹变形观测点的高程宜采用水准测量方法，并在基坑开挖前、开挖后及浇灌基础前，各测定 1 次。基坑回弹变形监测等级，宜采用三等水准。

（4）由于相邻建筑及深基坑与周边环境之间相互影响的关系，在高层和低层建筑物、新老建筑物连接处，以及在相接处的两边都应布设监测点。

（5）工业与民用建筑构物的沉降观测点，应布设在建构筑物的下列部位：

① 建筑构物的主要墙角或沿外墙每 10～15 m 处或每隔 2～3 根柱基上；

② 沉降缝、伸缩缝、新旧建筑物或高低建筑物接壤处的两侧；

③ 人工地基和天然地基接壤处、建筑物不同结构分界处的两侧；

④ 烟囱、水塔和大型储藏罐等高耸构筑物基础轴线的对称部位，且每一构筑物不得少于 4 个点；

⑤ 基础底板的四角和中部；

⑥ 当建构筑物出现裂缝时，布设在裂缝两侧。

（6）当基础形式不同时需在结构变化位置埋设监测点。当出现地基土质不均匀、可压缩性土层的厚度变化不一或有暗浜等情况时，需适当埋设监测点。

（7）宽度大于 15 m 的建筑物在设置内墙体的监测标志时，应设在承重墙上，并且要尽可能布置在建筑物的纵横轴线上，监测标志上方应留有一定的空间，以保证测尺直立。

（8）重型设备基础的四周及邻近堆置重物处，及有大面积堆荷的地方，也应布设监测点。

沉降监测点应埋设在稳固、不易被破坏、能长期保存的地方。其埋设点的高度以高于室内地平（±0 面）0.2～0.5 m 为宜。但在布置时应根据建筑物层高、管道标高、室内走廊、平顶标高等情况来综合考虑。点的高度、朝向等要便于立尺和观测。同时还应注意所埋设的监测点要避开柱子间的横隔墙、外墙上的雨水管等，以免所埋设的监测点无法监测而影响监测资料的完整性。对于建筑立面装修的建筑物，宜预埋螺栓式活动标志。

231

设备基础、支护结构锁口梁上的监测点，可将直径 20 mm 的铆钉或钢筋头（上部锉成半球状）埋设于混凝土中作为标志（见图 5-64）。墙体上或柱子上的监测点，可将直径 20～22 mm 的钢筋按图 5-65 的形式设置。

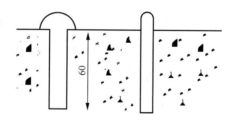

图 5-64　设备基础沉降观测点的埋设

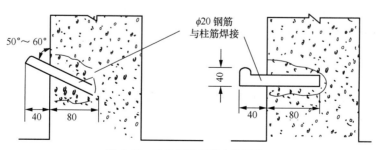

图 5-65　墙体沉降观测点的埋设

在浇筑基础时，应根据沉降监测点的相应位置，埋设临时的基础监测点。若基础本身荷载很大，可能在基础施工时产生一定的沉降，则应埋设临时的垫层监测点，或基础杯口上的临时监测点，待永久监测点埋设完毕后，立即将高程引测到永久监测点上。

3. 垂直位移沉降观测周期确定

沉降观测的周期应根据基坑支护结构形式、基坑周边环境及建（构）筑物的特征、变形速率、观测精度要求和工程地质条件等因素综合考虑，并根据各沉降监测点的沉降量的变化情况适当调整。工业厂房或多层民用建筑的沉降观测总次数，不应少于 5 次。竣工后的观测周期，可根据建筑物的稳定情况确定。对不同监测对象的沉降观测工作，其沉降监测周期的确定，一般可参照下面几点进行。

（1）深基坑开挖时，锁口梁会产生较大的水平位移，沉降观测周期应较短，一般每隔 1~2 天观测一次；浇筑地下室底板后，可每隔 3~4 天观测一次，直至支护结构变形稳定为止。当出现暴雨、管涌、变形急剧增大时，要加密观测。

（2）工业建筑物包括装配式钢筋混凝土结构、砖砌外墙的单层或多层的工业厂房。

① 各柱上的沉降监测点在柱子安装就位固定后进行第一次监测。

② 屋架、屋面板吊装完毕后监测一次。

③ 外墙高度在 10 m 以下者，砌到顶时监测一次；外墙高度大于 10 m 者，当砌到 10 m 时监测一次，以后每砌 5 m 监测一次。

④ 土建工程完工时监测一次。

⑤ 吊车试运转前后各监测一次，吊车试运转时，应按最大设计负荷情形进行，最好将吊车满载后，在每一柱边停留一段时间，再进行监测。

（3）民用建筑物及其他工业建筑物主体结构施工时，每安装完毕一层楼后，应进行一次监测，结构封顶后每两个月左右观测一次，房屋完工交付使用前再监测一次。

（4）楼层荷重较大的建筑物如仓库或多层工业厂房，应在每加一次荷重前后各监测一次。

（5）水塔等构筑物应在试水前后各监测一次，必要时在试水过程中根据要求进行监测。

（6）建（构）筑物竣工投入使用后，观测周期视沉降量大小而定，一般可每三个月左右观测一次，至沉降稳定为止。若遇停工时间过长，停工期间也要适当观测。遇特殊情况，使基础工作条件剧变时，应立即进行沉降监测工作，以便掌握沉降变化，采取必要的预防措施。

（7）高层建筑施工期间的沉降观测周期，应每增加 1~2 层观测 1 次；建筑物封顶后，应每 3 个月观测一次，观测一年；封顶后第二年，应每半年观测一次，观测一年。如果最后两个观测周期的平均沉降速率及各点的沉降速率小于 0.02 mm/d，即可终止观测。否则，应延长观测时间直至建筑物稳定为止。

4. 垂直位移沉降监测的技术要求及观测方法

当采用水准测量方法进行垂直位移沉降监测工作时，其垂直位移监测网的主要技术要求应符合表 5-20 的规定。

表 5-20　　　　　　　　　　　垂直位移监测网的主要技术要求　　　　　　　　　　单位：mm

等级	变形观测点的高程中误差	每站高差中误差	往返较差、附合或环线闭合差	检测已测高差较差
一等	0.3	0.07	$0.15\sqrt{n}$	$0.2\sqrt{n}$
二等	0.5	0.15	$0.30\sqrt{n}$	$0.4\sqrt{n}$
三等	1.0	0.30	$0.60\sqrt{n}$	$0.8\sqrt{n}$
四等	2.0	0.70	$1.40\sqrt{n}$	$2.0\sqrt{n}$

注：表中 n 为测站数。

　　建筑工程项目的垂直位移沉降监测工作，一般采用精密水准的作业方法，对于小型工程项目，也可采用三、四等水准作业方法。其具体的水准作业观测方法要求如下：

　　（1）在沉降监测工作开始前，应对所使用的仪器和标尺按照水准测量规范要求进行检核。（水准）基准点及工作基点要定期进行联测检查，以确保沉降监测成果正确可靠。

　　（2）每次进行沉降监测，要求采用环形闭合方法或往返闭合方法进行，闭合差大小应根据不同的建筑物的检测要求确定，具体参见表 5-18 及相应的水准等级测量技术要求。若观测成果的精度不能满足要求，则需重新观测，直至满足精度要求。

　　（3）每次沉降监测应尽可能使用同一类型的仪器和标尺，人员分工为：监测 1 人，记录 1 人，立尺 2 人，照明 2 人（若为夜间观测），安全 1 人。

　　（4）施工场区内各水准点应严格按照二等水准测量规范要求进行。须连续进行观测，且全部测点需连续一次测完。并须按规定的日期、方法和既定的路线、测站进行观测。

　　（5）在建筑施工或安装重型设备期间、仓库进货阶段进行沉降监测时，必须将监测时的施工进展、进货数量、分布情况等详细记录在附注栏内，以算出各阶段作用在地基上的压力。

　　5. 沉降观测的成果整理

　　（1）整理原始观测数据。每次观测结束后，应检查记录中的数据和计算是否正确，精度是否合格，如果误差超限则需重新观测。然后调整闭合差，推算各观测点的高程，列入成果表中。

　　（2）计算沉降量。根据各观测点本次所观测高程与上次所观测高程之差，计算各观测点本次沉降量和累计沉降量，并将观测日期和荷载情况记入观测成果表（表 5-21）。

　　（3）绘制沉降曲线。为了更清楚地表示沉降量、荷载、时间三者之间的关系，还需绘制各观测点的时间与沉降量关系曲线图以及时间与荷载关系曲线图，如图 5-66 所示。

　　时间与沉降量的关系曲线是以沉降量 S 为纵轴，时间 T 为横轴，按每次观测日期和相应的沉降量的比例画出各点的位置，再将各点依次连接起来，并在曲线一端注明观测点号码。

　　时间与荷载的关系曲线是以荷载重量 P 为纵轴，时间 T 为横轴，根据每次观测日期和相应的荷载画出各点，然后将各点依次连接起来所形成的曲线图。

表 5-21　某建筑物 6 个观测点的沉降观测结果

观测日期 年月日	荷重/(t·m²)	观测点 1 高程/m	1 本次下沉/mm	1 累计下沉/mm	2 高程/m	2 本次下沉/mm	2 累计下沉/mm	3 高程/m	3 本次下沉/mm	3 累计下沉/mm	4 高程/m	4 本次下沉/mm	4 累计下沉/mm	5 高程/m	5 本次下沉/mm	5 累计下沉/mm	6 高程/m	6 本次下沉/mm	6 累计下沉/mm
1997.4.20	4.5	50.157	±0	±0	50.154	±0	±0	50.155	±0	±0	50.155	±0	±0	50.156	±0	±0	50.154	±0	±0
5.5	5.5	50.155	-2	-2	50.153	-1	-1	50.153	-2	-2	50.154	-1	-1	50.155	-1	-1	50.152	-2	-2
5.20	7.0	50.152	-3	-5	50.150	-3	-4	51.151	-2	-4	-50.153	-1	-2	50.151	-4	-5	50148	-4	-6
6.5	9.5	50.148	-4	-9	50.148	-2	-6	50.147	-4	-8	50.150	-3	-3	50.148	-3	-8	50.146	-2	-8
6.20	10.5	50.145	-3	-12	50.146	-2	-8	50.143	-4	-12	-50.148	-2	-7	50.146	-2	-10	50.144	-2	-10
7.20	10.5	50.143	-2	-14	50.145	-1	-9	50.141	-2	-14	50.147	-1	-8	50.145	-1	-11	50.142	-2	-12
8.20	10.5	50.142	-1	-15	50.144	-1	-10	50.140	-1	-15	50.145	-2	-10	50.144	-1	-12	50.140	-2	-14
9.20	10.5	50.140	-2	-17	50.142	-2	-12	50.138	-2	-17	50.143	-2	-12	50.142	-2	-14	50.139	-1	-15
10.20	10.5	50.139	-1	-18	50.140	-2	-14	50.137	-1	-18	50.142	-1	-13	50.140	-2	-16	50.137	-2	-17
1998.1.20	10.5	50.137	-2	-20	50.139	-1	-15	50.137	±0	-18	50.142	±0	-13	50.137	-1	-17	50.136	-1	-18
4.20	10.5	50.136	-1	-21	50.139	±0	-15	50.136	-1	-19	50.141	-1	-14	50.138	-1	-18	50.136	±0	-18
7.20	10.5	50.135	-1	-22	50.138	-1	-16	50.135	-1	-20	50.140	-1	-15	50.137	-1	-19	50.136	±0	-18
10.20	10.5	50.135	±0	-22	50.138	±0	-16	50.134	-1	-21	50.140	±0	-15	50.136	-1	-20	50.136	±0	-18
1999.1.20	10.5	50.135	±0	-22	50.138	±0	-16	50.134	±0	-21	50.140	±0	-15	50.136	±0	-20	50.136	±0	-18

（4）沉降观测提交的资料。沉降观测需提供如下材料：

① 沉降观测（水准测量）记录手簿；

② 沉降观测成果表；

③ 观测点位置图；

④ 沉降量、地基荷载与延续时间三者的关系曲线图；

⑤ 编写沉降观测分析报告。

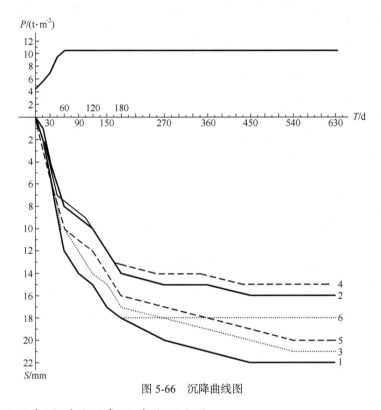

图 5-66　沉降曲线图

6. 沉降观测中遇到的现象及其处理方法

（1）曲线在首次观测后即出现回升现象。在第二次观测时即发现曲线上升，至第三次后，曲线又逐渐下降。出现此种现象，一般都是由于首次观测成果存在较大误差所引起的。此时，应将首次观测成果作废，而采用第二次观测成果作为首次测量成果。

（2）曲线在中间某点突然回升。出现此种现象，其原因多半是因为水准基点或沉降观测点被碰所致，如水准基点被压低，或沉降观测点被撬高，此时应仔细检查水准基点和沉降观测点的外形有无损伤。如果多数沉降观测点均出现此种现象，则水准基点被压低的可能性很大，此时可改用其他水准点作为水准基点来继续观测，并另外埋设新的水准点以替代此水准基点。如果只有一个沉降观测点出现此现象，则多半是该点被撬高，此时则需另外埋设新点以替代之。

（3）曲线自某点起逐渐回升。出现此种现象一般是由于水准基点下沉所致。此时，应根据水准点之间的高差来判断出最稳定的水准点，并以其作为新的水准基点，将原来下沉的水准基点废除。但是，需注意埋在裙楼上的沉降观测点，由于受主楼的影响，也可能出现属于正常的逐渐回升的现象。

（4）曲线的波浪起伏现象。曲线在观测后期呈现微小波浪起伏现象，其原因一般是观测误差所致。曲线在前期波浪起伏之所以不突出，是因为各观测点的下沉量大于测量误差之故。但到后期，由于建筑物下沉极微或已接近稳定，因此在曲线上就出现测量误差比较突出的现象。此时，可将波浪曲线改成水平线，并适当地延长监测的间隔时间。

5.7.4　水平位移测量

深基坑及建筑物主体的水平位移监测，可根据施工现场的地形条件，选用基准线法、视准线小角法、变形监测点设站法、导线法和前方交会等方法进行。

进行水平位移监测时，首先应布设高精度的变形监测平面控制网，其基准点应埋设在基坑及建筑物变形影响范围之外稳定且能长期保存的地方。若监测范围相对较大，还应布设监测工作点（是基准点与变形监测点之间的联系点）。工作点与基准点构成变形监测的首级网，以此测量工作点相对于基准点的变形量，由于该变形量一般较小，要求精度较高；其次，应在监测对象上埋设变形观测点，与监测对象构成一个整体。变形观测点与工作点构成变形监测的次级网，该网用来测量变形观测点相对于工作点的变形量，必须进行周期性的观测工作。一般来说，首级网的复测间隔时间长，但次级网复测间隔时间短。

1. 基准线法

基准线法是在与水平位移相垂直的方向上建立一个固定不动的铅垂面，测定各变形观测点相对该铅垂面的距离变化，从而求得水平位移量。

如图 5-67 所示，首先建立一条平行于支护结构的锁口梁轴线的稳定基线，其两基准点通常应布设在支护结构两端基坑外侧，且不受基坑变形影响的地方，如图中 C、D 两点；然后在该基线上靠近基坑的稳定地方布设两工作基点 A、B；在被监测的支护结构的锁口梁上，按照一定间距（8～10 m）埋设若干变形监测点，可用 16～18 mm 的钢筋头做标志，钢筋头顶部应锉平并划上"+"字。进行监测时，将精密经纬仪安置于一端工作点 A 上，瞄准另一端工作点 B（即后视点），此视线方向即为基准线方向，通过量测观测点 P 偏离视线的距离，即可得到对应观测点水平位移偏距，计算两次偏距的差，即得该点的水平位移量。

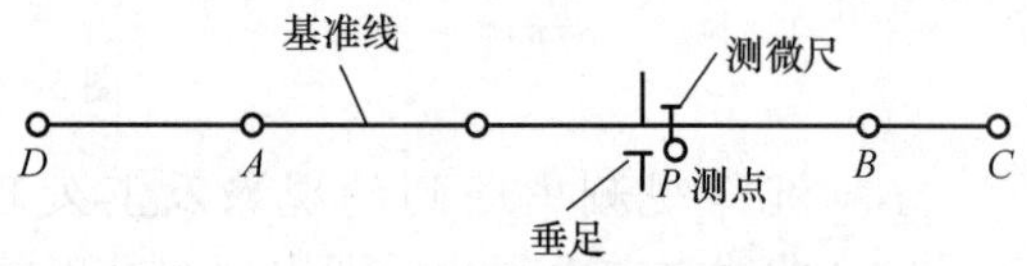

图 5-67　基准线法测位移

该方法方便直观，但要求仪器架设在变形区外，并且测站与变形观测点距离不宜太远。

2. 视准线小角法

小角法测量水平位移同基准线法相类似，也是沿基坑周边建立一条与监测对象相平行的轴线（即一个固定方向）作为基线，通过测量固定方向与测站至变形观测点方向的小角变化 $\Delta\beta_i$，及测站至变形位移点的距离 D，来计算变形监测点的位移量 $\Delta_i = \dfrac{\Delta\beta_i}{\rho} D$（式中 $\rho = 206\,265''$）。如图 5-68 所示，将精密经纬仪安置于工作点 A，在后视点 B 和变形监测点 P 上分别安置观测觇牌，用测回法测出 $\angle BAP$。设第一次观测值为 β_1，第二次观测值为 β_2，计算两次角度的变化量 $\Delta\beta = \beta_2 - \beta_1$，依据公式便可计算出 P 点的水平位移量 Δ_p。其位移方向根据 $\Delta\beta_i$ 的符号确定。

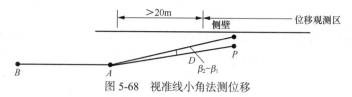

图 5-68　视准线小角法测位移

　　此法要求仪器架设在变形区外，并且测站与位移监测点距离不宜太远。

　　建筑物水平位移观测方法与深基坑水平位移的观测方法基本相同，只是受通视条件限制，工作点、后视点和校核点一般都应设在建筑物主体的同一侧（见图 5-69）。变形观测点设在建筑物上，可在墙体上用红油漆做标记"▼"，然后按前面两种方法监测。

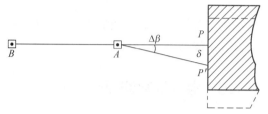

图 5-69　建筑物位移观测

5.7.5　倾斜观测

　　建筑物产生倾斜的原因主要是地基承载力不均匀、建筑物体型复杂形成不同荷载及受外力风荷、地震等影响，引起建筑物基础的不均匀沉降。测定建筑物倾斜度随时间而变化的工作称为倾斜观测。一般用水准仪、经纬仪、垂球或其他专用仪器来测量建筑物的倾斜度 α 。

237

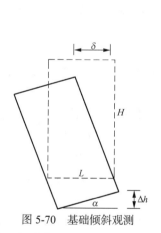

图 5-70　基础倾斜观测

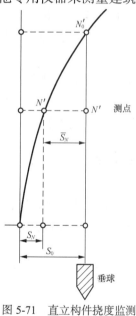

图 5-71　直立构件挠度监测

　　1．水准仪观测法

　　建筑物倾斜观测可采用精密水准仪进行，其原理是通过测量建筑物基础的沉降量来确定建筑物的倾斜度，是一种间接测量建筑物倾斜的方法。

　　如图 5-70 所示，定期测出基础两端点的沉降量，并计算出沉降量的差 Δh，再根据两点间的距离 L，即可计算出建筑物基础的倾斜度 $\alpha = \dfrac{\Delta h}{L}$。若知道建筑物的高度 H，同时可计算出建筑物顶部的倾斜位移值 $\Delta = \alpha \times H = \dfrac{\Delta h}{L} \times H$。

2. 经纬仪观测法

利用经纬仪可以直接测出建筑物的倾斜度，其原理是用经纬仪测量出建筑物顶部的倾斜位移值 Δ，则可计算出建筑物的倾斜度 $\alpha = \dfrac{\Delta}{H}$（$H$ 为建筑物的高度）。该方法是一种直接测量建筑物倾斜的方法。

3. 悬挂垂球法

此方法是直接测量建筑物倾斜的最简单的方法，适合于内部有垂直通道的建筑物。从建筑物的上部悬挂垂球，根据上下应在同一位置上的点，直接量出建筑物的倾斜位移值 Δ，最后计算出倾斜度 $\alpha = \dfrac{\Delta}{H}$。

5.7.6 挠度和裂缝观测

1. 挠度观测

建筑物在应力作用下产生弯曲和扭曲时，应进行挠度监测。对于平置的构件，至少在两端及中间设置三个沉降点进行沉降监测，测得在某时间段内三个点的沉降量，分别为 h_a、h_b、h_c，则该构件的挠度值为

$$\tau = \frac{1}{2}(h_a + h_c - 2h_b) \times \frac{1}{S_{ac}}$$

式中，h_a、h_c 为构件两端点的沉降量；h_b 为构件中间点的沉降量；S_{ac} 为两端点间的平距。

对于直立的构件，至少要设置上、中、下三个位移监测点进行位移监测，利用三点的位移量求出挠度大小。在这种情况下，把在建筑物垂直面内各不同高程点相对于低点的水平位移称为挠度。

挠度监测的方法常采用正垂线法，即从建筑物顶部悬挂一根铅垂线，直通至底部，在铅垂线的不同高程上设置测点，借助坐标仪表量测出各点与铅垂线最低点之间的相对位移。如图 5-71 所示，任意点 N 的挠度 S_N 的计算公式为

$$S_N = S_0 - \overline{S}_N$$

式中，S_0 为铅垂线最低点与顶点之间的相对位移；S_N 为任一测点 N 与顶点之间的相对位移。

2. 裂缝观测

当基础挠度过大时，建筑物就会出现剪切破坏而产生裂缝。建筑物出现裂缝时，除了要增加沉降观测的次数外，还应立即进行裂缝观测，以掌握裂缝发展趋势。同时，要根据沉降观测、倾斜观测和裂缝观测的数据资料，研究和查明变形的特性及原因，用以判定该建筑物是否安全。

当建筑物多处发生裂缝时，应先对裂缝进行编号，然后分别监测裂缝的位置、走向、长度及宽度等。

对于混凝土建筑物上裂缝的位置、走向及长度的监测，应在裂缝的两端用红色油漆画线做标志，或在混凝土表面绘制方格坐标，用钢尺丈量。

根据裂缝分布情况，在裂缝观测时，应在有代表性的裂缝两侧各设置一个固定的观测标志，然后定期量取两标志的间距，即可得出裂缝变化的尺寸（长度、宽度和深度）。如图 5-72 所示，埋设的观测标志是用直径为 20 mm，长约 80 mm 的金属棒，埋入混凝土内 60 mm，外露部分为标志点，其上各有一个保护盖。两标志点的距离不得少于 150 mm，用游标卡尺定期测量两个标志点之间距离变化值，以此来掌握裂缝的发展情况。

墙面上的裂缝，可采取在裂缝两端设置石膏薄片，使其与裂缝两侧固联牢靠，当裂缝裂

开或加大时石膏片亦裂开，监测时可测定其裂口的大小和变化。还可以用两铁片平行固定在裂缝两侧，使一片搭在另一片上，保持密贴，其密贴部分涂红色油漆，露出部分涂白色油漆，如图 5-73 所示，便可定期测定两铁片错开的距离，以监视裂缝的变化。

对于比较整齐的裂缝（如伸缩缝），则可用千分尺直接量取裂缝的变化。

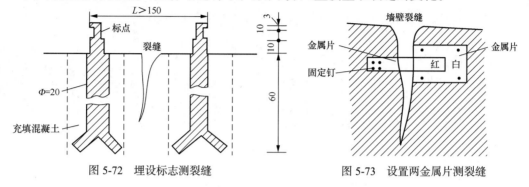

图 5-72　埋设标志测裂缝　　　　　图 5-73　设置两金属片测裂缝

【思考与练习】

简答题

（1）施工测量包括哪些内容？

（2）施工测量的特点是什么？

（3）进行施工测量之前应做好哪些准备工作？

（4）施工控制网的形式有哪几种？

（5）高层建筑物轴线投测的方法有哪几种？

（6）工业厂房预制柱安装测量包括哪些工作？

（7）建筑物变形观测的主要内容有哪些？

（8）何为建筑物沉降观测？建筑物的沉降观测中水准基点和沉降观测点如何布设？

（9）编制竣工总平面图的目的是什么？

【单元实训】

根据图纸编制施工测量方案（已知 A、B、C、D 四点坐标及高程），要求说明编制依据、人员及仪器配备、控制测量方案、建筑物的定位放样方案及沉降观测方案。

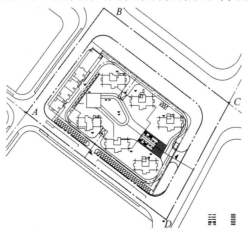

参考文献

[1] 中国有色金属工业协会. GB 50026—2007 工程测量规范[S]. 北京：中国计划出版社，2008.

[2] 建设综合勘察研究设计院. JG J8—2007 建筑变形测量规范[S]. 北京：中国建筑工业出版社，2007.

[3] 国家测绘地理信息局. GB/T 13989—2012 国家基本比例尺地形图分幅和编号[S]. 北京：中国标准出版社，2012.

[4] 国家测绘地理信息局. GB/T 20257.1—2007 国家基本比例尺地形图图式第一部分：1:500 1:1000 1:2 000 地形图图式[S]. 北京：中国标准出版社，2012.

[5] 住房和城乡建设部. CJJ/T 73—2010 卫星定位城市测量技术规范[S]. 北京中国建筑工业出版社，2010.

[6] 杨晓平. 工程测量[M]. 北京：中国电力出版社，2008.

[7] 潘正风. 数字测图原理与方法. 武汉：武汉大学出版社，2004.

[8] 林乐胜. 建筑工程施工测量[M]. 北京：中国建筑工业出版社，2010.